테마와 스토리가 있는

세계여행

세계편

세계여행

세계편

초판 1쇄 발행 2016년 3월 30일
초판 3쇄 발행 2018년 12월 12일

지은이   권미혜 · 김광태 · 김선아 · 김태호 · 박남범 · 박영민 ·
          서태동 · 여창현 · 윤창희 · 이두현 · 조정은 · 태지원

펴낸이   김선기
펴낸곳   (주)푸른길
출판등록 1996년 4월 12일 제16-1292호
주소   (08377) 서울특별시 구로구 디지털로 33길 48 대륭포스트타워 7차 1008호
전화   02-523-2907, 6942-9570~2
팩스   02-523-2951
이메일   purungilbook@naver.com
홈페이지 www.purungil.co.kr

ISBN   978-89-6291-348-4 04980
ISBN   978-89-6291-346-0 (세트)

선생님과 함께하는 교과서 밖 세계여행 이야기

테마와 스토리가 있는

세계여행

세계편

권미혜 · 김광태 · 김선아 · 김태호 · 박남범 · 박영민 ·
서태동 · 여창현 · 윤창희 · 이두현 · 조정은 · 태지원 지음

푸른길

일상에서 나를 내려놓다

여행을 뜻하는 영어 단어 'travel'은 '고통, 고난'을 의미하는 'travail'에서 유래했다고 합니다. 여행은 결코 낭만이 아니었다는 것이 단어 속에 숨어 있습니다. 그렇다면 우리는 어떨까요? 여행(旅行)의 한자를 풀어 보면 '나그네 려'에 '갈 행'입니다. 사전에는 여행의 뜻이 '사는 곳을 떠나 객지를 두루 돌아다니다'로 되어 있습니다. 세계 공통으로 과거에 여행은 걷거나 말을 타고 힘든 여정을 가는 고통과 고난의 길이었습니다. 여행이 고통과 고난으로부터 자유로워진 것은 교통수단이 발달한 데서 원인을 찾을 수 있습니다. 그럼에도 우리나라는 1970년대까지 해외여행은 꿈에 가까웠지만, 1988년 서울올림픽 이후로 완만한 성장세를 이룹니다. 21세기에 접어들어 우리나라의 경제 소득이 높아지고 교통수단이 비약적으로 발달하면서 최근에는 한 해에 2,500만 명 이상이 해외여행을 가고 있습니다. 우리에게도 해외여행이 대중화되었다는 의미겠지요.

그렇다면 지금을 살아가는 사람들에게 여행이란 무엇일까요? 사람마다 서로 다른 정의를 가지고 있겠지만, 모두의 공통점은 그저 꿈꾸는 것만으로도 설렘이 가득하고 행복감을 주는 단어라는 점입니다. 왜냐하면 지금의 여행은 과거와 달리 배움과 힐링의 개념이 강하기 때문입니다. 우리는 성장하는 과정에서 가족 여행이나 수학여행 등을 가족 또는 친구들과 다녀왔습니다. 여러분이 다녀왔던 '여행'이 어땠는지 떠올려 봅시다. 여행을 떠나기 전, 계획하는 단계부터 여러분은 여행이라는 것 자체에 대해 무척이나 설레는 마음으로 큰 기대를 했을 것입니다. 일상에서 벗어나 새로운 지역에서 새로운 문화를 경험할 수 있다는 것은 매우 흥미진진한 일이니까요. 그러므로 여행은 어디를 갈 것인가 고민하는 그 순간 시작되는 것입니다. 그동안 일에 지쳤던 나를 재충전하기 위해, 또는 생활 전선에서 고군분투하다가 고갈되어 버린 나만의 지식 창고를 새롭게 리모델링하기 위해 여행은 필요한 것입니다.

여행을 떠나기 전 우리는 무엇을 준비하고 고민해야 알찬 여행을 할 수 있을까요? 실패하지 않는 여행을 하기 위해 무엇을 고민해야 할까요? 의미 있는 여행을 완성하기 위한 첫 단추는 철저한 계획과 정보입니다. 여행에 관한 책자, 블로그, 카페 등에 정보는 넘쳐나기 때문에, 계획을 짜고 정보를 얻는 것은 노력하면 충분히 할 수 있습니다. 문제는 여행지에 대한 지나친 감동이나 기대를 갖는 것입니다. 사실 여러분이 여행을 떠나게 될 '새로운 지역, 다른 나라'라는 장소는 어떤 곳일까요? 그곳을 살아가고 있는 누군가에게는 지금 이 순간에도 평범한 일상이 펼쳐지고 있는, 단지 '사람이 사는 곳'에 불과할 수도 있습니다. 그래서 겉모습만 보고 판단하기에는 그 감동이 덜할 수 있는 것이지요. 사진으로 본 모습과 똑같거나 사진보다 별로 예쁘지 않은 '일상생활 공간'에 불과할 수 있습니다. 그렇기 때문에 기대가 크면 실망도 크게 됩니다. 마음을 내려놓고 나오는 조금 다른 삶을 살아가는 사람들의 모습을 관찰하기 위해 여행을 간다는 가벼운 마음으로 준비하면 됩니다. 물론 세계 문화유산, 세계적 명소, 역사가 숨 쉬는 멋진 곳에 가면 감동으로 잠을 이루지 못할 수도 있습니다.

여행은 세상과 나를 알아 가는 과정

세계 곳곳을 여행하는 과정은 무척이나 흥미로운 일이지만, 무엇보다도 중요한 것은 여행을 통하여 자기 자신을 새롭게 발견할 수 있다는 것입니다. 그러나 많은 사람들이 여행을 꿈꾸지만 쉽게 다가가지 못하는 것도 현실입니다. 그래서 여행을 사랑하는 사람들은 한결같이 말합니다. "떠나라! 낯선 곳으로." 이렇게 말하는 이유는 과감한 결단으로 잠자는 나를 깨우고, 여행하는 동안 직접 경험을 통해 배우고 느끼며, 그로 인해 보는 눈이 달라지고 자신도 모르게 성장해 있기 때문입니다. 지금의 일상으로부터 나를 내려놓고 세상을 품을 수 있는 넉넉한 마음으로 배낭을 꾸려 보기 바랍니다. 이 책에는 자칭 '여행의 달인'이라고 생각하는 선생님들이 모여 각자의 구상과 방식으로 틀에 얽매이지 않고 자유로운 여행을 하면서, 본인의 스타일과 시각으로 바라본 세상을 담으려 했습니다. 세상은 교과서이고 역사이며 삶이라는 틀을 과감히 버리고, 새로운 눈으로 '다름'을 확인하기 위해 용기를 가지고 세상 속으로 뛰어들었습니다. '틀에 구속되지 않은 진정한 여행의 참의미를 실현한다'는 모토로 시작한 이번 여행은 다양한 시각과 다양한 생각 때문에 자칫 정형화된 틀 밖에 있는 것처럼 보일 수 있습니다.

재미, 행복, 배움 – 여행

『테마와 스토리가 있는 세계여행』은 독자들에게 재미있는 여행, 행복한 여행, 배움이 있는 여행 등 여행을 풍부하게 해 줄 수 있도록 생생한 여행 경험담을 들려주고자 많은 노력을 기울였습니다. 또한 여행을 꿈꾸는 사람들에게 길잡이가 되기 위해 다양한 정보를 하나의 모습이 아닌 다양한 시각으로 볼 수 있도록 했습니다. 이를 위해 다음과 같은 점에 중점을 두고 책을 구성했습니다.

첫째, 청소년뿐만 아니라 일반 독자들이 흥미를 가질 수 있는 나라 및 여행지를 선정하고, 최대한 쉽게 내용을 전개하여 관심도를 높일 수 있도록 하였습니다.

둘째, 단순한 지식 전달에만 치우친 딱딱한 책이 아닌, 일상생활에서 경험할 수 있는 에피소드를 바탕으로 실제 여행에 도움을 주는 가이드북이 되도록 생생한 여행 이야기를 담고자 하였습니다.

셋째, 단순히 보고 즐기기만 하는 여행이 아니라 우리 삶에 여러 각도로 적용해 볼 수 있도록, 다양한 테마와 스토리를 선정하여 재미와 지식을 균형 있게 전달하고자 하였습니다.

각자의 여행지를 누비는 이야기 속에는 각기 다른 테마와 스토리가 '따로, 또 같이' 어우러져 있습니다. 세계 곳곳의 문화를 직접 경험한 선생님들이 독자들과 함께 손잡고 걸으며 그 지역을 소개해 주듯, 쉽고 재미있는 설명이 어우러진 여행 이야기를 담았습니다. 이 책을 통해 독자들이 세계 곳곳의 문화를 보다 풍성하게 느끼며, 더 많이 즐기고, '여행' 자체를 오래오래 가슴속 깊이 추억했으면 좋겠습니다.

이제 일상을 뒤로하고 홀가분히 세계여행을 떠날 준비가 되셨습니까? 이 책은 그 어느 때보다 더 흥미진진한 테마와 스토리로 여러분의 여행이 더욱 행복하고 풍성해지도록 안내할 것입니다. 이 책과 함께 즐겁고 행복하게 여행을 즐기세요.

여행을 사랑하고 즐기는 선생님들이 모여 독자들에게 여행의 진정한 매력을 전해 주고 싶은 간절한 마음에서 이 책은 시작되었습니다. 또한 집필진 선생님들의 수많은 고민과 회의, 수정 작업을 거쳐 완성되었습니다. 쉽지 않은 여정 속에 책을 집필하고 출간하는 데 함께 열정을 더해 주신 선생님들과 (주)푸른길에 깊은 감사의 마음을 전합니다.

2016년 3월, 늘 여행 같은 일상을 꿈꾸며

저자 일동

차 례

테마와 스토리가 있는
세계여행

세계여행

01

일본 최초의 문명을 꽃피운 역사의 요람지

규슈

규슈는 일본 열도의 4개 섬 중 하나로 가장 남쪽에 위치한 섬이다. 일본 최초의 문명을 꽃피운 유구한 역사를 간직한 곳이자 일본 최대의 관광지로 연중 내내 관광객의 발길이 끊이지 않는 곳이기도 하다.

이번 여행은 규슈 지역 중에서도 북규슈를 방문하였다. 북규슈는 5개의 현으로 이루어져 있다. 다자이후가 있는 후쿠오카현, 온천이 유명한 유후인과 벳푸가 있는 오이타현, 하우스텐보스가 위치한 나가사키현, 구마모토현, 사가현 등이다. 이 중 나는 후쿠오카현, 오이타현, 나가사키현을 중심으로 3박 4일 동안 여행을 하였다.

TIP   규슈와 부산 간의 거리는 서울과 부산 간의 거리보다 가깝다

규슈의 지도상 위치는 북위 27°~35°와 동경 128°~132° 사이이다. 위도상으로 보면 부산보다 약간 아래에 위치한다는 것을 알 수 있다. 동남쪽은 태평양과 접해 있고, 북쪽으로는 우리나라 동해와 접하고 있다. 규슈는 부산과 약 210km 거리에 있는데, 이는 서울과 부산 간의 거리가 약 400km인 것에 비해 아주 가까운 거리임을 알 수 있다.

규슈의 중추적 거점 도시, 후쿠오카

　우리의 일정은 일본에서 8번째로 큰 도시이자 아시아에서 가장 살기 좋은 도시로 여러 번 선정되었던 후쿠오카에서 시작된다. 온화한 기후와 아름다운 자연환경, 행정·문화·경제 등이 잘 갖춰진 후쿠오카는 부산과의 가까운 거리와 도쿄나 오사카에 비해 물가가 저렴하여 여행객에게는 더욱 매력적인 도시이다.

　후쿠오카 공항에서 지하철을 타고 후쿠오카의 중심지이자 규슈 제일의 교통 중심지인 하카타 역으로 갔다. 일본은 교통비가 매우 비싼 나라이다. 한번은 너무 덥고 힘이 들어 택시를 탄 적이 있었는데, 10분 정도 지났을까? 아차 싶은 마음에 택시에서 내렸는데, 그때 나온 택시비가 무려 한화로 15,000원 정도였다.

　지하철이나 철도 역시 비싼 편이다. 하지만 여행객을 위해 제공되는 원데이 패스나 규슈 레일 패스 등을 잘 활용하면 부담스럽지 않은 가격으로 효율적인 여행을 할 수 있다. 특히 100엔 버스라 불리는 시내버스는 하카타 역 – 텐진 – 캐널시티를 연결하는 버스로, 후쿠오카 주요 관광지를 중심으로 운행하고 있어 여행객들의 이용 빈도가 매우 높다. 일본의 버스는 우리나라와 달리 뒷문으로 타고 앞문으로 내리는데, 버스를 타면서 번호표를 뽑고 내릴 때 요금을 내는 점이 재미있다.

역사의 마을, 다자이후

　하카타 역에서 JR 가고시마 본선을 타고 후츠카이치 역에 내린다. 역사의 마을 다자이후에 가기 위함이다. 다자이후는 약 1,300년 전 규슈 지역을 통치하던 정부 청사가 있던 곳으로 약 500년간 규슈 지역의 중심이 되었던 곳이다. 그래서인지 도쿄나 후쿠오카 시내에서는 느끼지 못했던 일본 전통의 분위기가 물씬 풍겼다.

　다자이후를 둘러보기 전, 관광 안내소에서 한국어로 된 지도 및 관광 자료를 챙긴다. 주위를 둘러보니 자전거 대여소도 있었는데, 다자이후 인근을 여유롭게 둘러보고자 한다면 빌리는 것도 좋을 것 같다는 생각을 하였다.

　마침 비가 내려 다자이후가 한층 더 운치있게 느껴진다. 중심 거리를 지나 우리가 처음으로 찾아간 곳은 다자이후 텐만구다. 텐

매화가 그려진 다자이후 간판

다자이후 거리　　디자이후 텐만구

만구에 다다르니 거대한 돌로 만든 입구가 우리를 반겨 준다. 학문의 신을 모시는 곳으로 유명한 신사인 이곳에는 재미있는 전설이 전해진다. 헤이안 시대에 스가와라 미치자네라는 학자가 있었는데, 이곳으로 좌천된 후 병을 얻어 죽게 되었다. 그의 시신을 옮기던 소가 지금의 텐만구 자리에 앉아 꼼짝도 하지 않아 어쩔 수 없이 그의 시신을 이곳에 안치하고 텐만구를 지었다는 것이다. 그래서 다자이후 텐만구는 학문의 신을 모시는 곳으로 유명해졌고, 특히 중요한 시험을 앞둔 수험생들의 발길이 끊이질 않는다고 한다. 스가와라 미치자네의 시신을 옮기던 소 동상을 만지면 똑똑해지고 시험에 합격한다는 전설 때문에 동상의 코와 머리는 이미 수많은 방문객들의 손길로 닳아 있었다. 나 역시 슬쩍 소의 머리를 쓰다듬고 다음 장소로 향한다.

텐만구에는 6,000그루의 매화나무가 있다. 특히 도비우메(飛梅)라는 매화나무가 유명한데, 한국어로 해석하자면 날아온 매화나무라는 뜻이다. 스가와라 미치자네가 좌천되어 이곳으로 오자 원래 살던 교토 집에 있던 매화나무가 밤낮으로 주인을 그리워하다 이곳으로 날아와 뿌리를 내렸다는 전설이 있다. 흥미로운 이야기를 들으며 텐만구를 둘러보는 동안

다자이후의 상징인
매화 문양

머리나 코를 만지면 똑똑해진다고 하는 소 동상

나쁜 운세를 가지지 않고, 이곳에 묶어 둔다는 의미로
새끼줄에 운세 종이를 매어 둔다.

나는 재미있는 것을 하나 발견했다. 나무 상자 안에 종이가 들어 있었는데, 쉽게 말하면 올해의 운세 뽑기 같은 것이라고 한다. 미신을 믿는 편은 아니지만 100엔을 넣고 종이 한 장을 뽑는다. 다행히도 내가 뽑은 종이에는 '길(吉)'이라는 글자가 쓰여 있다. 흐뭇한 심정으로 친구를 바라보니 '흉(凶)'이라는 글자가 나왔다고 울상이다. 그러자 근처에 있던 한 관광객이 친절히 다가와 저쪽에 종이를 매달라고 한다. 다가가 살펴보니 우리가 뽑은 것과 같은 운세 쪽지들이 매달려 있었는데, 나쁜 운세를 묶어 두는 의미라고 한다. 친구는 운세가 적혀 있는 종이를 정성껏 매달았다. 마치 의식을 치르는 듯 신중한 모습에 웃음이 났다.

도심 속 오아시스, 캐널시티

  캐널시티는 규모가 큰 복합 시설로 음식점, 쇼핑몰, 영화관 등 많은 것이 밀집되어 있어 온종일 즐기기에도 부족함이 없는 곳이다. 일본 전국 각지를 대표하는 라멘 가게가 모여 있는 라멘 스타디움에서 식사를 마치고 내려오는 길에 오락실에 들렀다. 정말 애니메이션의 나라답게 엄청난 종류의 애니메이션 캐릭터들이 오락실 곳곳에 위치해 있다. 어린아이처럼 환호성을 지르며 구경하던 중 신기한 것을 발견했다. 우리나라에도 인형 뽑기가 많이 있어 기계 안에 라이터, 안경 등 신기한 물건이 많이 들어 있다는 건 알고 있었다. 하지만 이곳에서 본 건 인형도 안경도 아닌 장아찌였다. 심지어 직원이 장아찌가 먹기에 딱 좋을 정도로 숙성되어 있어 맛있을 것이라고까지 하는 게 아닌가. 오락실에서, 그것도 인형 뽑는 오락기 안에 장아찌라니 너무 재미있었다.

애니메이션의 천국다운 곳이었다.

장아찌가 들어 있는 뽑기 오락기

- 캐널시티는 매우 넓기 때문에 1층 안내 센터에 가서 한국어로 되어 있는 가이드북을 챙기는 것이 좋다. 가이드북 안에는 다양한 쿠폰도 들어 있으니 일석이조인 셈이다.
- 면세(tax-free)를 적용받고자 한다면 미리 여권을 준비해 가는 것이 좋다. 세금 별도 10,001엔 이상(소모품은 5,001엔 이상)의 구입 시 면세를 적용받을 수 있다.

캐널시티의 규모는 엄청나다. 3만 4,715㎡의 부지에 180m의 운하가 흐르는 그야말로 도심 속의 오아시스이다. 운하를 둘러싼 6개의 건물은 기하학적이며 화려한 모습을 뽐낸다. 운하 주변에는 다양한 분수가 설치되어 있는데, 그중 사람들의 시선을 끄는 것은 단연 댄싱 워터(분수 쇼)이다. 분수 쇼는 매일 오전 10시부터 오후 10시까지 매시 정각과 30분에 볼 수 있다.

분수 쇼가 있는 캐널시티

후쿠오카의 해변 지역, 시사이드 모모치와 후쿠오카 타워

다음으로 향한 곳은 후쿠오카 시 100주년을 기념하여 1988년에 세워진 후쿠오카 타워이다. 후쿠오카 타워는 시사이드 모모치 해변에 세워진 철골 구조의 탑으로 높이가 무려 234m나 된다. 얼핏 보면 탑이 아니라 빌딩같이 보이는 후쿠오카 타워는 외관을 약 8,000장의 유리로 마감하였다고 한다.

후쿠오카 타워에 도착하여 후쿠오카 시내와 아름다운 바다를 볼 수 있는 전망대로 향한다. 전망대는 지상 123m 위치에 있는데, 유리로 된 엘리베이터를 타고 올라간다. 타워에서 바라보는 후쿠오카 시내는 정말 절경이 따로 없었다. 한여름의 맑은 날씨와 함께 아름다운 바다와 어우러진 시내의 모습을 한동안 말없이 바라보았다.

전망대에서는 시내에서 가장 가까운 해양 리조트인 마리존과 시사이드 모모치 해변공원도 볼 수 있다. 후쿠오카는 명실상부한 항구 도시이다. 시내에만 있다 보니 이곳이 항구 도시라는 것을 잊고 있었던 모양이다. 전망대에서 내려다보는 해변공원의 모습은 아름다웠다.

후쿠오카 타워

유리로 된 후쿠오카 타워의 엘리베이터

후쿠오카 시내 전경

숲속의 집, 하우스텐보스

아름다운 시사이드 모모치 해변공원을 잠시 거닐다 네덜란드어로 숲속의 집을 뜻하는 하우스텐보스로 가기 위해 하카타 역으로 향한다. 후쿠오카에서 하우스텐보스로 가는 방법은 여러 가지가 있다. 나는 그중 JR 특급 '하우스텐보스'를 타고 이동하였는데, 편리하긴 하지만 운행 편수가 많지 않아

시사이드 모모치 해변공원

1박을 하지 않는다면 서둘러 나와야 한다는 단점이 있었다. 아쉬운 대로 오후 6시쯤 나오는 것을 목표로 하고 서둘러 열차에 오른다.

하우스텐보스는 일종의 테마파크이다. 호텔과 놀이 기구, 볼거리와 쇼핑 등이 가득한 장소로 네덜란드를 모티브로 만들어진 곳이다. 자체 교통 체계나 우체국, 소방서 등을 갖추고 있어 입장과 퇴장이라는 말 대신 입국과 출국이라는 단어를 사용하는 하나의 작은 나라와 같다. 열차를 타고 약 1시간 40분이 걸려 하우스텐보스에 도착한다. 마치 네덜란드의 작은 마을을 옮겨 놓은 듯 곳곳에 풍차가 돌아가고 있다. 약 40만 그루의 나무와 약 30만 송이의 꽃으로 이루어진 정원이 매우 아름답다. 3~4시간 동안 둘러볼 계획을 세우고 테디베어 킹덤을 시작으로 풍차와 치즈 농가를 지나 팰리스 하우스텐보스로 향한다. 팰리스 하우스텐보스는 네덜란드의 궁전인 헤이그 궁전을 정부의 특별 허가를 받아 그대로 재현한 것이라고 한다. 내부에는 세계적인 미술품을 전시하고 있는데, 아름다운 궁전에서 미술품을 감상하니 마치 내가 왕이 된 기분이었다. 팰리스 하우스텐보스를 지나 찾아간 곳은 둠토른이다. 실제 네덜란드에 있는 교회를 재현한 것으로 높이가 무려

하우스텐보스　팰리스 하우스텐보스. 궁전 뒤편에는 바로크 양식의 정원이 있다.

105m나 된다고 한다. 둠토른은 일반 전망대 아래에 전망대를 통째로 빌릴 수 있다는 곳이 있다고 하니, 나중에 다시 한번 이곳을 찾게 된다면 이용해 보고 싶기도 하다.

하우스텐보스에서의 일정은 돌아오는 열차의 시간에 맞춰 끝이 났다. 조금 더 둘러보고 싶은 마음이 컸지만 아쉬움을 뒤로한 채 후쿠오카로 돌아오는 열차를 탔다. 마치 한나절 유럽에 다녀온 것과 같은 느낌을 받았던 하우스텐보스는 네덜란드 속에서도 일본의 아기자기함이 돋보였던 장소였다.

세련되고 아기자기한 온천 관광지, 유후인

마지막 날 일정의 테마는 온천이다. 첫 번째 찾아간 곳은 오이타현 중앙에 위치한 유후인이다. 규슈 지역에는 유후인과 벳푸라는 유명한 온천 지역이 있는데, 벳푸가 물살이 세고 수량이 풍부해서 세계적인 온천 지역으로 인정받는 장소라면 유후인은 세련되고 아기자기한 온천 마을로 남녀노소 모두에게 인기 있는 장소이다.

하카타 역에서 JR 열차를 타고 2시간 30분 정도 이동하면 유후인에 도착할 수 있다. 고속버스를 이용하면 빠르고 편하지만 특급 열차인 '유후인노모리'를 이용하기 위해 열차를 선택했다. 유후인

유후인 역

노모리를 이용하기 전 알아 둘 것이 있다. 유후인노모리는 전좌석이 지정석이기 때문에 당일 티켓을 구입할 수 없는 경우가 생긴다. 이럴 경우 어쩔 수 없이 고속버스를 이용해야 하므로 유후인노모리를 이용하고 싶다면 미리 예약은 필수이다.

검은색 목조 건물인 JR 유후인 역은 작은 온천 마을의 정취를 물씬 풍긴다. 유후인 온천은 벳푸, 구사쓰에 이어 일본에서 3번째로 용천량이 많은 온천이다. 온천의 온도가 대체로 높은 편이고 각종 염화물과 유황이 많이 포함되어 있어 신경통, 피부병 등에 좋다고 한다. 유후인은 1970년 이후부터 온천 마을로 활성화되기 시작했는데, 온천, 산업, 자연이 하나가 되는 마을이라는 슬로건을 걸고 지금까지 옛날 시골 온천 마을의 모습을 유지하려고 노력하고 있다. 유후인 역에서 나와 유후인을 대표하는 산 유후다케(1,584m)를 바라보며 유후인에서 가장 볼거리가 많다는 유노쓰보가이도로 향한다. 긴린코 호

긴린코 호수

아기자기한 수공예품점과 맛집이 있는 유노쓰보가이도

TIP 일본에는 왜 온천이 많을까?

일본은 지진과 화산 활동이 많은 나라로서 전국에 수천 개의 온천이 존재한다. 이렇게 지진과 화산 활동이 잦은 이유는 일본 열도가 지구상에서 지층이 매우 불안정한 지역 중 하나인 환태평양 조산대에 속해 있기 때문이다. 일본은 지금도 지진과 화산 폭발의 가능성이 있는 지역으로, 남아 있는 활화산만 60여 개에 달한다고 한다. 지진과 화산 활동으로 만들어진 3,000여 개가 넘는 온천과 아름다운 경관은 일본의 중요한 관광 자원이 되고 있다.

수까지 이어지는 유노쓰보가이도는 아기자기한 수공예품점을 비롯해 맛집과 볼거리가 풍성한 거리이다. 다음으로 향한 긴린코 호수는 유후인에 가면 꼭 들리는 필수 코스 중 하나이다. 유후인의 분위기를 한층 더해 주는 안개의 근원지인 긴린코 호수는 유후인 온천의 원천이 흐르고 있어 새벽이 되면 원천수와 호수의 온도 차이로 몽환적 분위기의 물안개가 발생한다고 한다.

일본 최대의 온천 단지, 벳푸

작고 아기자기한 시골 온천 마을의 모습을 보여 준 유후인 온천을 거쳐 일본 최대의 온천 단지인 벳푸로 향한다. 벳푸 역에 도착하여 관광 안내소에 들어가 지고쿠 순례를 할 수 있는 간나와 지역의 지도를 챙겨 버스에 오른다. 벳푸 역에서 약 30분쯤 지났을까? 벳푸의 하이라이트라고도 할 수 있는 지고쿠 순례에 도착한다.

지고쿠 순례는 하얗게 피어오르는 수증기와 펄펄 끓는 온천수가 마치 지옥을 연상하게 한다 하여 붙여진 이름이다. 이곳에는 9개의 온천이 있는데, 그중 8개의 온천을 묶어 코스로 만든 것이 바로 지고쿠 순례이다. 온천수의 온도가 매우 높기 때문에 직접 들어가 온천을 즐길 수는 없지만 벳푸 관광의 꽃이라고도 불리는 지고쿠 순례를 그냥 지나칠 수는 없다. 3시간 정도면 둘러볼 수 있는 지고쿠 순례 코스의 시작은 우미 지고쿠였다.

우미는 일본어로 바다라는 뜻인데, 온천수의 색깔이 바다색과 같다 하여 붙여진 이름이다. 우미 지고쿠의 온도는 무려 98도나 되어서 이곳에 계란을 넣으면 5분 만에 반숙이 된다고 한다. 이곳저곳에서 온천수에 계란을 삶고 있는 모습이 재미있다. 우미 지고쿠는 약 1,200년 전 화산 폭발로 만들어진 온천으로, 코발트블루의 아름다운 온천수 색깔 때문에 매우 인기 있는 온천 중 하나이다.

오니이시보즈 지고쿠는 회색빛 진흙 아래 흐르는 온천 때문에 솟아오른 모습이 마치 스님의 머리와 같다 하여 붙여진 이름이다. 오니이시보즈 지고쿠를 지나 산 지옥이라고 불리는 야마 지고쿠로 향한다. 산 곳곳에서 수증기가 뿜어져 나오는 모습이 이색적이다.

다음은 부뚜막 지옥이라는 의미를 가진 온천이다. 가마도 지고쿠는 지역에서 모시는 신인 '가마도 하치만'에게 이곳 증기로 지은 밥을 올렸다 하여 붙여진 이름이라고 한다. 가마도 지고쿠에는 크고 작은 두 개의 못이 있는데, 탕의 온도와 넓이에 따라 성분의 결정 상태가 달라져 온천수의 색깔이 다르게 보인다. 다시 말해 온도가 낮을수록 물의 색이 하늘색을 띠고 온도가 높을수록 주황색을 띠게 되는 것이다. 가마도 지고쿠에서 볼 수 있는 주황색 온천의 비밀은 바로 이것이었다.

오니야마 지고쿠의 입구에는 이름에 걸맞게 커다란 산도깨비가 서 있다. 오니야마 지고쿠는 악

❶ 코발트블루색이 아름다운 우미 지고쿠
❷ 오니이시보즈 지고쿠
❸ 야마 지고쿠
❹, ❺ 가마도 지고쿠. 온천수의 온도가 낮을수록 하늘색을, 높을수록 주황색을 띤다고 한다.
❻ 오니야마 지고쿠
❼ 지노이케 지고쿠

어 지옥이라는 별명이 있는데, 이유는 오니야마 지고쿠의 열기로 악어를 키우기 때문이다. 오니야마 지고쿠를 지나 하얀 연못이라는 뜻의 시라이케 지고쿠로 향한다. 다른 온천과 다르게 뽀얀 백색을 띠는 온천으로, 원래부터 이런 색이 아니라 투명한 온천수가 공기와 접촉하며 뽀얗게 변한 것이라고 한다.

타츠마키 지고쿠는 온천수와 열기가 뿜어져 나오는 간헐천으로, 30분 간격으로 20m 이상의 높이로 분출한다. 매우 독특한 온천으로 벳푸 시 지정 천연기념물이기도 하다. 뿜어내는 모양이 마치 회오리바람과 같다 하여 타츠마키라는 이름이 붙여지게 되었다. 마지막으로 피의 지옥이라는 무시무시한 이름을 가지고 있는 지노이케 지고쿠는 일본에서 가장 오래된 천연 온천이라고 한다. 붉은 점토에서 수증기가 펄펄 끓어오르는 모습이 마치 피와 같아 매우 흥미롭다. 지노이케 지옥을 마지막으로 벳푸에서의 지옥 순례를 마쳤다. 각각 개성이 뚜렷한 온천을 둘러보는 재미가 있었다. 지옥 순례를 마치고 100도가 넘는 온천의 수증기로 단번에 쪄 내는 요리가 일품인 찜 요리를 먹으러 향한다. 높은 온도로 순식간에 익힌 요리로 맛과 향이 훌륭했다.

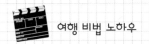 여행 비법 노하우

교통·숙박·음식

☞ 항공...인천 국제공항, 김포 국제공항 등에서 출발하는 항공편이 다양하게 운항한다.

☞ 숙박...관광지답게 수많은 호텔이 있지만 한 번쯤은 일본 전통 온천 여관인 료칸을 이용해 보자.

☞ 음식...신선한 해산물을 즐길 수 있는 곳으로, 다양한 회와 초밥 등을 신선하게 제공하는 맛집이 많이 있다. 돈코츠 라멘의 고향인 후쿠오카에서는 다양한 조리법으로 만들어진 라멘을 쉽게 접할 수 있다. 캐널시티에 있는 라멘 스타디움은 일본 전역의 인기 있는 라멘을 만날 수 있는 곳이니 방문해 보자.

주요 축제

하카타 기온 야마카사

7월 1일부터 15일가량 열리는 축제로 가마쿠라 막부 시절 유행하던 전염병을 퇴치하고자 하는 마쓰리로 시작되었다. 건강을 기원하는 의미로 매년 후쿠오카 시내에서 열리며, 역병을 다스리는 신을 모시는 구시다 신사를 시작으로 1톤가량 되는 가마를 메고 행진하는 규슈 대표 축제이다.

이곳도 함께 방문해 보세요

조선 도자기 도공의 발자취를 엿볼 수 있는 규슈 사가현 아리타 마을

일본 규슈 사가현의 서쪽에 자리한 아리타는 인구 2만여 명의 작은 시골 마을이다. 일본 최고의 도자기 마을로 불리는 아리타의 역사는 임진왜란으로 거슬러 올라간다. 당시 아리타 일대를 다스리던 일본 장수 나베시마 나오시게는 경남 진해, 김해 등지에서 최고의 실력을 가진 조선인 도공들을 납치했다. 이들은 아리타에서 도자기 원료인 고령토를 발견해 일본 최초의 백자를 만들었고, 덕분에 일본은 1600년 중반부터 도자기 무역으로 막대한 부를 축적할 수 있었다. 세계 최고 수준의 조선의 도자기 도공들은 이렇게 하루하루 고향을 그리워하며 일본 도자기 문화의 꽃을 피우게 하였다.

 참고문헌

· 박상용, 2015, 규슈 셀프트래블, 상상출판.
· 박용준·정보라·방병구, 2015, 저스트고 규슈, 시공사.
· 손민호, 2015, 규슈 올레, 중앙books.
· 정태관·승필호, 2015, ENJOY 규슈, 넥서스BOOKS.
· 편집부, 2015, 규슈 100배 즐기기, 알에이치코리아.

일본의 고풍을 느낄 수 있는

오사카, 교토

바다를 끼고 있어 다양한 문물을 일찍이 받아들이게 된 오사카는 현대적인 면모가 물씬 풍기는 곳이다. 그리고 일본의 오래된 역사와 전통이 깃든 교토로 가면 오사카와는 또 다르게 예스러운 일본의 분위기를 더 느낄 수 있다. 서로 다른 매력을 가진 오사카와 교토는 일본에 간다면 꼭 한번 방문해 봐야 할 도시이다.

즐거운 오사카 여행

오사카는 규모는 작지만 인구는 도쿄 다음으로 많은 일본 제2의 도시이다. 일본 상업과 산업의 중심지로서 도쿄 못지않게 여행객들도 많다. 오사카는 다양한 문화가 혼합된 형태로 발전되어 왔는데 오사카성, 도톤보리 운하 등의 유물들이 남아 있을 뿐만 아니라 서구적인 건물들도 잔재한다. 또한 다양한 박물관, 미술관의 기념관은 물론 분라쿠, 가부키 등 일본의 전통 공연까지 볼거리가 매우 풍부하다.

우리가 여행한 곳은 난바 역 일대이다. 이곳을 택한 이유는 난바 역, 신사이바시 역을 기점으로 쇼핑센터, 빌딩, 파크 등이 몰려 있기 때문이다. 이 인근을 미나미라고 부른다. 오사카 시내 남쪽의 다운타운이란 뜻이다. 난바 역 1번 출구에서 나오면 저 멀리 높은 빌딩이 보인다. 도심 어디에

❶ 난바파크   ❷ 돈키호테 에비스 타워
❸ 친환경 건물인 오가닉 빌딩   ❹ 도톤보리강의 유람선

나 그 도시를 상징하는 높은 빌딩이 있기 마련인데, 오사카에는 난바파크가 있는 게 아닌가 싶다. 난바파크는 미래 도시인 오사카를 위해 설계된 오사카의 핵심 건물로, 서양식의 쇼핑몰이다. 멀리서 보면 건물 사이의 모습이 알파벳 S자를 닮았으며 건물 외벽은 다채로운 줄무늬로 장식되어 있다. 이 줄무늬는 지구의 오랜 역사가 깃든 지층을 상징한다.

난바 역 14번 출구 인근으로 나오면 도톤보리 일대가 나온다. 도톤보리강을 따라 상점이 줄지어 있는데, 이곳이 미나미 제일의 맛집 거리이자 최대의 번화가이다. 도톤보리 일대에 오면 꼭 들러 봐야 할 곳이 바로 돈키호테 에비스 타워이다. 이름만 들으면 빌딩인지 쇼핑몰인지 감이 안 온다. 이곳은 바로 대관람차가 있는 곳이다. 놀이공원에서나 볼 수 있는 어마어마한 대관람차가 도심 한가운데에 있다니 놀랍지 않을 수가 없다. 돈키호테의 마스코트인 캐릭터 펭귄과 에비스의 모습이 함께 걸려 있는 외관이 굉장히 우스꽝스러우면서도 눈길을 끈다. 타원형의 레일을 따라 곤돌라가 돌아갈 때 오사카의 풍경을 생동감 있게 볼 수 있다. 하지만 2009년에 사고가 발생해 지금은 완전히 중지되어 유물처럼 구경거리로만 남아 있어 참 아쉽다.

다음으로 여행한 곳은 도톤보리강과 강 투어를 위한 유람선이다. 한강에서 유람선을 타고 서울 도심을 바라볼 수 있는 것처럼 오사카에서도 도톤보리강에서 유람선을 타고 인근 시내의 전경을 둘러볼 수 있다. 돈키호테 에비스 타워 앞에서 시작해 캐널 테라스 호리까지 약 20분간의 짧은 코스인데, 하루에 유람선을 탈 수 있는 인원수가 제한되어 있다.

다음으로 향한 곳은 오가닉 빌딩이다. 이탈리아 건축가가 설계했다고 하는데 건물 외관이 워낙 독특하고 기발해서 인기를 끌고 있다. 132개의 붉은 화분이 건물을 감싸고 있는데, 각각의 화분 속에는 아프리카부터 미국까지 전 세계에 걸쳐 수집한 132종의 식물이 심어져 있다. 이 식물들은 모두 정화 식물로 스스로 사용한 물을 정화하는 능력이 있다. 지하 1층부터 지상 9층까지 정화 식물을 통하는 관들이 서로 연결되어 있어 사용된 물이 2차로 정화되어 사용할 수 있는 물로 바뀐다. 보는 재미, 알면 알수록 재미있는 이야기가 담겨 있는 건물이다.

오사카 먹거리 투어

오사카는 온갖 다양한 먹거리가 넘쳐 나는 곳으로 유명하다. 바다를 끼고 있는 자연환경으로 해산물이 풍부하며, 오래전부터 상업이 발달해 전국 각지에서 오사카를 거쳐 식재료를 공급하였기 때문에 타 지역에 비해 유난히 외식 산업이 발달되어 있다. 우리에게 친근하게 알려져 있는 오코노미야키, 다코야키, 구시카츠 등 다양한 먹거리가 풍부한 오사카에서의 먹거리 투어는 잊을 수 없는 재미이다.

첫 번째 소개하고 싶은 음식은 오코노미야키이다. 최근 한국에서도 굉장히 인기 있는 음식이 되었는데 원조는 역시 오사카이다. 오코노미야키의 오코노미는 좋아함을 뜻하고 야키는 굽는 것을 뜻하는데, 한마디로 좋아하는 것을 굽는다는 뜻이다. 오코노미야키는 1950년대부터 오사카 음식으로 사랑받아 왔는데, 우리나라의 부침개와 매우 흡사하다. 두 번째 음식은 다코야키이다. 다코야키는 오코노미야키와 함께 일본의 오사카 지역에서 처음 시작된 음식이다. 밀가루 반죽 안에 잘게 자른 문어, 파 등을 넣고 전용 틀에 넣어 굽는다. 한 입 크기의 작은 공 모양으로, 소스와 마요네즈, 가쓰오부시 등을 곁들여 먹는다. 가격도 저렴하고 맛도 좋아서 전 세계적으로 사랑을 받고 있는 음식이다. 마지막 음식은 바로 라멘이다. 일본에 오면 빠질 수 없는 음식이 바로 라멘인

오코노미야키　　　　　　　　　　　　　　　　　　　　　　　　　　　　　　　다코야키

데, 오사카에 유독 라멘 음식점이 많다. 고춧가루와 마늘로 얼큰한 맛을 낸 라멘부터 밍밍한 듯 짭짤한 라멘, 그 위에 문어, 고기 등 각종 재료를 곁들인 라멘까지 종류가 아주 다양하다. 한국인들에게도 친숙한 음식이므로 오사카에 오면 꼭 먹어 보아야 한다.

역사가 깃든 도시, 교토

　교토는 우리나라의 경주 같은 곳으로, 과거 일본이 국가의 기틀을 마련하기까지 역동의 시간이 고스란히 담겨 있는 역사의 도시이다. 현재까지 2,000여 개 이상의 사찰, 신사, 궁궐 등이 남아 있는 걸 보면 얼마나 역사가 깊은 도시인지 한눈에 알 수 있다. 교토는 도시 자체에 역사적 볼거리가 가득하므로 교토를 여행할 때에는 사전에 공부를 하고 가면 훨씬 재미있고 유익한 시간을 보낼 수 있다. 사찰의 경우에는 오후 4시에 문을 닫는 경우가 많으므로 시간을 잘 정해서 둘러보이지 않으면, 자칫하다가는 사찰 한 번 들어가 보지 못하고 교토 여행을 마무리 지어야 할 수도 있다. 교토는 워낙 볼거리가 많아 넉넉하게 보려면 일주일 이상이 걸리지만 서부, 동부에 볼거리가 몰려 있는 편이므로 시간이 부족하면 이쪽만 둘러봐도 좋다.

　교토의 문화유산 중심으로 여행을 떠나기로 결정하였다. 먼저 가게 된 곳은 세계문화유산으로 지정되어 있는 사찰 뵤도인이다. 뵤도인은 우지 인근에 있는데 우지는 과거부터 녹차로 굉장히 유명한 곳이다. 그래서 뵤도인 앞 거리는 모두 찻집 등으로 붐빈다. 지나다 보면 시음도 하게 해 주고 녹차아이스크림 등 녹차를 이용한 음식도 맛볼 수 있으니 참 재미있는 곳이다. 약 10여 분 걷다 보니 어느 순간 사찰이 나온다. 뵤도인은 일본의 10엔짜리 동전의 앞면에 새겨진 유명한 사찰이다. 많은 전쟁으로 인해 지금은 일부만 남아 있지만 과거에는 훨씬 큰 대규모 사원이었다고 한다. 뵤도인 내부에는 본존인 아미타여래좌상이 있는데, 일본 현지인들에 따르면 연못 건너편

보도인

에서 봉황당을 똑바로 봤을 때 가운데의 둥근 창에 본존불의 얼굴이 비추는데 이 광경이 굉장히 신기하다고 한다. 실제로 해 보니 어떻게 이렇게 딱 맞게 비추는지 신기할 따름이다.

다음으로 찾은 절은 일본에서 가장 높은 절인 도지이다. 도지는 교토 역의 하치조 출구 부근에 위치해 있으며, 400년 전에는 교토의 마스코트라고 여겨지던 절이다. 도지 안에는 불교 미술품들이 보관되어 있고 무려 57m의 오층탑이 절을 지키고 있다. 고구려인들이 만들었다고 전해지는데, 타지에서 고구려인의 숨결이 묻어나는 탑을 보는 기분이 참 묘하다.

도지의 오층탑

다음으로 간 곳은 교토의 중심 역인 교토 역에서 나오자마자 바로 보이는 교토 타워이다. 교토 최고의 높이를 자랑하는 전망탑인 교토 타워는 만들 당시의 교토 인구를 기준으로 높이를 만들었는데 무려 131m이다. 지상 100m 높이에 위치한 전망대에서는 교토의 모습을 한눈에 감상할 수 있다.

교토 타워

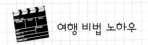 여행 비법 노하우

교통·숙박·음식

☞ 교통...시내에서 여행 시 지하철, 버스, 전차, 택시를 타고 편리하게 여행을 즐길 수 있다. 가장 편리한 교통편은 지하철인 만큼 관광지 인근의 역을 잘 파악해 지하철을 타고 여행하면 즐거운 여행이 될 수 있다.

☞ 숙박...관광객을 위하여 모든 유형의 숙박 시설이 잘 정비되어 있다. 하지만 중심지보다는 외곽 쪽에 많은 편이다. 저렴하게 이용하고 싶다면 게스트하우스를 예약해도 좋다.

☞ 음식...오사카에서는 각종 해산물을 이용한 오코노미야키, 다코야키, 라멘, 회 등을 맛보자. 한국에서 접할 수 없는 원조 오사카 음식을 먹어 보는 것도 좋다.

주요 체험 명소

1. 난바파크: 미래 도시 오사카를 콘셉트로 지어진 대형 복합 쇼핑몰로 건축물을 감상하는 것만으로도 신세계에 온 듯한 느낌이 드는 오사카 최고의 명소이다.
2. 도지: 5층짜리 대형 탑이 있는 사찰로 세계문화유산이다.
3. 도톤보리: 도톤보리강을 중심으로 일대를 걷는 것이 좋다.

주요 축제

오사카의 대표적인 축제로는 1월에 열리는 도카에비스 마쓰리, 4월에 열리는 벚꽃 축제인 사쿠라 도리누케 등이 유명하다. 교토의 대표적인 축제로는 아오이 마쓰리, 기온 마쓰리, 지다이 마쓰리가 있다.

이곳도 함께 방문해 보세요

일본 최초의 국가가 세워진 곳, 나라
나라는 우리나라의 삼국 시대 영향을 받은 일본 최초의 국가가 세워진 곳으로 잘 알려져 있는 지역이다. 사슴들이 자유롭게 뛰어노는 나라 공원, 일본 최대의 목조 건물인 도다이지 등 다양한 유적지와 볼거리가 있어 많은 사람들이 찾는 대표적인 명소이다.

일본 최대의 항구 도시, 고베
고베는 일본 최대의 항구 도시이다. 항구 도시인 만큼 과거부터 다른 나라와의 무역이 활성화되어 일찍이 서구 문물이 받아들여진 곳이다. 이국적인 느낌마저 드는 고베에는 야경이 아름다운 메리켄 파크, 간사이 최대의 차이나타운, 멋지게 즐비한 서양식 주택과 서구식 석조 건물 등이 볼만하다.

 참고문헌

· 유재우·손미경, 2015, 클로즈업 오사카, 에디터.

중국의 중심, 베이징 스타일

베이징

원나라 시대부터 중국의 수도로 지정되어 지금은 중국 그 자체라고도 할 수 있는 베이징은 동아시아의 절대적인 지위를 차지하던 19세기까지 아시아의 수도, 세계 문명의 중심지였다. 항공, 철도, 버스 등 모든 교통수단이 잘 발달되어 있고, 유네스코 세계유산으로 지정된 자금성, 이허위안, 톈안먼 광장 등 유서 깊은 관광지와 함께 베이징 대학교, 칭화 대학교 등 중국의 명문 대학들이 위치하고 있다. 또한 근교에는 인류가 만든 최대 문화유산이라 할 수 있는 만리장성을 볼 수 있다. 하늘의 아들이라며 무소불위의 절대 권력을 휘둘렀던 황제들을 위한 도시인 베이징의 어제와 오늘로 여행을 떠나 보자.

역사가 숨 쉬는 톈안먼

베이징에 있는 청나라 황성의 남면 정문이다. 고궁의 정면 현관인 톈안먼 중앙에 마오쩌둥(毛澤東)의 초상화가 걸려 있다. 톈안먼은 명나라 영락 15년(1417)에 건설되었다. 전화로 소실되어 1651년에 재건되었는데, 톈안먼이라고 불리게 된 것은 그때부터이다. 톈안먼 광장은 북쪽 톈안먼과 남쪽 마오쩌둥 기념관, 서쪽 인민대회당사, 동쪽 중국혁명박물관으로 둘러싸인 사각형의 광장 전체를 가리킨다. 세계에서 가장 큰 광장으로, 100만 명이 족히 들어갈 수 있는 규모라고 한다.

역사적으로도 1919년 5.4운동의 중심지이고 1949년 10월 1일 중화인민공화국의 창건 기념식이 개최되었으며 1989년 유명한 톈안먼 사건이 발생한 역사적인 장소이기도 하다.

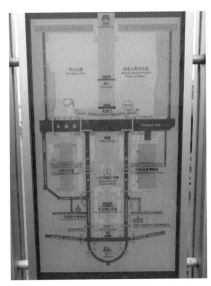

톈안먼 광장 관광 안내도

　톈안먼 광장에 도착하면 저 멀리 마오쩌둥 주석의 초상화가 걸린 톈안먼이 보인다. 톈안먼 광장에는 중국의 경찰이 참 많았다. 이곳에서는 그 목적이 무엇이든 의심받을 만한 집단 활동을 펼쳐서는 안 된다는 얘기를 들었다. 그리고 톈안먼 광장에서 유명한 것이 국기 게양·강하식인데, 아침저녁으로 하루에 두 번 거행된다. 사람들이 많이 몰리기 때문에 인파에 묻혀 잘 보긴 힘들다고 한다. 혹시 톈안먼 광장 국기 게양·강하식을 보려면 사이트(http://flag.911cha.com/)에서 꼭 시간을 확인하길 바란다. 우리처럼 정해진 일정한 시간에 하는 것이 아니라 태양이 뜨고 지는 시각에 맞춰 한다는 것이 매우 이채로웠다. 국기 게양 시간과 강하 시간은 중국 대륙에서 해가 뜨고 지는 자리와 톈안먼 광장의 지평선이 서

톈안먼 야경

텐안먼 광장의 모습

인민대회당

로 일치할 때를 계산하여 정한다고 한다. 작지만 웅장한 의식은 외국 관광객들뿐 아니라 베이징을 방문한 중국인들에게도 놓치기 아까운 장면이다.

인민대회당은 텐안먼 광장의 서편에 위치하고 있다. 국가 지도자와 인민 군중들이 정치, 외교 활동을 진행하는 장소이며 중국의 중요한 상징적 건축물이다. 인민대회당은 1959년에 건축되었으며 건축 면적이 17만여 m²에 달한다. 인민대회당은 황색과 녹색이 결합된 유리 기와로 되어 있으며, 남북 길이는 336m, 동서 폭은 206m, 높이는 46.5m로 위엄이 느껴진다.

금지된 성, 자금성에 들어가다

자금성은 명나라, 청나라 시대에 황제가 살았던 황궁으로 세계에서 가장 큰 고대 궁전이다. 건축은 1897년 유네스코 세계문화유산으로 등록됐으며, 현재 자금성 안에는 9,999칸의 방이 있다고 한다. 중국에서는 고궁(故宮)이라고 부른다.

중국에서는 옛날에 북(北)을 자(子), 남(南)을 오(午)라고 하였다. 자금성의 중심 출입문인 오문(午門)은 자금성의 중심축 남쪽에 위치하여 붙여진 명칭이다. 1420년에 건축되었으나 화재로 여러 차례 소실되었다가 1647년 재건되었으며 凹 형태로 이루어져 있다. 음양오행설에 따라 북쪽의 음기를 막기 위해 정남향에 자리 잡고 있으며 높이 38m, 두께 38m로 세계 제1의 성문이다.

태화문은 황제의 공식적인 업무 기관인 외조의 입구로, 자금성의 중심선에 있는 3개의 중요한 건물(태화전, 중화전, 보화전)로 가기 위해서 가장 먼저 통과해야 하는 문이다. 태화전은 자금성의 정전으로, 영화 '마지막 황제'의 주인공이자 청나라 마지막 황제였던 푸이가 즉위한 곳이기도 하다. 현존하는 목조 건물로서는 중국 최대 규모이며, 놀라운 것은 이 규모의 정전을 짓는 데 못을 하나도 사용하지 않았다는 것이다. 높이 35m 총면적 2,377m²로 황제의 즉위식, 새해의 제사 및 조서 반포, 황태자 탄생 축하 등 국가적 행사를 치르던 곳이다. 모습이 화려해서 금란전이라고 부르기도 한다.

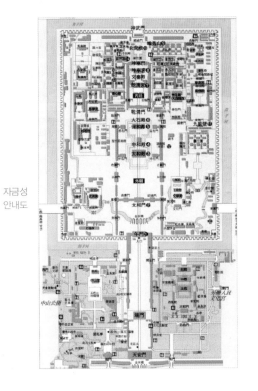

자금성
안내도

태화문

태화전의 모습

1. 여성들의 감옥, 냉궁

자금성은 건청궁, 교태전, 곤녕궁을 삼궁(三宮)이라고 부르며, 이밖에 동쪽의 6개의 궁과 서쪽의 6개의 궁을 육원(六院)이라 부른다. 봉건 시대의 황제는 절대 권력을 소유하였기 때문에 마음대로 후궁을 선택할 수 있었다. 한동안 황제의 총애를 받다가 버림받은 여인들이 갇힌 곳을 냉궁(冷宮)이라 부른다. 명나라와 청나라의 문헌을 살펴보면, 여러 곳이 냉궁으로 사용되었음을 알 수 있다.

2. 자금성에는 용이 몇 마리나 있을까?

자금성은 용의 천국이다. 고대 중국의 황제는 땅을 다스리는 '진룡천자(眞龍天子)'라고 불렸다. 그래서 자금성에는 황제를 상징하는 용 장식이 대전과 교량 등에 엄청나게 많이 남아 있다. 도대체 자금성에 있는 용은 모두 몇 마리나 될까? 어떤 사람은 자금성의 건물이 모두 8,000개이고, 한 건물에 6개의 용무늬가 있다면 4만 개쯤 될 것이라 추정하기도 했다. 자금성의 상징적 건물인 태화전의 내외부에 있는 용무늬만도 1만 3,844개라는 통계도 있다.

3. 자금성 앞쪽 건물들에는 왜 나무가 없을까?

자금성의 정면에 자리 잡고 있는 태화전, 중화전, 보화전에는 나무가 없다. 이 세 곳은 황제가 국가의식을 거행하는 장소로, 자금성 외궁의 중심이며, 베이징의 중심이기도 하다. 따라서 황제의 권위를 상징하기 위해 궁 내부와 자금성 앞에 있는 톈안먼까지 나무를 심지 않았다는 설이 있다(현재 단문 앞뒤에는 나무가 심어져 있지만, 이것은 신해혁명 이후에는 심은 것이다). 황제를 알현하기 위해 그늘 하나 없는 어도(御道)를 걸어가면서 저절로 황제의 권위에 짓눌리는 심리적 효과를 만들어 낸다고 한다. 또 다른 가설은 황제는 음양오행에서 흙을 상징하며, 나무는 흙을 이기기 때문에 나무를 심지 않았다는 설이다.

4. 자금성의 공식 이름은 무엇일까?

현재 자금성의 공식 이름은 '고궁박물관'이다. 그러나 우리나라와 유럽과 미국 등지에서는 '자금성'이라고 부른다. 1987년 유네스코의 세계문화유산에 등록된 자금성이 세계적인 관광지가 된 것은 할리우드 영화 '마지막 황제'의 영향이 크다. 화려하고 신비한 황궁의 모습과 마지막 황제 푸이의 굴곡진 인생을 담은 '마지막 황제'는 중국의 자금성에 대한 대중적인 관심을 불러일으키는 계기가 되었다.

'마지막 황제'는 1987년에 개봉되었으며 제60회 아카데미에서 9개 부분을 석권하였다. 청나라 12대 황제, 마지막 황제 푸이(溥儀)의 일생을 다룬 영화로 베이징의 자금성이 주요 배경이다. 자금성의 뜻을 그대로 풀이하면 '자색의 금지된 성'으로, 성을 둘러싸고 있는 드넓은 해자와 높은 성벽, 그리고 800여 채의 건물과 9,999개의 방, 황금빛 기왓장과 하얗게 빛나는 대리석들, 높이 솟아 끝없이 이어진 붉은색 벽, 이런 자금성은 아무에게나 발을 들이는 것이 허용되지 않는 금지된 도시였다. 명나라 3대 영락제가 처음 건립한 이후 오직 명 왕조와 청 왕조의 24명의 황제만이 이 도시의 주인이었다. 그리고 그 황제를 둘러싼 수백, 수천의 궁녀와 환관만이 이 도시를 이루는 구성원이었다. 마지막 주인이었던 푸이의 일대기인 '마지막 황제'를 통해 자금성을 살펴보는 것도 좋을 듯하다.

중국 사람들은 전통적으로 차를 마시는 습관 때문에, 우리가 많이 마시는 커피가 그다지 인기가 없다. 그래서 우리나라에서 많은 사람들이 좋아하는 스타벅스 등의 커피 전문점도 많지 않다. 최근 중국의 젊은이들은 커피를 좋아하는 사람이 있기는 하지만 여전히 대다수의 중국 사람들은 차를 즐겨 마신다. 커피 전문점이 많이 없는데 자판기는 더욱 필요가 없을 것이다.

수백 년의 역사를 가진 상업 거리, 첸먼 거리

이전 베이징에 대한 기억으로 첸먼 근처에는 우리나라 삼청동처럼 오래된 구옥들이 빼곡히 있었다. 하지만 베이징 올림픽을 계기로 모두 철거하고 지금은 첸먼 거리(前门大街) 좌우로 신축 건물들이 잘 들어서 있다. 첸먼 거리는 북쪽으로는 정양문에서 부터 남쪽으로는 천단로까지 이어진 베이징 시내의 중심에 위치해 있는 상업 거리이다. 명나라 때 외성을 지으면서 형성된, 황제가 천단(天坛), 산천단(山川坛)에 제사를 드리러 갈 때 이용했던 주요 도로이다. 명대 중엽에 상업의 발달로 첸먼 거리의 양측에 상점이 생기면서 상업 거리가 형성되었다. 명 가정제 이후에는 관리가 되어 각 지방에서 올라온 사람들을 위한 회관이 길 양측에 생겨났고, 생활용품이나 주식을 해결하는 곳이 되었다. 청대에 황권의 존엄성을 위해 극장, 찻집, 기생집 등을 성 외곽에만 개설할 수 있게 하면서 첸먼 거리는 더욱 번창하게 되었고, 1950년대 초에는 800여 개의 상점이 존재했었다고 한다.

첸먼 거리의 모습

베이징 오리구이의 원조 맛집, 취안쥐더

베이징 오리구이는 원나라 시대부터 전해 내려 온 베이징의 전통 요리로 '베이징 카오야(北京烤鴨)'라고 부른다. 취안쥐더(全聚德)는 베이징 카오야 전문점 중에서도 가장 전통 있는 곳이다. 1864년 최초로 오리 통구이를 시작한 곳

취안쥐더 정문

으로 상하이, 도쿄에도 지점이 있다. "베이징 카오야를 먹어 보지 않고 베이징에 다녀갔다고 얘기하지 말고, 취안쥐더에 다녀가지 않고 베이징 카오야를 맛보았다 하지 말라."라는 말이 있을 정도로 대표적인 곳이다.

베이징의 명동, 왕푸징 거리

왕푸징 거리 입구

왕푸징 거리(王府井大街)는 베이징 시 중심부에 위치한 700여 년의 역사를 지니고 있는 길이 약 1.8km의 상점가로, 예로부터 베이징의 화려한 중심 상가 거리였다.

서울의 명동과도 같은 왕푸징 거리에는 먹자골목이 유명하다. 뉘엿뉘엿 해가 넘어갈 무렵에 왕푸징 거리는 더 활기를 띤다. 이곳의 구경거리는 뭐니 뭐니 해도 해가 지면 열리는 야시장이다. 야시장에 불이 켜지고 주

변 쇼핑객과 관광객들이 모여든다. 중국에서나 볼 수 있는 전갈, 애벌레 꼬치 등 특이한 먹거리들을 파는 포장마차들이 죽 늘어선 진풍경을 만날 수 있다. 설탕 시럽을 입힌 과일 꼬치부터 볶음면, 양고기와 뱀까지, 세상 천지의 모든 식재료를 모은 것 같은 풍경에 탄성이 절로 나온다. 비위가 강하다면 시식에 도전해 보는 것도 좋다. 잔돈을 준비해 가는 센스가 필요하다. 한국인들끼리 몇 마

디만 나누어도 야시장 상인들이 알아듣고 어설픈 한국말로 말을 걸어온다. 이런 것들마저도 여행의 소소한 재미를 더한다.

거대한 인공호수, 이허위안

베이징에서 빼놓을 수 없는 필수 관광지로 이허위안(頤和園)이 있다. 이허위안은 중국 황실의 별궁이며 최대 규모의 황실 정원이었던 곳으로, 베이징 중심에서 서북쪽으로 약 10km 떨어진 곳에 위치하고 있다. 이전에는 이곳이 약간은 교외지역이었으나 베이징이 발전하며 이허위안 근처도 도시화되어 가고 있다. 총면적이 2.9km^{2}에 이르며, 자연 풍경을 그대로 이용한 정원에 인공 건축물이 환상적인 조화를 이룬 중국 조경 예술의 걸작품으로 1998년 유네스코 세계문화유산으로 지정되었다.

가장 눈길을 끄는 것은 총면적의 4분의 3을 차

이허위안 입구

이허위안 전경   꼭대기에 자리 잡은 포상거의 위풍당당한 모습

1. 谢谢 xièxie[셰셰]: 감사합니다.

많은 사람들이 알고 있는 중국어 중 하나이다. '감사(感謝)'라는 한자어를 그대로 사용하기도 한다. '谢[셰]'는 '고맙다, 감사하다'라는 의미를 가지고 있다. '감사합니다'라는 말이 이처럼 한자어인 반면 순수한 우리말은 '고맙습니다'라고 하니까, 한국에서는 '감사합니다'보다는 '고맙습니다'를 더 많이 사용하는 것이 좋을 것 같다.

2. 不客气 búkèqi [부커치]: 별 말씀을요.

'客气[커치]'는 우리식으로 읽으면 '객기'이다. 우리나라에서는 '객기'란 것이 조금은 부정적인 의미로 사용되지만, 중국에서는 상대의 칭찬 등에 대해서 겸손한 자세를 보이는 말로 사용된다.

3. 对不起 duìbuqǐ[두이부치]: 미안합니다.

'미안하다'라는 표현도 가장 대표적인 표현이라고 할 수 있다. 이런 말들은 그저 글자 각각의 뜻을 생각하고 익히는 것보다는 세 글자가 마치 하나의 단어라고 생각하는 것이 좋다.

4. 没关系 méiguānxi[메이관시]: 괜찮아요.

우리식으로 읽으면 '몰관계'이다. '몰(沒)'은 '없다'라는 뜻으로 이 '몰관계'는 '관계가 없다'로 해석하면 된다. 무언가와 관계가 없다고 한다면 '괜찮다'라는 말로 해석할 수 있다.

TIP 명승고적 관람 시

여행을 하다 보면 관광지마다 입장료를 지불하고 입장권을 구매해야 하는데, 여기서 유의할 점이 있다. 중국의 대다수의 매표소에 가보면 '通票(통표)'와 '门票(문표)'로 구분되어 있는데, '통표'란 말 그대로 어디든 통과되는 표이며, '문표'는 문만 들어갈 수 있는 표이다.

TIP 여가 생활

이허위안에서 땅바닥 위에 글을 쓰시는 어르신을 만날 수 있었다. 이런 광경은 처음인지라 어르신과 몇 마디 대화에서 띠슈(地书)의 생성 과정을 엿볼 수 있었다.

종이와 먹이 부족했던 그 옛날 중국인은 종이 대신 바닥 위에서 먹 대신 물로 글자 연습을 하였다고 한다. 최근에는 노인분들의 여가 활동으로 자리 잡았다. 사계절 아무 때나 개방된 외부 공간에서 즐긴다는 것에 중국만의

중국인의 여가 생활 띠슈

독특한 문화를 엿볼 수 있는 기회가 나에게는 행운이었다.

지하는 거대한 인공호수 쿤밍호(昆明湖)이며, 항저우에 있는 시후(西湖)를 모방하여 만든 것으로 호수라기보다는 바다처럼 광활해 인공으로 만들었다고 믿기 어려울 정도다. 이허위안을 관람하기 위해서는 정문인 둥궁먼(東宮門)에서 입장하여 지청각에서 쿤밍호와 포샹거(佛香閣)를 관람한 후에 더허위안을 보고 완서우산(萬壽山) 뒤편의 아기자기한 건물과 정원의 미로를 관람하는 것이 좋다.

푸른 하늘을 닮은 소망의 공간, 톈탄궁위안

톈탄궁위안(天坛公園)은 하늘에 제사를 지내던 신성한 공간이었다. 당시 황제는 매년 음력 동지와 정월 초하루, 음력 사월에 '천단'에 와서 성대한 제사를 거행하였다. 하늘에 제사를 지내고 풍년을 기원하는 것 외에도, 일월성신, 비, 바람, 눈, 우레, 구름의 신에게도 제사를 지냈다.

옛 중국인들은 '하늘은 둥글고 땅은 네모지다(天圓地方).'라고 생각하였다. 그래서 톈탄궁위안의 가장 남쪽의 담장은 네모난 모양으로 땅을 상징하고, 가장 북쪽의 벽은 반원형으로 하늘을 상징하고 있다. 또한 둥근 하늘을

톈탄궁위안

상징하기 위해 톈탄궁위안의 건물은 원형으로 지어져 있고, 푸른 기와를 사용하고 있다.

톈탄궁위안은 내벽과 외벽으로 나뉘는데, 내벽을 남북으로 가르는 중심축에는 북쪽의 '치녠뎬(祈年殿)', 남쪽의 '위안추탄(员丘坛)', 중간에서 서쪽으로 치우친 곳의 '자이궁(斋宫)' 등 세 개의 건물이 톈탄궁위안의 중심부를 이루고 있다.

먼저, 치녠뎬에는 3층의 지붕이 있는데, 모두 푸른 빛깔을 띠는 짙은 청색 유리 기와로 덮여 있다. 전각 안에 들어서면 웅대한 기운이 느껴지고 선명한 색채를 볼 수 있다. 이곳은 하늘에 인간사를 전하는 '천궁(天宮)'과 이어져 있다고 한다. 대전은 28개의 거대한 금빛으로 치장된 원형의 기둥이 받치고 있다. 중간에 있는 가장 굵고 큰 네 개의 기둥은 일 년 사계절을 의미하고, 주변에 두

- 중국인이 좋아하는 숫자는 '6, 8, 9'이며, 우리나라와 같은 이유로 죽음을 의미하는 숫자 4는 선호하지 않는다. 숫자 6은 '순조롭다, (돈이) 흘러 들어온다'는 단어와 발음이 비슷하다. 숫자 8은 '부자, 돈을 벌다'는 뜻의 한자와 발음이 같아서 중국인이 가장 선호하는 숫자인데, 8이 8번 들어가는 '8888-8888' 번호가 전화번호 경매 사상 최고인 233만 위안(한화 약 3억 3,200만 원)에 낙찰되었고, 2008년 베이징 올림픽 개막식은 8월 8일 저녁 8시에 개최되었다. 비단 올림픽뿐만 아니라 중국에서 각종 개업식 등은 8시 8분에 하는 것이 관례라고 한다. 숫자 9는 '구원하다, 오래 살다'라는 뜻의 한자 발음과 같아서 사람 이름, 약 이름, 간판 등에도 많이 사용된다. 특히 황제의 숫자라고 하는 만큼, 자금성에는 문마다 9개의 황금 장식이 있고, 자금성의 전체 방 개수는 999칸이라고 한다. 상상만 해도 어마어마하다. 참고로 1,000칸을 만들지 않은 건 나머지 1을 황제가 완성한다는 의미라고 한다. 많은 사람들이 숫자 6, 8, 9를 선호하기 때문에 전화번호나 차량 번호에 해당 숫자를 넣기 위해서는 웃돈을 주고 번호를 구입해야 된다고 한다.

- 7은 좋은 숫자가 아니다.
우리는 영미권 국가와의 밀접한 관계로 인해 숫자 7을 환영하는 반면 중국에서는 7을 그다지 반기지 않는데, 이유는 7의 중국어 발음과 관계가 있다. 7의 중국어 발음은 '화나다'라는 뜻의 '기[치]'와 발음이 비슷하기 때문이다. 그래서 자동차 번호나 전화번호 등에 숫자 7은 피한다고 하는데, 특히 핸드폰 번호를 선택할 때 7이 많이 들어간 번호는 잘 선택하려 하지 않아서 다른 번호에 비해서 저렴한 가격에 구입할 수 있다고 한다.

개의 원을 이루고 있는 24개의 기둥은 일 년 24절기를 의미한다. 안쪽 원에 있는 12개의 기둥은 열두 달을 의미하고, 바깥 원에 있는 12개의 기둥은 하루의 12시진 및 밤하늘을 순환하는 별자리를 의미한다.

기년전에서 원구단으로 가는 길은 '단비차오(丹陛橋)'라고 불린다. 길은 길고 길었다. 마치 하늘로 오르는 길처럼 길고도 먼 길은 '신의 길'이란 의미를 가지고 있다.

위안추탄은 황제가 동지(冬至)에 하늘에 제사를 지내던 곳으로, 처음의 위안추탄은 청색 유리 기와에 흰빛의 옥을 끼워 만들었으나 청나라 때 증축하면서 바닥을 응회암으로 바꾸었다. 많은 사람들이 이곳에서 예배를 드렸기 때문에 오늘날 그 응회암은 거울처럼 반들반들해서 사람 모습을 다 비출 정도이다. 하늘 정원을 의미하는 위안추탄은 3층으로 되어 있고, 각층의 바닥 돌과 사방의 난간 개수, 그리고 계단의 수는 모두 9개이거나 9의 배수이다. 그 이유는 옛 중국인들은 숫자 9를 양수 중 최고의 수로 여겼기 때문이다.

한편, 톈탄궁위안의 또 다른 매력은 신기한 메아리에 있다. 위안추탄의 중심에서 서서 소리를 내면, 지층 깊은 곳에서 돌아오는 맑고 깊은 메아리를 들을 수 있다. 이 소리는 마치 땅속 깊은 곳에서 오는 것 같기도 하고, 또 하늘에서 내려오는 것 같기도 하다. 위안추탄의 사방은 모두 0.9m

두께의 벽으로 둘러져 있는데, 벽의 한편에 서서 말을 하면 벽의 다른 편에서 아주 선명하게 그 말소리를 들을 수 있다. 이곳이 바로 '후이인비(回音壁, 회음벽)'이다.

공장 지대에서 예술의 거리로, 798예술거리

중국 정부가 2008년 베이징 올림픽을 준비하며 이 지역에 있던 공장들을 외곽으로 옮기면서 거리가 비기 시작하자, 예술인들이 이곳에 들어와 창작 및 전시 공간으로 활용한 것이 798예술거리의 시작이었다. 예술가들이 처음 전시장을 차린 곳이 '798' 번호를 단 공장이었기 때문에 798예술거리가 된 것이다.

798예술거리는 저렴한 임대료 덕분에 젊은 예술인들이 몰리면서 카페, 갤러리, 서점 등이 따라 들어와 젊은이들의 공간으로 자리 잡았다. 그러자 정부는 꽃 심기, 도로 정리 등으로 환경을 가꾸기 시작했다. 처음에 소문을 듣고 하나둘 찾아오던 관광객들이 2009년에는 150만 명을 돌파하며 명실상부한 예술, 상업, 관광의 중심지로 발돋움했다.

베이징 798예술거리는 2003년 미국 『타임』에 22개의 세계 도시 문화예술 센터 중 하나로 선정되었다. 같은 해 미국 『뉴스위크』는 이곳을 올해의 지역 12위로 선정하였다.

798예술거리의 다양한 동상

TIP 중국 여행 시 주의할 점

1. 중국에서는 녹색 모자를 쓰지 마라. 특히 남자들에게 해당하는 이야기이다. 중국에서 녹색 모자를 쓰고 다니면, '나의 아내는 바람을 피웠습니다.'라는 의미에서 웃음거리가 되는 경우가 있다.

2. 중국에서 점원이 돈을 던지더라도 너무 기분 나빠하지 마라. 가끔 마트나 식당에서 계산할 때 종업원이 돈을 던지기도 한다. 물론 요새는 서비스가 좋아져서 많이 사라졌지만, 혹시 이런 상황을 겪으면 조금은 이해를 해야 한다.

   ① 예전에 자급자족하던 시절, 직업이 생겨나면서 직업이 있는 사람은 일한다는 사실을 대단히 자랑스러워했다. 자신은 일하고 물건을 사러 온 사람은 일하지 않는 사람이라 하대하는 의미로 돈을 던졌다고 한다.

   ② 사람이 워낙 많아 계산하는 시간을 조금이라도 줄이기 위해서라는 의견도 있다. 돈을 확 던져 주면 거스름돈을 세기에 수월하다는 의미이다.

   ③ 돈 건네줄 때의 접촉이 싫어서 던졌다는 설도 있다.

중국을 대표하는 세계문화유산, 만리장성

케이블카를 타고 바다링(八達嶺)을 올랐다. 꽤나 험준한 산등성이에 위치한 만리장성이라니…. 왜 어차피 말을 타고 오를 수 없는 이런 험악한 산등성이에 만리장성을 쌓았는지 이해가 되질 않았다. 또한 역사적으로도 만리장성이 목적했던 구실로 쓰인 적이 거의 없다고 한다.

중국의 역대 왕조가 변경 방위를 목적으로 쌓은 긴 성벽. 춘추전국 시대 조나라, 연나라 등이 쌓은 것을 진나라의 시황제가 흉노의 침략에 대비하여 크게 증축하였다. 이후 청나라 때에 오면서 군사적인 의의를 상실하고 단지 중국 본토와 만주, 몽골을 구분 짓는 정치적, 행정적인 경계선 역할을 담당하게 되었다.

바다링 만리장성은 보존이 가장 잘되어 있어 만리장성 중에서도 대표적인 구간으로, 대부분의 만리장성 관광은 이곳에서 이루어지고 있다. 산세가 험준한 장성 위에서 구불구불 기복이 심한 산세를 따라 멀리까지 뻗어 있는 견고한 만리장성을 바라보고 있으면 감탄이 절로 나온다. 만리장성은 군사적 침략을 막기 위한 방어막인 동시에 유목 민족과 농경 민족의 문화를 구분하는 경계선의 역할도 했다. 이제는 흘러간 역사의 자취가 된 만리장성은 세계 7대 건축물, 8대 불가사의로 꼽히는 세계적인 유적지이다. 만리장성을 오르내리는 케이블카는 32대이고, 1대당 6명을 싣고 쉴 새 없이 7~8분 거리를 운행한다. 걸어서는 만리장성까지 3시간 이상 걸린다.

만리장성

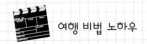 여행 비법 노하우

교통 · 숙박 · 음식

☞ 교통...대중교통을 이용할 때 교통카드인 이카통(一卡通)을 통해 편안한 여행을 즐길 수 있다. 베이징 시내를 여행할 때는 지하철, 버스, 택시를 타고 편리하게 다닐 수 있으며, 전통적인 여행을 즐기고 싶다면 일부 관광 지역에서 삼륜차를 타고 베이징의 오래된 뒷골목 투어를 할 수 있다.

☞ 숙박...베이징의 숙박 시설은 가격에 따라 천차만별이다. 가격 상승에 따라 호화로움을 만끽할 수 있지만, 중국의 전통적인 건축 양식인 쓰허위안(四合院)의 매력에 빠져 보길 권한다.

☞ 음식...베이징이라고 하면 가장 먼저 생각나는 음식은 오리구이인 '베이징 카오야'이다. 또한 야시장에서 다양한 길거리 음식을 맛볼 수 있다.

주요 체험 명소

1. 국가도서관(国家图书馆): 그 나라의 미래를 보려면 도서관에 가 보면 된다.
2. 퉁런탕(同仁堂): 1669년 개업 이래 명실상부한 중국 최고의 중의약방이다. 우리가 흔히 알고 있는 '우황청심환'이 베이징 퉁런탕의 대표적인 상품이다.
3. 징산 공원(景山公園): 베이징에서 유일하게 자금성을 굽어볼 수 있는 최고봉이다.
4. 베이징 동물원(北京动物园) : 중국의 국보이자 마스코트인 '자이언트 판다'를 이곳에서 만나 볼 수 있다.

이곳도 함께 방문해 보세요

스차하이(什刹海)

자금성의 북서쪽, 베이하이 공원(北海公園)의 북문에 위치한 베이징 최고의 관광지이다. 원래 호수의 주변으로 10개의 사찰이 있다는 데서 유래한 이름이다. 하지만 지금은 그 사찰들이 남아 있지 않고, 호수의 풍경과 서민의 삶이 녹아 있는 후통(胡同, 전통 뒷골목) 그리고 밤이면 음악과 젊음이 넘쳐 나는 낭만적인 공간으로 변했다.

 참고문헌

· 공상철 외, 2001, 중국 중국인 그리고 중국문화, 다락원.
· 김현주 외, 2007, 중국어와 중국문화, 어떻게 읽고 가르칠 것인가?, 한국학술정보.
· 김상균 · 신동윤, 2012, 사진으로 보고 배우는 중국문화, 동양북스.
· 로보원, 박영종 역, 2002, 중국문화에 담긴 중국어 이야기, 다락원.
· 전명윤 · 김영남, 2014, 중국 100배 즐기기, 알에이치코리아.
· 정보상, 2014, 베스트 중국여행, 상상출판.
· 하정미, 2001, 알짜배기 세계여행 중국, 성하.
· 한비야, 2006, 한비야의 중국견문록, 푸른숲.
· 홍순도 외, 2013, 베이징 특파원 중국 문화를 말하다, 서교출판사.

아시아의 중심, 세계 경제의 심장

상하이, 쑤저우, 항저우

아시아의 중심에서 세계의 중심으로 거듭나고 있는 거대 국가인 중국, 화려하고 웅장한 모습 속에 숨겨져 있는 그 비밀의 문을 두드리려고 한다. 유구한 역사 속에 만들어진 그들만의 문화와 독특한 생활 방식을 직접 경험해 본다면 중국은 생각 그 이상이라는 것을 느끼게 된다.

상하이와 쑤저우, 항저우는 중국 지도상에서 보면 거리감을 느낄 수 없는 정말 가까운 도시들이다. 하지만 중국의 도로 사정을 고려하지 않았다면, 이동하면서 상상하지 못했던 먼 여정의 피로로 인해 바로 휴식을 취해야만 한다. 어느 정도 중국에 대한 경험과 지식을 가지고 있겠지만, 생각했던 것 이상의 거대함과 함께 작은 부분에서 섬세하지 못한 부족함이 공존하는 것이 중국이다.

세계 경제의 심장을 꿈꾸는 상하이로 떠나다

서울과 상하이는 무척이나 가깝다. 서울에서 대전 가는 시간 정도면 도착할 수 있는 곳이 상하이다. 인천 국제공항에서 출발한 지 두 시간도 채 걸리지 않아 상하이 푸둥 국제공항에 도착한다. 우리나라에서 인천 국제공항을 만들어 동아시아의 허브로 키우는 것처럼 상하이도 이 공항을 아시아 최고의 공항으로 만들기 위해 지원을 아끼지 않고 있다. 상하이 도심에서 남동쪽으로 약 30km 떨어져 있는데, 도심으로는 지하철과 버스로 바로 연결된다. 물론 상하이에는 푸둥 국제공

항 외에 홍차오 국제공항도 있는데, 이 두 공항 모두 우리나라에서 항공사들이 경유하고 있다.

상하이는 거대한 아시아 대륙의 동쪽 중심에 있는 중국 경제의 심장이다. 중국을 말할 때는 가장 먼저 그 크기와 인구를 말하게 되는 것이 일반적이다. 한반도보다 약 55배나 더 큰 땅에 13억의 인구 대국인 중국의 경제 중심에 위치한 상하이를 우리나라와 비견하여 말하자면, 우리나라의 수도권 정도라고 할 수 있다. 행정적인 중심 기능만을 뺀다면 2,000만 명 정도의 인구와 경제 규모가 우리나라의 수도권을 쏙 빼닮았다. 자, 이제부터 상하이 여행을 떠나 보자!

아시아의 매춘부에서 동쪽의 파리까지

우리나라 사람들은 일제 강점기 당시 임시 정부가 있었기 때문에 상하이라는 도시를 친숙하게 받아들인다. 상하이는 행정적으로는 볼 때는 한국의 광역시급이라고 할 수 있는 성과 동급이다. 원래는 어촌이었던 상하이는 전국시대 초나라 춘신군의 봉읍으로 시작하여 송나라 때 진(鎭)을 설치하면서 상하이(上海)라고 불리기 시작하였다. 1927년 시(市)가 설치되었고, 도시 재개발을 통해 중국 경제의 중심지로 발돋움하였다. 현재는 중국의 문화, 관광, 상업, 금융의 중심지 역할을 톡톡히 담당하고 있다.

상하이는 '꼭대기'라는 의미의 '상'과 '바다'라는 뜻을 가진 '해'가 합쳐져 어떻게 해석해야 하느냐에 대해서 많은 논란이 있지만 일반적으로 '바다보다 더 높은 지역'이라는 뜻을 가진다. 이것을 지리적으로 분석해 보면 대부분 지형이 양쯔강과 황푸강의 충적작용에 의해 만들어진 평야이고, 서남부 지역에는 부분적으로 화산언덕이 분포하고 있다.

상하이는 한때 도시에 만연한 부정과 마약, 매춘 등으로 인해 '아시아의 매춘부'라는 오명을 갖기도 했지만, 지금은 '동쪽의 파리(Paris of the East), 동양의 여왕(Queen of the Orient)'이라는 아름다운 별명을 가지고 있다. 이제는 아시아 경제의 중심지에서 야경이 황홀한 관광의 도시로도 불리고 있다.

여름철은 습하고 덥지만, 겨울철도 온난하다

상하이는 해안에 위치하고 있어 계절차가 크지 않은 온난 습윤 기후 지역에 해당한다. 연평균 기온을 보면 14℃ 정도이고, 7월 최고 평균 기온은 27℃, 1월 최저 평균 기온은 3℃ 정도이다. 연강수량은 1,200mm로 많으며 여름에 집중된다. 겨울철에도 영상일 때가 많아 상대적으로 우리나라보다 따뜻하다. 그렇다 보니 난방 시설이 없어 오히려 햇살이 비추는 실외 지역보다 실내가 더 추워 집에서 옷을 더 껴입은 모습을 볼 수 있다.

또한 습도가 높다 보니 겨울철 농사도 잘되지만, 여름철 무더위와 높은 습도가 사람들의 생활을 힘들게 한다. 상하이 지역의 농촌 가옥들을 보면 1층 가옥은 거의 볼 수 없고 2층으로 되어 있는 것을 볼 수 있는데, 습도가 높아 1층은 주로 창고나 부엌으로 이용하고 2층에서 주로 생활하는 것이다.

황제의 나라에서 이제는 소황제의 나라로

상하이는 인구가 많은 만큼 고령화 추세도 심각한 문제로 대두되고 있다. 유소년층의 인구 부양 문제와 함께 외부 인구 유입 문제 또한 심각하다. 인구가 급속도로 증가하여 그 집중을 막기 위해 호적 제도를 만들었는데, 이는 지역 균형 개발을 위해 상하이에 살고 있다고 해도 초등학교와 중학교는 상하이에서 나올 수 있지만 고등학교는 원 호적상에 있는 지역에서 나와야 한다는 것이다. 심지어 상하이는 인구 집중 문제로 인해 지금은 호적을 주지 않는다.

중국은 인구문제가 극심하여 태어나는 자녀의 수를 제한하는 한 자녀 정책을 실시하다 보니 아이들이 상상 이상의 극진한 대우를 받으며 자란다. 이런 아이들을 일컬어 황제와 같은 대우를 받는다고 하여 '소황제'로까지 부른다. 부모 모두가 직장을 다니는 경우가 많아 조부모들이 아이들을 돌보며, 쇼핑센터에서도 삼대가 함께 즐기는 모습이 자주 보인다.

이들에 대한 교육열은 매우 높아서 아이들은 수업이 끝나면 보통 몇 가지의 과외를 받는 것이 일반적이고, 심지어 사립 유치원 교육비는 대학생 교육비와 맞먹을 정도이다. 유치원생들은 조기 영어 교육부터 시작하여 다양한 과외들을 하고, 서점에서도 아이들을 위한 영어 교재는 서점 입구에 가장 눈에 잘 띄는 곳에 비치되어 있다.

새로운 변화를 꿈꾸는 푸둥 지구

중국 장쑤성 쑤저우나 항저우 주민은 상하이 사람을 은근히 촌사람 취급한다. 왜냐하면 상하이가 작은 시골 어촌 시절에 쑤저우나 항저우는 귀족의 도시였다는 자부심을 갖고 있기 때문이다.

하지만 평범한 중국인에게 상하이에 거주한다고 말하면 십중팔구 부러워한다. 그 이유는 최근 들어 크게 성장한 상하이는 일자리도 많고 임금 수준도 높

중국 경제의 중심 상하이 황푸 강변 고층 빌딩의 스카이 라인

기 때문이다. 또한 상하이 주민들은 스스로에 대한 자부심이 매우 높다. 상하이의 세금이 국가 재정의 4분의 1을 차지하여 자신들이 중국을 먹여 살린다고 생각하기 때문이다.

그런 상하이 경제의 중심에 있는 곳이 바로 푸둥(浦東) 지구인데, 황푸 강변에 자리 잡고 있는 고층 건물이 스카이 라인을 이루고 있다. 푸둥은 황푸강의 동쪽을 뜻한다. 즉, 강의 오른쪽에 있는 둑이라는 의미이다. 푸둥은 서쪽으로 황푸강을, 동쪽으로는 동중국해를 경계로 삼고 있다. 북

> **TIP** 13억, 55개의 민족, 거대 국가 중국
>
> 절대로 우리로서는 상상할 수 없는 인구, 13억! 단순하게 이렇게 많은 인구수만 이러한 차이들을 만든 것이 아니라 다양함이 공존해 가는 가운데 만들어진 것이다. 넓은 국토에서 나타나는 다양한 자연환경과 55개의 이질적 민족들의 공존, 그리고 오랫동안 계승되어 온 전통문화와 새롭게 받아들여 온 서구 문화의 공존, 사회주의 정치 체제와 자본주의 경제 체제의 공존 속에 거대한 하나의 대륙으로 중국이 존재한다.

쪽으로는 황푸강이 끝나 양쯔강 우쑹구(吳淞口)로 유입되어 끝내 양쯔강 하구에 이른다. 이곳에서 65km 정도의 비교적 긴 해안선에 면한다. 행정상 정식 명칭은 푸둥 신구이다. 중국 정부는 1990년대 들어 논밭이었던 이 지역을 경제특구로 지정하여 푸둥 개발을 본격화하였고, 하루가 다르게 변화하고 있다. 푸둥의 면적은 500여 km²에서 2009년 1,400km²로 세 배나 확대되었다. 이제 푸둥은 동북아는 물론이고 세계적인 금융, 물류, 첨단산업, 정보 및 비즈니스의 센터로 발전하여 13억 중국인들의 꿈이 깃든 도시로 자리 잡고 있다.

푸둥 지구의 중심 루자쭈이 금융무역구, 둥팡밍주 탑

푸둥의 중심으로 새롭게 자리 잡은 루자쭈이 금융무역구

지하철 2호선 루자쭈이 역이다. 이곳에서 1번 출구로 나와 인청베이루를 따라 5분 정도 걸으니 드디어 푸둥의 중심으로 새롭게 자리 잡은 루자쭈이 금융무역구가 나온다. 이 지구는 푸둥 신구의 서쪽 끝에 있는데, 1990년대 들어 지역을 홍보하기 위해 여러 가지 고층 빌딩들이 들어섰다. 대표 명소로는 둥팡밍주 탑과 정다 광장 등이 있다.

드디어 루자쭈이의 상징인 둥팡밍주 탑이다. 1994년 방송 수신탑으로 준공된 이 탑은 지금까지 상하이를 상징하는 랜드마크로 여행객들에게 인기가 많다. 그 멋은 밤이 될수록 더욱 빛을 낸다.

둥근 모양의 건축물이 외계에서 불시착한 우주선처럼 보이기도 하고, 아니면 우주에 나가 있는 정거장처럼 보이기도 한다. 총높이 468m로 건설 당시 세계에서 네 번째로 높은 빌딩이었고, 아시아에서 두 번째로 높은 빌딩이었다. 무엇보다 전망대까지 올라가는 엘리베이터의 속도가 어마어마한데, 고속 엘리베이터를 타면 40초 만에 전망대에 도착한다. 전망대는 93m, 263m, 350m 지점에 있는데, 전망대에서 보는 전망은 이루 형용할 수 없을 정도다. 황푸강가에 비친 빌딩이 잔잔한 물결에 영롱한 빛을 더한다.

루자쭈이의 랜드마크 둥팡밍주 탑

TIP 초고가 아파트의 전시장, 상하이

푸둥 지구의 황푸 강변에는 많은 건물들 사이로 초고층으로 지어진 아파트를 볼 수 있다. 밝게 빛을 내는 고층 빌딩과는 달리 켜진 불빛이 거의 없는 이 아파트들의 분양가는 200억에 이른다. 170평에서부터 500평에 이르는 이 아파트들이 이렇게 고가에 분양된 것은 초기에 열 채도 넘지 않았다. 그것은 중국에서는 이렇게 고가의 아파트를 분양받을 경우, 철저한 세무 조사가 이루어지기 때문이다.

루자쭈이 금융무역구의 초대형 쇼핑몰, 정다 광장

둥팡밍주 탑에서 바라보는 야경을 즐기는 것도 좋겠지만, 이 탑의 반대편에 있는 초대형 쇼핑몰인 정다 광장(正大廣場)에서 쇼핑을 즐기는 묘미도 만만치 않다. 타이 자본으로 만들어진 정다 광장은 푸둥 지역을 대표하는 백화점으로 손꼽힌다. 그래서 명품 브랜드가 처음으로 상하이에 들어올 때 이곳에 먼저 전시한다.

일반적으로 중국에서 광장(廣場)이라고 부르는 것은 대부분 쇼핑몰로 보면 된다. 밖에서는 고층 건물들 사이에 있어 그 규모를 짐작하기 어렵지만 실내로 들어가서 보면 두 개의 큰 홀을 거느린 엄청난 규모에 놀라고 만다. 홀을 따라서 연속된 백화점 이동 통로는 동양의 아름다운 곡선미를 보여 주는 듯하다.

슈퍼마켓 로터스를 비롯하여 왓슨스, SPA 브랜드 H&M, ZARA, 유니클로 등이 보인다. 무엇보다 우리나라의 브랜드와 유명 화장품 브랜드, 커피숍까지 입점하고 있어 괜히 어깨가 우쭐해진

초대형 쇼핑몰 정다 광장의 외관과 아름다운 곡선미를 보여 주는 내부 건축 디자인

다. 5층 식당가에는 푸드코트가 있는데, 한식을 비롯한 각국의 음식점들이 있어 다양한 음식을 맛볼 수 있다.

상하이는 낭만이 있는 도시이다. 황푸 강변의 아름다운 야경이 풍기는 도시적 색채와 위위안이라는 정원의 전통적 색채에 사람들은 그 낭만 속으로 빠지게 마련이다. 국제도시라는 이미지에 맞게 외국인들도 많고, 너무나도 다른 외국인들과 쉽게 친구가 될 수 있는 곳도 상하이다. 설마 하는 모습에 보게 되었던 상하이 젊은 여성들도 어그 부츠를 우리나라 여성들 못지않게 즐겨 신고 있는 모습이다. 서로 다른 곳에 살면서도 좋아하거나 유행을 따르는 것이 비슷하다는 생각을 하게 된다. 무언가 다르지만 '우리는 다른 사람이 아니구나!'라는 생각에 상하이가 서울처럼 더욱 가깝게 느껴진다.

바깥에 위치했다고 붙여진 이름, 와이탄

지하철 2호선 난징둥루(南京東路) 역에서 내려 2번 출구로 나간다. 동쪽으로 강가를 따라 걸어가니 상하이 속의 유럽, 와이탄(外灘)이 보이기 시작한다. 상하이현 성 밖의 황푸강 너머에 위치하고 있다고 하여 이름 붙여진 와이탄은 원래 와이바이두차오에서 스류푸 페리 터미널까지의 중산둥루 일대를 일컬었지만 최근에는 강변 산책로만 와이탄이라고 부르고 있다.

유럽의 강가에 온 듯한 건축물이 아름다우면서 이색적인 정취를 풍긴다. 사실 이런 이국적인 풍

와이탄의 모습

경 안에는 상하이의 아프고도 아픈 비극이 숨겨져 있다. 아편전쟁에서 청군이 패배하면서 1843년 상하이에서 처음 개항한 지역이기 때문이다. 황푸강을 따라 미국, 영국, 프랑스 등이 이곳으로 들어와 앞다투어 조계지를 설정하면서 고풍스러운 서양식 건물이 들어서게 되었다. 건물들은 당시 뉴욕에서 유행했던 아르데코풍 건축물이었는데, 밤이 되면 와이탄은 더욱 빛났다. 그곳에 카바레와 재즈클럽이 자리 잡고 있었고, 서양 재즈 음악 속에 양복을 입은 남성과 치파오를 입은 여성들이 함께 어울렸다. 그리고 그 중심에는 아편이 있었다. 제2차 세계대전이 끝나고 1949년에 중화인민공화국이 건국되면서 와이탄을 포함한 조계지가 중국으로 반환되었다.

지금은 '세계 건축 박물관'이란 별칭을 갖고 있을 정도로 아름다운 곳이지만 한편으로 중국인들에게는 가슴 아픈 역사의 현장인 셈이다. 하지만 황푸강을 따라 펼쳐지는 건축 경관이 매우 아름다워 지금은 상하이 여행객이라면 누구나 들리는 정도로 명소로 자리 잡았다.

낭만이 넘치는 카페 거리, 신텐디

'새로운 하늘과 땅'이란 뜻이라는 신텐디는 신천지(新天地)의 중국식 발음이다. 이 명칭은 신텐디 옆에 위치한 제1차 중국 공산당 대회 개최지인 '중공일대회지(中共一大會址)'에서 따온 것이다. '일(一)'자를 '대(大)'자 위에 붙여 '천(天)'으로, '지(地)'는 '지(址)'와 동일한 의미로 쓰여 '새로운 천지'라는 뜻의 이름을 갖게 되었다고 한다.

신텐디 카페 거리

이곳은 얼마 전까지만 해도 상하이의 판자촌에 불과한 지역이었다. 초라하고 남루하여 거대 도시 상하이에서는 골칫거리나 다름이 없었다. 그러던 중 2001년 홍콩 루이안(瑞安) 그룹이 상하이 정부의 허가를 받아 새롭게 만든 거리다. 동서 약 300m 남북 약 500m에 조성된 직사각형의 구조로 19세기 상하이 전통 가옥 양식을 이루었던 스쿠먼 양식으로 개조해 만들었다. 겉에서 보면 중국식 전통 건축 같아 보이지만 건물 안으로 들어가면 서양식 레스토랑, 바, 커피숍 등 유럽식 노천 카페의 분위기가 물씬 풍긴다.

일반적인 유흥가와 다른 점은 고풍스러운 옛 상하이의 모습을 담은 건물로 이어지고 있다는 것이다. 낮에는 옛 상하이의 문화를 간직하고 있는 쇼핑가와 레스토랑으로 상하이 시민이나 여행객들이 즐겨 찾고, 밤이 되면 이곳 바와 클럽에서 밤 문화를 즐기기 위한 방문객들로 넘친다. 신톈디는 그 중앙을 기점으로 남쪽과 북쪽 두 블록으로 나뉜다. 산책로를 따라 양옆으로 펼쳐진 전통의 회색 건물은 옛 상하이의 건축 양식인 석고문 양식을 그대로 보여 준다.

외제 차의 전시장, 상하이

외제 차들의 전시장이자 격전지, 상하이

중국 상하이 푸둥 지역의 최대 관광지인 둥팡 밍주 탑 인근. 정체로 인해 수백 대의 차량이 수십 분 동안 1m도 전진하지 못하고 있었다. 그런데 이 수많은 차량 중 중국에서 승승장구하는 한국산 차는 보기 힘들다. 그 이유는 지역 감정 때문이다. 상하이에서 만든 차량이 아니라 베이징에서 만들었다는 얘기다. 현대차 그룹은 2002년 베이징에 합작 공장을 지으며 중국에 진출했다. 현대차 그룹은 2010년 70만 대를 팔며 외국 합작법인 기준으로 독일 폭스바겐 그룹, 미국 GM에 이어 점유율 3위(8.8%)를 기록했다. 상하이모터쇼에서도 현대차는 중국형 아반떼인 웨둥(悦動)의 후속 모델을, 기아차는 중국형 프라이드 세단의 후속 모델인 K2를 선보였다. 현대차 그룹이 잘나

TIP 차 번호판이 차보다 비싸다

세계 자동차 전시장이라고도 불리는 상하이에 다국적 기업들이 앞다투어 중국에 진출하면서 다양한 외제 차들을 볼 수 있다. 물론, 외제 차라기보다는 중국 국내에서 생산되는 차들이다 보니 실질적인 외제 차는 얼마되지 않는다.

무엇보다 차 번호판을 받으려면 중국 돈으로 4만 원 정도를 내야 하는데, 우리 돈으로 700만 원 정도에 달하지만 그 번호판을 구하기 위해 기다려야 할 정도이다. 심지어는 차 값보다 번호판 값이 더 비싼 경우도 있다. 상하이의 약자 '호'자의 번호를 사용하는데, 그 유래는 어부들의 고기 잡는 도구에서 이름을 딴 것이다. '호'자 뒤에 알파벳이 붙는데, 알파벳 C가 붙으면 상하이 외곽 지역임을 알려 준다. 상하이의 70% 정도가 고가 도로인데, 이러한 C 번호판은 출퇴근 시간에 도시에서 운행이 불가능하다. 심지어는 번호판 도둑까지 생길 정도로 그 가치는 무척 크다. 부유층들이 사는 아파트에 몰래 들어가 번호판을 떼고 전화번호를 남겨 놓고 가는데, 번호판을 받으려고 전화할 경우 돈을 요구한다고 한다.

가고 있지만 '베이징'이라는 이미지가 강하다. 현대차 그룹은 제1, 2 공장에 이어 베이징에 제3 공장을 짓고 있다.

단순히 지역 감정의 문제가 아니라 차량 편의 사양과도 연관이 있다. 대표적인 것은 실내 공조 장치다. 상하이 시민들은 온난하지만 습한 날씨로 자동차 에어컨 성능에 민감하다고 한다. 겨울철에는 영하로 거의 떨어지지 않기 때문에 차량 난방 성능에는 그다지 관심이 없다. 반대로 베이징 시민들은 추운 겨울 날씨로 인해 자동차를 고를 때 뒷좌석까지 더운 바람이 잘 나오는지 꼭 확인한다. 그리고 잦은 황사로 인해 공기 청정 기능에도 관심을 기울이고 있다.

중국 내에서 최고의 인기 차종은 아우디다. 뉴스에서 많이 봐 왔듯이 아우디를 소유하는 것은 중국에서 부의 상징이다. 차를 또 하나의 능력으로 여기다 보니 소득이 늘면서 부유층들은 아우디를 필수로 구입하다시피 한다. 아우디는 워낙 인기가 높아 소형차나 합작 공장에서 만든 제품들도 불티나게 팔려 나가고 있을 정도다.

경제 성장으로 인해 소득이 증가하면서 중국 대도시의 자동차량도 급속도로 증가하고 있다. 늘어나는 자동차 소유량에 비해 도로 면적은 이를 따라가지 못하면서 각 도시마다 엄청난 교통 체증 문제에 시달리고 있다. 그뿐만 아니라 중국 사람들이 교통 법규에 대한 준법 정신이 높지 않아 신호를 위반하는 사례가 빈번하고 이로 인한 교통 사고 또한 심각한 수준이다.

상하이에서 중국의 3대 정원 위위안을 만나다

와이탄에서 서남쪽으로 런민루를 따라 10분 정도를 걷는다. 바로 중국의 3대 정원 중 하나인 위위안(豫園)을 보기 위해서다. 우리나라 사람들에게 '예원'으로 잘 알려진 위위안은 항공사에서 상하이 여행 광고를 할 때 자주 등장했던 명소로, 뾰족한 지붕이 있는 중국 정원의 모습이 인상적이었던 곳이다. 상하이 시내 한복판에 유일하게 남아 있는 명나라 시기의 유물이라 더 의미가 있다. 위위안은 중국 전통의 멋과 그 역사로 인해 중국인들에게도 단연 으뜸인 관광 명소다.

명나라 시절 판원둰은 일찍이 고위 관리를 역임하였고, 은퇴한 뒤에 고향에 계시던 아버지를 편하게 모시기 위해 밭에 돌을 고르고 연못을 만들었다. 그리고 정자를 지으면서 정원을 만들기 시

위위안

위위안상창이라고 불리는 상가

작하였다. 관임을 사임한 그는 이후 5년 동안 정원 조성에 힘을 다하여 20여 년 만에 이를 완성하였다. 하지만 착공 10년 후 그의 아버지는 끝내 위위안의 완공을 보지 못하고 세상을 떠났고 한다. 효심 가득한 위위안의 이야기는 유교를 중시하는 현대 중국인들에게도 시사하는 바가 많다. 위위안은 아편전쟁과 태평천국운동으로 인해 훼손당하게 되었고, 이후 보수 작업을 거쳐 지금에 이른다.

상하이 최고의 관광 명소라서 그런지 위위안으로 들어가는 입구에서 부터 여행객들로 붐빈다. 주변에 위위안상창이라고 불리는 상가와 이를 따라 시장까지 형성되어 있다 보니 볼거리, 먹거리, 쇼핑 거리가 가득하다. 위위안으로 들어가는 연못에는 여러 번이나 꺾인 다리가 놓여 있는데, 이는 귀신이 접근하지 못하게 하기 위함이다.

쑤저우와 쑤저우 공업원구

상하이 서쪽에 자리 잡은 쑤저우는 상하이보다 더 훨씬 더 이전부터 성장해 온 도시다. 일찍이 춘추전국 시대에는 오나라의 수도로 발전하였고, 그 뒤로의 지역 행정의 중심지로 성장해 왔다. 수나라 때는 대운하가 만들어지면서 강남쌀의 수송지로 더욱 성장하였고, 중국에서 자연 경관이 아름다운 곳으로 손꼽힌다. 그만큼 도시 자체가 아름다워 유네스코 세계문화유산으로까지 지정되어 있다.

상하이 서쪽에 자리 잡은 쑤저우

상하이가 개항하기 전까지는 쑤저우를 끼고 있는 우쑹강(吳淞江)의 수운을 중심으로 외국과의 무역이 발달하였다. 전통적으로 주변의 농업 생산이 풍부하고 수륙 수운이 발달하여 상업 활동도 활발하였다. 제2차 세계대전 이후에는 근대 공업이 발달하기 시작하였다. 쑤저우는 크게 성벽으로 둘러싸인 옛 성안의 도시와 성 바깥에 위치한 신시가지로 나뉜다.

신시가지는 쑤저우 구도심에서 30분 정도 떨어진 '공업원구(工業園區)'다. 공업원구라는 이름 때문에 사람들은 공장 지대로 생각하는 경우가 많은데, 이곳은 공장 지대라기보다는 신도시에 가깝다. 1994년 싱가포르를 모델로 삼아 양국이 MOU를 체결하고 과학기술 개발 지역과 산업 지역, 상업 지역, 생태관광 지역, 보세 구역 등으로 설계하였다. 쑤저우 공업원구는 3개의 호수를 중심으로 도시계획이 수립되었다. 거대하고 경관이 빼어난 진지호(金鷄湖)를 중심으로 초고층 빌딩과 고급 아파트 및 호텔 등이 들어서 있다.

중국뿐만 아니라 세계 유수의 기업들이 입주한 자립형 신도시인 쑤저우는 중국 개혁과 개방의 상징이자 동양의 실리콘 밸리로 불린다. 중국 최초로 '국가 지적재산권 시범단지'로 지정되기도 했다. 현재 약 5,000여 곳의 외국 기업들이 입주하고 있다.

동양의 베니스, 물의 도시 쑤저우

동양의 베니스, 물의 도시로 불리는 곳이 바로 쑤저우다. 전통적인 옛 시가지는 운하망을 따라 도시가 발달하였다. 농업을 기반으로 한 도시에서 운하를 이용해 도시가 성장해 나가면서 상업 도시로도 성장하였다. 그래서 중국 4대 부촌으로 손꼽히고 있다. 상업을 통해 돈을 번 옛 관료와 지주들은 이곳에 정원을 많이 만들었고, 이로 인해 '정원의 도시'로 부르기도 하였다.

물의 도시의 기원은 역시나 징항대운하(京杭大運河)의 착공에서 시작되었다. 7세기 초 수나라 때 베이징에서 항저우까지 만들어진 이 물길로 쑤저우가 성장하게 된 것이다. 길이는 1,800km로

동양의 베니스라 불리는 쑤저우

통통배는 운하을 따라 쑤저우의 아름다운 야경을 보여 준다.

한반도 길이의 약 2배나 된다. 당시에 이런 물길을 만들었다니 대단하다는 생각이 들 수밖에 없다. 황허강, 양쯔강, 주장강 등 중국의 주요 하천이 대부분 동서 방향으로 연결하고 있는 상황에서 더욱이 남북 방향으로의 운하는 중국 경제에 미치는 영향이 매우 컸다. 운하를 따라서 황해로 나가면 한국과 일본으로 이어지고, 양쯔강을 대륙 서쪽으로 거슬러 올라가면 장안(長安)에 이른다.

저녁 시간이 되면 '미션 임파서블'에 등장하는 운하의 명소 시탕에 홍등 불빛이 켜지기 시작한다. 시탕은 언제 오느냐에 따라 다른 풍경을 연출한다. 해 뜨는 아침 무렵에는 운하에서 피어오르는 안개에 휩싸인 마을을 볼 수 있고, 한낮에는 일상적인 시탕의 풍경이 연출되고, 저녁이 되면 강가에 홍등 불빛을 따라 아름다운 도시 경관이 펼쳐진다. 언제 방문하든 운하는 팔색조의 매력을 뿜낸다. 상하이에서 탔던 거대한 유람선은 아니지만 운하 사이는 통통배가 운행한다. 통통배는 운하 길을 따라 홍등 불빛 가득한 마을을 지나가며 쑤저우의 아름다운 야경을 보여 준다.

TIP 모든 땅은 국가의 소유이다

중국은 인민 공사제에서 책임 생산제로 바꾸면서 농업 부분에서도 많은 성장을 이루었다. 일 년에 이모작 정도했던 농업 방식에서, 생산한 것들이 자신의 소유가 되면서 일 년에 삼모작 이상 농사를 하는 지역도 많아지고 있다. 개혁개방의 긍정적인 효과가 바로 이런 점이다. 농민들은 도시민이 될 수 있지만 도시민은 농민이 될 수 없다. 중국 내의 모든 땅은 국가 소유로 자기 땅은 없다. 땅은 단순히 임대를 해 주는 것일 뿐이다. 하지만 일정 기간 동안 거주할 권리를 주기 때문에 상하이의 부동산 붐은 대단하다. 사회주의 국가여서 국토가 모두 국가 소유임에도 불구하고 부동산 가격이 이렇게 높다는 것은 참으로 아이러니한 일이 아닐 수 없다. 오히려 형평성 있게 분배되어야 할 부분에서 자본주의 국가들보다 소득 격차가 더 심각하게 나타나는 모습에서 중국을 다시 보게 된다.

항저우 시후호

항저우는 첸탕강(錢塘江)의 하구에 위치하고 서쪽에 시후호(西湖)를 끼고 있다. 항저우는 약 4,000년 전부터 양저(良渚)문화의 중심으로 성장하였고, 춘추전국 시대 오나라와 월나라가 패권을 다툰 곳이다. 7세기 수나라가 건설한 강남하(江南河)의 시작이자 종점이 되면서 성장하여 남송 시대에는 수도가 되었다. 10세기 이후에는 외국과의 교류가 많이 이루어졌던 곳이다.

역시나 항저우 최고의 명소는 시후호다. 이곳은 첸탕강과 이어져 있던 해안의 포구였으나 토사들이 쌓여 막히면서 조성된 인공 호수이다. 지금은 중국 내 10대 명승지로 손꼽히면서 많은 여행객들이 찾고 있다. 호수에는 한 개의 산과 두 개의 제방이 있고, 호수는 외호(外湖)를 비롯하여 5개의 작은 호수로 이루어졌다. 시후호는 그만큼 각 계절마다 그 아름다움이 색달라 보는 때마다 새롭게 느껴지는 곳이다. 아침 안개가 자욱하지만 오후가 되면 시후호의 절경이 드러나기 시작한다. 이때 유람선을 타고 호수 한 바퀴를 돌면서 시후호의 풍경을 하나씩 눈에 새겨 본다.

시후호

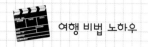 여행 비법 노하우

상하이 여행은 쑤저우와 항저우를 연계하는 패키지 상품이 일반적이다. 이 경우에는 4~5일 정도 코스로 짜인 프로그램을 따르면 된다. 상하이 여행만 즐길 경우에는 버스와 지하철을 타고 이용하면 되는데, 관광과 쇼핑을 함께 즐기고자 한다면 5일 정도면 충분하다.

교통·숙박·음식

☞ 교통...상하이의 대중교통 수단으로, 지하철을 추천한다. 1993년 1호선 개통 이래 2013년 현재까지 총 14개의 노선이 개통되어 운행하고 있다. 웬만한 곳은 지하철을 타고 내린 후 걸어서 이동할 수 있다.

☞ 숙박...상하이는 비용은 저렴하면서도 수준 높은 숙박 시설이 많다. 오리엔탈번드 호텔은 준 5성급이고 지하철 10호선과 5분 거리에 있다. 주요 관광지인 위위안 바로 길 맞은편에 위치하며, 가격은 6~10만 원대이다. 조금 더 비용을 지불할 수 있다면 상하이 스카이웨이 호텔과 쉐라톤 호텔을 추천한다.

☞ 음식...대장금이 중국에서 인기를 끌었던 이유는 중국인들이 소득의 약 3분의 1은 먹는 것으로 지출할 정도로 먹는 것에 대한 관심이 무척 높기 때문이다. 식당에서는 향을 태우는 경우가 많은데, 이는 불교 신자가 많고 향 냄새를 좋아하며 벌레 등을 막을 수 있기 때문이다.

주요 체험 명소

1. 상하이: 와이탄, 동팡밍주 탑, 황푸강 유람선, 위위안, 런민 광장, 남징동루, 대한민국 임시정부
2. 쑤저우: 운하, 사자림, 공업원구(신시가지), 신톈디, 졸정원, 북사탑
3. 항저우: 시후호, 동방 문화원, 저장성 박물관, 류허타, 항정우 구산

상하이 대한민국 임시정부 청사

3·1 운동이 일어난 직후 광복을 위해 상하이로 건너간 독립투사들이 활동하던 본거지다. 1919년 4월 11일, 독립운동 대표 29명이 상하이에 모여 임시정부 수립을 위한 회의를 열었다. 이 회의에서 '대한민국'이라는 국호가 정해졌고 민주공화제를 표방하는 임시헌장이 공포됐다. 1층으로 들어서면 조선족 안내원의 안내에 따라 임시정부의 활약상과 청사 복원에 관한 내용을 다룬 10분 분량의 비디오를 시청한다. 2층에는 이승만, 박은식, 이동녕 등이 사용했던 집무실이 있고, 3층에는 숙소와 전시관이 있다.

상하이 런민 광장

상하이 황푸 구에 있는 대단위 공원 광장이다. 시정부가 이 런민 광장에 자리 잡고 있으며, 상하이 주요 지역의 거리를 재는 기준점이 된다. 1949년 이전에는 경마 코스로 사용되었으며, 도박과 경마가 금지된 후에는 런민 광장으로 탈바꿈하였다.

 참고문헌

· 곽정란·이가야, 2007, 자신만만 세계여행 중국, 삼성출판사.
· 권석환 외, 2002, 중국문화 답사기 1 : 오월지역의 수향을 찾아서, 다락원.
· 김흥식, 2007, 세상의 모든 지식, 서해문집.
· 김윤희, 2008, 상하이 : 놀라운 번영을 이끄는 중국의 심장, 살림.
· 조창완·하경미, 2010, 오감만족 상하이, 성하.

색다른 경험과 재미를 느낄 수 있는 곳

타이완

아시아의 매력적인 섬나라인 타이완을 여행하면서 떠오르는 말은 '즐겁다', '재밌다', '맛있다'이다. 국토는 작지만 각지에서 체험할 수 있는 볼거리와 먹거리가 가득한 곳, 타이완. 타이완 곳곳에서 볼 수 있는 색다른 경험은 여행객의 발길을 다시 타이완으로 돌린다. 타이베이부터 시작된 근교 여행 그리고 타이완 전국에 흩어져 있는 온천 여행까지 즐긴다면 타이완 여행은 여느 여행과는 비교할 수 없을 만큼 즐겁다.

문화, 경제, 금융의 상징, 타이완의 중심도시 타이베이

멀지만 가까운 나라 타이완의 수도 타이베이는 여러 가지 색이 섞인 도시로 오묘하면서도 독특한 문화를 느낄 수 있는 곳이다. 최근 '꽃보다 할배'라는 여행 예능 프로그램을 통해 타이베이가 소개되면서 우리나라에서 떠오르고 있는 관광지이기도 하다.

버스를 타건 MRT를 타건 타이베이 시내 곳곳을 돌아다니다 보면 저 멀리 보이는 높은 건물이 있다. 우리나라의 63빌딩과 비슷한 타이베이의 상징인 101빌딩이다. 타이베이에 오자마자 들리게 된 곳은 바로 이 101빌딩이다. 이 빌딩의 정식 명칭은 타이베이 금융센터인데 많은 사람들에게는 101빌딩으로 더 익숙하다.

타이베이의 상징 101빌딩

금융 관련 시설도 들어서 있지만, 1~5층까지는 명품 매장, 각종 쇼핑센터, 레스토랑 등이 들어와 있어 쇼핑센터, 관광센터라는 느낌도 든다. 지상 101층 지하 5층으로 이루어진 508m 높이의 타이베이 101빌딩은 아랍에미리트의 부르즈 칼리파(828m), 사우디아라비아의 아브라즈 알 바이트(601m)에 이어 현재 세계에서 3번째로 높은 건물이라고 한다.

높은 빌딩에 왔으면 전망대까지 가 봐야지 하는 생각으로 입장권을 사러 5층으로 올라갔다. 안내판에 나오는 지하 1층 티켓 판매 창구는 단체 관람객을 위한 것이니 소수로 온 우리는 5층으로 가야 한다. 많은 사람들이 전망대를 보기 위해 줄을 길게 서 있었다. 한눈에 봐도 101빌딩의 인기를 실감할 수 있다. 드디어 우리 차례가 되었다. 전망대에 오르기 위한 엘리베이터를 탔다. 엘리베이터 내에 안내원이 101층까지 오르는 데는 약 37초밖에 걸리지 않는다고 이야기하였다. 엘리베이터는 시속 60.6km로 세계 기록을 보유하고 있다고 한다. 정말로 찰나 같은 순간에 건물 89층에 위치한 전망대에 도착했다. 음성안내기도 무료로 빌릴 수 있어 한국어로 된 안내기를 들고 여기저기 돌아다녀 보았다. 전망대는 360°를 쭉 돌며 타이베이 시내 전체를 내려다볼 수 있도록 만들어졌는데, 자세히 보면 벽면마다 번호가 쓰여 있다. 벽면에 쓰인 번호를 오디오 가이드 기계에 입력하면, 그 위치에서 바라다보이는 장소에 대한 설명이 나온다.

골든볼이라 불리는 커다란 댐퍼와
캐릭터 댐퍼 베이비

전망대를 관람한 뒤 한 층을 내려와 88층으로 왔다. 88층에서는 87층에 매달려 있는 일명 골든볼이라고 불리는 커다란 댐퍼를 볼 수 있다. 진동 완충 장치인 댐퍼는 지진,

강한 풍압으로 인한 휘어짐에 견딜 수 있는 장치인데, 101빌딩의 귀여운 마스코트 '댐퍼 베이비'의 모티브가 되기도 하였다.

댐퍼까지 다 본 후 다시 89층으로 와 전망대를 한 번 더 둘러보았다. 사람들이 위로 올라가는 느낌이 들어 가 보니 91층에 야외 전망대가 있었다. 야외 전망대는 기상 상태에 따라 공개하는데, 비가 많이 내리는 타이완 기후의 특성상 못 보고 오는 경우가 더 많다고 한다. 운이 좋았는지 나는 야외 전망대에서 타이베이의 시내를 바라볼 수 있었다. 유리창 없이 보는 또 다른 느낌의 시내 풍경을 경험해 매우 기뻤다.

101빌딩을 구경하고 나니 슬슬 배가 고프기 시작했다. 무엇을 먹을까 고민하던 중, 우리는 '딘타이펑'이라는 음식점을 선택하였다. 샤오룽바오로 유명한 타이완의 맛집인 딘타이펑은 대한민국, 홍콩 등 전 세계적으로 지점을 가지고 있으며, 본점은 바로 타이완에 위치하고 있다. 타이완에 온 여행객이라면 꼭 한번 들린다는 딘타이펑은 101빌딩 지하에도 자리 잡고 있다. 딘타이펑은 타이완 길거리 가게에서 시작해 1970년대 이후, 현지 본점에서 점포를 운영하게 되면서 그 역사가 시작되었다고 전해진다.

딘타이펑은 1993년 뉴욕타임스에서 세계 10대 레스토랑으로 선정되었으며, LA타임스, 일본 NHK 방송 등 유력 외신에서 극찬한 바 있고, 항공 기내식(에바항공) 일등석에만 제공될 정도로 중화권을 대표하는 레스토랑으로 세계적인 지명도를 갖고 있다.

샤오룽바오는 작은 대나무 찜통인 샤오룽에 쪄 낸 중국식 만두를 말한다. 우리나라 만두와 비슷하지만 먹는 방법과 맛은 전혀 다르다. 샤오룽바오는 안에 뜨거운 즙이 들어 있기 때문에 입을 델 수 있으니 조심해야 한다. 먼저 탕즙이 밖으로 흐르지 않도록 작은 접시나 숟가락에 옮겨 담은 후, 샤오룽바오의 옆면을 살짝 베어 물어 탕즙을 빨아 먹은 후 나머지를 먹는다. 탕즙이 너무 뜨거우

타이완의 대표 맛집으로 알려진 딘타이펑　　　　　　　　　　　　딘타이펑의 대표 메뉴인 샤오룽바오

모양과 맛을 겸비한 타이완의 망고 빙수. 타이완에 와서 먹어야 할 필수 디저트이다.

면 숟가락이나 접시에 탕즙을 따라 조금 식혀 먹으면 샤오룽바오의 진맛을 볼 수 있다.

딘타이펑에서 거하게 저녁을 먹고 다니 달달한 디저트가 당긴다. 우리는 모두 "망고"를 외쳤다. 타이완에 온 사람들이 가장 맛있었던 디저트로 꼽는 것이 바로 망고 빙수이다. 융캉제라는 거리에 위치한 스무시하우스 망고 빙수, 아이스몬스터 망고 빙수, 삼형제 망고 빙수 등이 유명하다. 타이완 사람들은 식후에 망고 빙수를 1인당 1개씩 먹는다고 하니, 망고 사랑이 대단하다. 망고 아이스크림과 곱게 갈린 얼음, 그리고 그 주변을 뒤덮고 있는 망고까지, 환상적인 맛을 느낄 수 있다. 한 그릇에 우리나라 돈으로 6,000원 정도밖에 하지 않으니 가격도 부담이 없다. 꼭 망고로만 이루어진 빙수가 아니더라도 다양한 과일로 이루어진 망고 빙수도 즐길 수 있다.

다음 일정은 국립 고궁 박물관이다. 타이완 고궁 박물관은 영국의 대영 박물관, 프랑스의 루브르 박물관, 미국의 메트로폴리탄 박물관과 함께 세계 4대 박물관으로 손꼽히고 있다. 이에 항상 많은 관광객들로 붐비며, 중국 역사의 보물 창고로서 총 69만 점의 보물이 3개월을 주기로 교체된다고 한다. 자금성과 만리장성을 제외한 모든 중국 유물을 옮겨 왔다는 자부심이 대단한 곳으로, 주로 청나라나 중국 말 시기의 유물들이 많이 전시되어 있다. 국립 고궁 박물관은 타이베이에서 약 8km 떨어져 있는 중국 궁전식 건물인데, 타이완을 방문하고 이곳을 들르지 않으면 타이완을 보았다고 할 수 없을 정도이다.

타이완 국립 고궁 박물관의 대표적인 보물을 소개하면 다음과 같다.

먼저 육형석이다. 타이완 사람들이 가장 좋아한다는 유물로 동파육을 닮은 돌이다. 비계와 돼지 껍질의 숨구멍 모양까지 완벽히 일치하는 아주 신기한 모양의 돌이다. 참 먹음직스럽게 만들어졌다는 생각이 절로 든다. 두 번째 보물은 바로 취옥백채이다. 보자마자 바로 배추가 떠오른다. 흰색과 녹색을 지닌 천연 통옥에 조각된 작품으로, 배추 위에 살아 있는 듯한 여치가 정말 정교하게 잘 표현되었다. 여치는 다산을 상징하는데, 청나라 광서제의 왕비인 서비가 혼수로 가져온 것

육형석

취옥백채

이라고 전해진다. 세 번째 보물은 바로 진조장 조감람핵주이다. 높이 1.6cm, 길이 2.4cm의 작은 올리브 씨앗에 조각한 작품이다. 배 안의 8명의 사공들의 표정이 모두 다르고, 배 문은 여닫을 수 있고 밑부분에는 시구까지 적혀 있다고 한다. 미세 조각의 절정을 보여 주는 작품으로, 손톱만 한 크기의 올리브 씨앗에 어쩜 저렇게 세밀하게 표현할 수 있는지 정말 놀랍다는 생각이 든다. 네 번째 보물은 상아투화운룡문투구이다. 3대에 걸쳐 상아를 조각한 것으로 공 속의 공이 17개까지 있다고 한다. 겉에서부터 파고들어 가며 공 하나를 만들고, 그 공을 또 깎아서 그 안에 공을 또 만들고, 이렇게 총 17개의 공을 조각한 기예에 가까운 작품이다. 안에 있는 공들은 잘라 붙임이 없고 서로 붙어 있지 않아 자유롭게 회전이 가능하고, 원형 구멍을 맞춰 일직선이 되게 할 수도 있다고 한다. 그래서 원래는 노리개 용도로 만들어진 것이라고 전해진다.

저녁이 되면 많은 사람들은 타이완의 야시장으로 발길을 돌린다. 타이완에는 유명한 야시장이 몇 군데 있다. 우리는 그중에서도 스린 야시장으로 향했다. 길 양옆으로 상가가 빽빽이 들어서 있고 많은 인파와 볼거리로 눈을 어디다 두어야 할지 모르겠다. 스린 야시장에는 의류, 액세서리, 과일, 기념품, 간식 등 다양한 먹거리와 볼거리가 가득하다. 스린 야시장에만 와도 타이완에서 먹을 수 있는 모든 음식을 다 먹을 정도라고 하니 야시장의 규모가 얼마나 큰지 짐작이 간다.

타이완의 곳곳을 돌아다니며 여행을 하다 보니 몸이 조금은 뻐근하다. 이때 우리가 생각한 것이 바로 온천이다. 타이완은 환태평양 화산대에 포함되어 있어 100개 이상의 온천이 솟아나는 곳이다. 1990년대부터 온천 관광의 해를 지정해 온천지 개발을 진행하여 현재에까지 이르고 있다

시원한 계곡 앞에서 즐기는 온천은 여행의 묵은 피로를 싹 씻어 준다.

니 타이완에 와서 온천을 가지 않는 것은 너무 아쉬운 일이다. 타이완의 4대 온천은 신베이터우 온천, 자오시 온천, 관쯔링 온천, 쓰충시 온천이다. 우리나라의 목욕탕과 비슷한 개념이며 노천 시 수영복을 입고 들어가기도 한다.

우리는 타이베이 근교에 있는 신베이터우 온천을 다녀왔다. 이곳은 타이완 최대의 온천 마을이며, 타이베이를 여행하는 관광객이라면 멀지 않은 곳에서 여행에 지친 몸을 풀어 줄 만큼 휴식을 누릴 수 있는 곳이다. 온천만 즐길 수도 있고 타이완식 전통 식사도 함께 맛볼 수 있는 패키지 상품도 있으니 여행객의 취향에 맞게 이용하면 된다.

파도와 바람으로 만들어진 멋진 해안, 예류

관광객들 사이에서 가장 인기가
많은 여왕머리바위의 모습

예류는 타이베이 북부 해안의 서쪽에 위치한다. 예류에 가기 위해서는 아침 일찍 타이베이 역으로 가서 버스를 타는 것이 좋다. 날씨도 더운 데다가 버스를 타고 1시간 정도 소요되므로 여유 있게 관광하는 것이 좋기 때문이다. 예류에는 기이한 바위들이 가득하다. 오랜 세월 침식작용과 풍화작용이 반복되면서 해안에 흩어져 있던 암석들이 다양한 모습을 하고 있는 것이다. 예류의 기암석은 세계 지질학에서 중요한 해양 생태계 자원으로 인정받고 있다니, 타이완 여행에서 예류에 들리는 것은 선택이 아닌 필수라고 생각한다.

예류 지질공원의 많은 기암석들은 버섯바위, 아이스크림바위, 생

예류 지질공원의 전경. 위에서 바라다보면 다양하고 기괴한 암석들이 아주 많음을 알 수 있다.

강바위, 촛대바위 등 다양한 이름을 가졌지만 전문가가 아닌 우리에게는 모두 다 비슷해 보일 정도로 형체가 아주 뚜렷하지는 않다. 그중에서도 여왕머리바위는 예류 지질공원의 마스코트인 바위이다. 이집트의 왕비이자 투탕카멘의 이모이며 이집트의 3대 미녀인 네페르티티를 닮았다고 하여 붙여진 이름이다. 여왕머리바위는 목 부분이 너무 가늘어져 곧 사라질 수도 있다는 설이 있어 세계 곳곳 관광객들이 찾고 있다. 여왕머리바위와 사진을 찍기 위한 많은 사람들로 줄이 길게 늘어서 있다.

계단 마을, 지우펀

버스를 타고 꼬불꼬불 산길을 따라 올라가다 보면 산 중턱에 자리 잡은 마을을 발견할 수 있다. 산길이 얼마나 울퉁불퉁하고 굽었는지 멀미가 절로 난다. 하지만 도착 후 이 마을을 보는 순간 멀미는 씻은 듯이 잊게 된다. 타이완 북부의 신베이 시에 위치한 마을인 지우펀은 아홉 가구밖에 없었던 작은 산골 마을에서 항상 아홉 가구의 물건을 함께 구입하여 나누었다고 해서 '九分'이라 불렸다고 한다. 산비탈에 자리를 잡고 바다를 바라보며 지롱산과 마주보고 있다. 청나라 시대에 금광으로 유명해진 후 인구가 많아지게 되었으며, 1920~1930년대인 일제 시대에는 채굴 산업으로 전성기를 누렸다. 시간이 흐르고 자연스레 금광 채굴이 중단된 후 또다시 한적한 마을이 되었으나, 가파르고 좁은 길을 따라 식당, 찻집, 기념품 상점 등이 즐비해 관광 마을로 성장하였다. 그래서 최근에는 많은 관광객들로 붐빈다. 특히, 지우펀은 어두워지면 홍등으로 더욱 아름답게 빛나는 곳이기도 하다.

지우펀에서 가장 번화한 곳은 지산제라 불리는 골목길이다. 이곳부터 시작해서 발길 닿는 대로 골목골목 걸어 다니면 이곳을 가장 잘 느낄 수 있다. 주로 먹을거리, 쇼핑거리가 좁은 골목에 길게 늘어서 있으며 길 중간중간에 언덕으로 빠져 높은 곳에 올라가 마을을 구경해도 좋다. 또한 옛 거

지우펀 곳곳에는 구경거리, 먹을거리가 풍부하다. 아기자기하고 다양한 상점들이 지우펀의 매력을 더해 준다.

리의 느낌을 살리며 차를 마셔도 좋다.

지우펀의 건축물들은 타이완의 옛 모습을 그대로 간직하고 있고, 멀리 보이는 바다도 지우펀만의 멋을 보여 준다. 시간이 지나 길게 이어져 있는 돌계단과 어우러진 작은 홍등들이 켜지면 타이완의 야경 중 가장 아름다운 풍경이 찾아온다.

<u>**TIP**</u> '비정성시', '센과 치히로의 행방불명', '온에어'의 촬영지로 더욱 유명해진 지우펀

지우펀이 오늘날처럼 다시 주목받게 된 것은 1989년 이곳이 배경이 된 타이완의 유명한 영화 '비정성시' 덕분이다. '비정성시'는 중국어 영화로는 최초로 베네치아 국제 영화제에서 황금사자상을 수상해, 세계 여행객들의 발길이 지우펀으로 이어지게 하였다.

그 후 미야자키 하야오의 대표작 '센과 치히로의 행방불명' 그리고 우리나라에서 큰 화제가 되었던 드라마 '온에어'의 배경 장소로도 유명해져 우리나라 사람들과 일본인들에게 특히 인기 있는 장소로, 현재는 타이완의 대표 관광지로 제2의 전성기를 누리고 있다. 지우펀은 가파르고 좁은 길에 수많은 계단이 있는 것이 특징이며, 그 길을 따라 식당, 카페, 먹거리, 기념품 상점 등이 즐비하다.

지우펀을 떠올릴 때 가장 먼저 떠오르는 이미지를 꼽으라면 홍등을 말할 수 있다. 가파른 비탈길에 80~90년 전에 지어진 낡은 목조 건물과 그 건물들을 감싸고 있는 수많은 홍등은 보고 있으면 감탄사가 절로 나오는 경관이다. 지우펀의 대표적인 장소이기도 한 수취루는 낮에도 고즈넉한 매력을 풍기지만 해가 진 후 홍등에 불이 들어왔을 때 그 매력을 더 발산한다. '비정성시', '센과 치히로의 행방불명', '온에어' 모두 이 수취루를 배경으로 만들어졌다. 대부분의 관광객들이 지우펀을 가는 이유 중 하나가 수취루라고 해도 과언이 아니다. '센과 치히로의 행방불명'을 만든 미야자키 하야오 감독이 수취루의 '아메이차주관'이라는 찻집에 우연히 방문했다 영감을 받아 영화의 배경에 그 모습을 삽입했다는 이야기는 아주 유명하다.

지우펀이 배경이 된
작품들

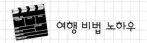 여행 비법 노하우

교통·숙박·음식

☞ 항공...김포에서 송산 공항으로 가는 항공, 인천에서 타오위안 공항으로 가는 항공이 매일 다양한 시간대로 있다. 원하는 시간대와 항공사를 선택하여 적절하게 이용하면 된다.

☞ 숙박...주요 관광지에 호텔, 게스트하우스, 유스호스텔 등이 다양하게 있다. 한두 달 전에 숙소 예약 대행 사이트에서 예매를 해 두면 저렴한 가격에 시설 좋은 숙소를 구할 수 있다. 타이베이를 중점적으로 여행할 것이라면 타이베이 인근으로 숙소를 잡는 것이 좋다.

☞ 음식...타이완의 요리는 종류가 다양하다. 돼지고기, 닭고기, 어패류, 채소 등 재료의 맛을 살린 음식이 많다. 전체적으로 소박하고 부담 없이 즐길 수 있는 음식이다.

주요 체험 명소

1. 타이완의 중심 타이베이: 국립 고궁 박물관, 야시장, 융캉제, 중정기념관, 시먼딩 등
2. 바람과 파도로 만들어진 예류: 다양한 모양의 바위가 있는 예류 풍경 특정구, 진산, 스먼둥 등
3. 동화 같은 마을 지우펀: 계단으로 된 중심가, 성밍궁, 위쯔판수, 지우펀 금광 박물관 등

이곳도 함께 방문해 보세요

석양이 아름다운 곳, 단수이

단수이는 출렁거리는 파도의 아름다움을 뜻하는 이름답게 석양이 굉장히 아름답다. 단수이 근처 항구에서 번성한 도시의 모습도 느낄 수 있으며, 훙마오청 동쪽으로 가다 보면 100년 이상의 역사를 자랑하는 서양식 건물의 모습도 볼 수 있다. 항구 도시 단수이에서 맛보는 해물 요리는 일품이다.

 참고문헌

· 신서희, 2015, 디스 이즈 타이완, 테라.
· 우지경·이주화, 2014, 타이완 홀리데이, 꿈의지도.
· 장은정, 2015, 두근두근 타이완, 비타북스.
· 정해경, 2015, 처음 타이완에 가는 사람이 가장 알고 싶은 것들, 원앤원스타일.
· 조현숙, 2015, 프렌즈 타이완, 중앙books.

06

인도에서 네팔까지 ❶

인도

어디선가 "이 세상 모든 여행자들은 결국 인도를 가고, 한번 인도에 정이 들면 자꾸 가고 싶어진다."라는 내용을 접하면서, 내가 모르는 뭔가의 매력이 인도에 있을 것이라는 막연한 기대와 함께 보다 진솔한 사회 수업을 위해 필요한 생생한 정보와 지식을 얻기 위해 무작정 인도행 배낭을 싸기로 결심했다. 먼저 배낭여행 장소로 앞서 다녀온 사람들이 인상 깊었다는 인도와 네팔의 필수 도시들을 선정했다. 방학 기간을 이용해 인도를 모두 여행하고 싶었지만, 기간이 한정되고 현실적인 제약으로 인하여 욕심을 내려놓고 북인도를 중심으로 한 인도와 네팔 코스로 도전해 보았다.

1960년대 영화 같은 모습을 간직하고 있는 델리

파하르간지

아침에 눈을 뜨고 숙소 창을 열어 아침을 맞이하는 인도의 모습을 보고 싶었다. 하지만 호텔 창 밖의 풍경은 조금 있으면 사라질 도시와 같은 느낌이 들었다. 감상을 접고 진짜 인도를 보고 싶어 지도 한 장과 가이드북 그리고 머릿속에 한국과 인도의 시차 3시간 30분, 환율 인도 1루피=한국 17.23원이라는 간단한 내용을 담고 서둘러 숙소를 나왔다.

여행자의 거리 파하르간지의 호텔을 나와 델리의 속살을 보기 위해 뉴델리 전철역까지 걸어갔다. 포장이 되지 않은 거리에는 얕은 시궁창이 곳곳에 있었고, 도랑과 웅덩이에 고여 있는 진득진득하고 검은색의 하수와 추운 날씨임에도 속을 울렁거리게 하는 악취, 그리고 더러운 쓰레기를 태연히 먹고 있는 소와 개들이 눈에 들어왔다. 인도를 여행하는 동안 소가 거리를 다니는 것은 너무나도 익숙해졌다. 거기다 좁은 골목길을 지나갈 때 어디선가 뛰어와 장난치는 원숭이들까지 등장하면서 여기는 도시이기 이전에 동물과 인간이 공생하는 공간이라는 생각이 들었다. 하지만 파하르간지는 여행자들이 쉬어 갈 수 있는 곳이고, 골목골목에 델리를 상징하는 물건과 장신구들을 볼 수 있는 다양한 상점들이 즐비하게 서 있다. 잠시 길을 걸으며 느낀 인도는 한국에서 책으로 상상했던 곳과는 너무 차이가 많이 나는 세계였다.

인도의 사이클릭샤와 오토릭샤

인도의 대표적인 교통수단이자 동남아시아 여행 중 이름만 다를 뿐 비슷한 형태로 흔히 볼 수 있는 오토릭샤는 우리나라 1960~1970년대 있었던 삼륜자동차와 비슷한 오토바이 엔진을 개조해 만든 것이다. 인도 여행 중 가장 많이 애용하는 교통수단이다.

인도 제2의 교통수단 사이클릭샤는 오토릭샤만큼 현지인이나 관광객들한테 없어서는 안 될 정도로 아주 중요한 교통수단이지만 속도가 느린 것이 단점이다. 인력거에 자전거를 결합시킨 모양으로 뒷좌석에 사람을 태우고 릭샤 왈라가 직접 페달을 밟아 목적지까지 손님을 모신다. 오토릭샤나 사이클릭샤 모두 2명이 타는 것이 기본이나 좁게 끼어 앉으면 5명까지도 탈수 있다. 인도에서 릭샤를 끄는 사람을 '릭샤 왈라'라고 부른다.

자미 마스지드

붉은 사암으로 지어진 자미 마스지드는 타지마할을 건설한 샤자한이 말년에 지은 최후의 걸작

정리되지 않은 조금은 신기한 느낌으로 다가오는 파하르간지 거리 풍경

품이다. 1644년부터 공사를 시작하여 샤자한이 죽고 난 뒤 1656년에 12년의 공사 기간을 거쳐 겨우 완공되었다. 수용 가능 인원이 2만 5,000명에 달하는 거대한 규모이며, 인도 이슬람 사원 중에 가장 큰 규모다. 샤자한이 지은 대부분의 건축물은 붉은 사암과 흰 대리석을 사용하여 지은 궁전이 많은데, 이곳은 붉은 사암을 사용하여 건축하였다.

'미나레트'라고 불리는 두 개의 뾰족탑은 높이가 40m에 달하며, 남쪽 미나레트만 일반인에게 개방되어 꼭대기까지 올라갈 수 있다. 자미 마스지드는 연중 개방을 하지만, 개방 시간이 정해져 있으며, 예배 시간에는 관광객들에 대한 개방을 금지한다. 우리는 예배 시간쯤 도착하여 들어가지 못하고 사진만 남기고 나왔다. 자미 마스지드의 광경, 그 앞에 골목길 풍경 등은 나의 기대에 충분히 부응했다. 정말 살아 있는 인도의 모습을 그대로 볼 수 있었고, 사원에 기도 드리기 위해 무질서 속에서 질서를 지키며 말없이 그들의 신을 향해 걸어 들어가는 신도들의 모습도 너무 신비롭고 경건해 보였다.

TIP 인도 여행 시 주의!

인도에서는 식당에서 주는 물은 가급적 마시지 말고 생수를 사서 마시는 것이 좋다. 구입한 생수도 비닐 캡이 잘 씌워져 있는지, 마개는 딴 흔적이 없는지 한 번 더 확인해 보고 마셔야 한다. 그리고 여권과 짐 관리를 철저히 해야 하는데, 어느 나라나 마찬가지지만 특히 인도에서는 잠깐 방심하는 사이 짐이 없어지는 경우가 많아 주의가 필요하다. 배낭은 기차 여행을 하든 버스를 타든 무조건 체인으로 묶어 놓는 것이 필수다. 가난한 나라나 부자 나라나 관광객이 많은 곳에는 소매치기가 있고, 인도도 예외는 아니다. 사진을 같이 찍거나 혹은 찍어 주겠다면서 접근하는 인도인들은 카메라나 휴대폰을 받아 줄행랑을 치는 경우도 있다. 인도 여행 중 소매치기나 사고를 당해 도움을 요청해야 하는 경우 영사 콜센터를 이용해야 한다.

자미 마스지드 입구   자미 마스지드 입구에서 내려다본 풍경

쿠트브 미나르

지하철 쿠트브 미나르 역에서 내려 오토릭샤로
10분 정도 가면 우뚝 솟은 승전탑이 나타난다. 내국
인 관광객과 외국인 관광객이 섞여 있음에도 탑을
바라보는 관광객 모두는 경탄을 금치 못하는 표정
이다. 다양한 색상의 사암으로 만들어진 탑과 주변
건축물은 주로 붉은색을 띠었으나, 일부는 흰색 대
리석이 포함되어 있어 조화를 이룬다. 특히 쿠트브
미나르는 하부 3층까지는 붉은색, 상층 4, 5층은 흰
색으로 만들어졌다.

쿠트브 미나르

술탄 왕국의 첫 군주인 쿠트브 웃 딘 아이바크가
세운 72.5m 높이의 미나르, 즉 승전 탑으로 인도 최
대 규모이며, 탄성을 불러일으킬 정도로 화려하고
거대하다. 힌두교의 나라를 점령한 이슬람교도들은 승리를 기념하기 위해 1199년에 4층 탑을 세
웠는데, 1326년 투글라크 왕조 페로즈 샤가 5층으로 개축했다. 1층은 힌두 양식으로 만들어져 있

섬세하게 조각된 기둥

으며, 2, 3층은 이슬람 양식으로 지어져 독특한 매력이 있고, 탑 중앙에 새겨진 조각이 인상적이다. 이슬람교는 우상이나 특정 상징물을 섬기지 않으므로, 이슬람교도들은 주요 건물에 코란을 새기는 것을 대단한 장식으로 생각했다고 한다. 쿠트브 미나르에도 탑 중앙부에 코란을 조각해 건축물의 미관을 화려하게 장식했다.

쿠트브 미나르의 또 하나의 특징은, 인도 최초의 이슬람 사원으로 델리를 점령한 쿠트브 웃 딘 아이바크가 델리 주변의 27개 힌두교 사원을 파괴한 후 그 잔해들을 모아 이 모스크를 지었다는 점이다. 자세히 보면 모스크의 기둥 문양이 모두 다른 것을 알 수 있는데 이는 패자의 슬픈 역사를 담고 있다. 쿠트브 미나르는 1993년 유네스코에서 지정한 세계문화유산이다.

붉은 성

뉴델리 전철역에서 두 정거장 떨어진 찬드니 초크 역에서 도보로 10분 거리에 있는 붉은 성(Red Fort)은 붉은색 사암으로 만들어진 성벽이 인상적이다. 붉은 성에서 가장 볼 만한 것은 엄청난 크기와 위용을 자랑하는 입구이다.

인도 내 대부분의 유적지 입장료는 외국인은 250루피 정도이고, 현지인은 10분의 1 정도인 20루피를 받는다. 2000년 파키스탄 무장단체와의 총격전 이후 모든 입장객은 몸 수색과 엑스레이

붉은 성

검색대를 통과해야 입장이 가능하다. 궁 안으로 들어가 보면 겉과는 다르게 내부 건축물은 대리석으로 만들어진 건물들도 있고, 문양과 장식도 화려해 당시의 건축 기술과 무굴제국의 경제적 번성을 느끼기에 충분했다.

붉은 성은 무굴제국 황제이자 건축광이었던 샤자한이 1639~1648년에 걸쳐 지은 성으로 생전의 마지막 건축물이다. 건축 당시 궁전이자 전투 요새로 두 가지 기능을 가지고 설계되었다. 각 성문은 코끼리 기병대인 상병(象兵)이 속도를 줄여 들이받지 못하도록 급격한 커브로 설계되어 있고, 10m 깊이에 이르는 해자와 교각도 있다. 붉은 성의 당당한 위용은 1857~1859년 발발한 1차 독립전쟁 때 영국군의 엄청난 포격으로 상당 부분이 파괴되었고, 이후 영국 식민지 시절 개보수되어 지금에 이른다고 한다.

찬드니 초크 시장

붉은 성에서 걸어 10분 거리에 있는 찬드니 초크 시장을 갔다. 시장 입구부터 사람들은 넘쳐났고, 안으로 들어갈수록 복잡하고 길을 찾기 어려울 정도로 미로처럼 얽혀 있어, 처음 가는 관광객은 깊이 들어가면 당황할 가능성이 높다. 더구나 호객 행위와 손님과 상인의 거래가 뒤엉켜 정신을 쏙 빼놓는다. 시장은 구역별로 나누어져 향신료 시장, 은 시장, 꽃 시장 등이 있으며, 사람들이 가장 많고 활기찬 곳은 은 시장이었다. 은 시장은 가격이 저렴해 외국인 관광객들이 많았고, 인기가 높아 보였다. 인도에 오기 전 서울에서 찬드니 초크 시장에 대해 인터넷 검색을 해 보았더니 방문객마다 의견이 갈리는 곳이었다. 긍정적으로 평가하는 관광객은 다양한 볼거리와 인도 특유의 시장문화가 기억에 남는다고 쓴 반면, 부정적인 평가는 시장이라기보다는 방대한 쓰레기장 같다는 평가도 있었다. 직접 방문해 보니 인도에 사는 온갖 잡상인은 다 모인 것 같고, 옆 사람의 말이 들리지 않을 정도로 소란스러우며, 상인과 눈만 마주치면 물건을 사라고 손을 잡아끌고, 쓰레기와 오물은 넘쳐나고, 그곳에서 소들은 여유롭게 어슬렁거리며 뭔가를 먹고 있었다. 그럼에도 나는 뭔가 모를 매력을 느꼈고, 시간이 흐를수록 복잡함 속에서 단조로움이 보였

찬드니 초크 시장

으며, 삶의 활력이 숨 쉬는 것 같은 느낌을 받았다.

낙타 사파리를 즐길 수 있는 자이살메르

델리 역에서 기차를 타고 자이살메르로 향했다. 자이살메르성은 사막 위에 세워진 요새이다. 성 주변의 마을을 지나 하나뿐인 성문을 지나면 좁은 돌길을 따라 올라가게 되는데, 좁은 길 주위로 높게 쌓아올린 돌담이 이곳이 요새였음을 깨닫게 해 준다. 유적이 되어 버린 다른 성들과는 달리 이곳은 아직도 사람들이 살고 있는 성이라는 점이 자이살메르성을 특별하게 만들어 준다. 아라비안나이트에 나오는 듯한 분위기를 연출하는 자이살메르. 사막이라 덥지만, 18시간의 야간 기차 여행으로 춥고 힘들었던 몸이 풀어지는 느낌이다.

낙타 사파리

자이살메르에서의 낙타 사파리는 낙타를 타고 사막을 여행하고, 오아시스와 사막 가옥이 있는 마을에서 밤하늘의 별을 보는 코스다. 낙타를 타고 사막으로 향했다. 여행 도중 운이 좋으면 야생 동물을 만날 수 있다고 가이드가 얘기했지만 우리에게 그런 행운은 찾아 오지 않았다. 상상했던 사막이 아닌 황량한 초원을 계속해서 지나갔다. 영화 속에서 보던 부드러운 모래와 끝없이 펼쳐진 모래 언덕이 있는 사막은 없었다. 그저 잔풀이 있고 모래보다는 작은 돌과 자갈이 많은 이름만

밤에 불이 켜진 자이살메르성

자이살메르 사막

자이살메르에서 발견한 사막의 가옥. 두꺼운 벽, 작은 창문, 평평한 지붕으로 낮에는 열기가 들어오지 못하게 하고 밤에는 빠져나가지 못하게 하는 폐쇄적 구조

사막인 곳을 계속 지나가고 있었다. 그래도 긴팔, 긴바지, 선글라스, 마스크 그리고 모자는 꼭 준비해야 하는 필수 준비물이다.

그렇게 묵묵히 한 시간을 넘었을까? 드디어 점점 상상했던 사막의 모습이 등장했고, 부드러운 모래와 교과서에서 봤던 모래언덕이 눈앞에 펼쳐졌다. 책이나 TV에서만 봤던 사막의 중심에 내가 서 있었다.

사막 사파리 목적지에 도착하자 저녁 식사 시간이었다. 식사는 역시 커리가 준비되고 있었다. 가이드가 여행자들에게 접시를 하나씩 나누어 주었는데 접시를 자세히 보니 뽀얀 모래가 앉아 있었다. 그래서 접시에 모래가루가 있다며 바꿔 달라고 했더니 식사를 준비하는 아저씨가 해맑게 웃으시면서 손으로 접시를 쓱쓱 닦더니 나에게 다시 주셨다. 나는 황당했지만 잠시 다시 생각해 보니 여기는 사막이고 물이 부족하다는 사실을 깨닫게 되었다. 사막에서는 물이 귀해서 그릇을 씻을 때도 마른 모래를 이용해서 설거지를 한다고 한다.

해가 지자 사막은 언제 그랬냐는 듯이 기온이 내려가기 시작했고, 여행 가이드는 추위에 대비해 모닥불을 피웠다. 얼마나 시간이 지났을까? 하늘에는 하나둘 별이 떠오르기 시작했고, 나는 관망용으로 마련된 평상에 누웠다. 어둠이 내려앉자 밝음에 감춰져 있던 보석들이 하나둘씩 모습을 드러냈고, 어느 사이 밤하늘은 은가루를 뿌려 놓은 듯 셀 수 없이 많은 별들이 잔치를 벌이듯 빼곡하게 떠 있다. 특히 유성이 떨어지는 모습은 잠깐의 이벤트 같지만 화룡점정의 예술품처럼 느껴진다. 내가 그동안 보아 왔던 별을 모두 합해도 오늘 하루에 본 별 숫자를 이기지 못할 것처럼 많은 별을 보았다.

시간 가는 줄 모르고 별을 지켜보며, 참여한 관광객 모두 탄성을 지를 정도로 놀라워했다. 사막 투어는 여성에게 위험하다고 하여 걱정을 조금 했지만 사막을 가로질러 가는 과정에서는 가이드를 비롯해 낙타 몰이꾼이 낙타 한 마리당 한 명씩이라 생각보다 안전했고 재미있었다. 그러나 사막에 있는 가옥은 생각만큼 안전해 보이지 않았다. 흙으로 대충 지은 것 같은 느낌이고, 문에 안전장치가 없어 혼자 잠을 청해야 한다면 밤새 잠을 이루지 못할 것 같다. 사막 기후의 급격한 변화를 느낀 것과 수많은 별, 그리고 황량한 모래 벌판에 오아시스가 존재하고, 그곳에 지어 놓은 움막 같은 사막 가옥을 본 것만으로도 이번 여행은 만족스럽다. 학생들에게 교재의 내용을 설명하는 것이 아니라 직접 경험한 것을 설명할 수 있다는 것이 무엇보다 대만족이다.

파란색 물감을 뿌려 놓은 블루시티, 조드푸르

골든시티 자이살메르에서 낙타 사파리를 마친 우리는 다음 목적지인 블루시티 조드푸르로 향하였다. 조드푸르까지는 버스를 이용해 6시간을 달려 도착하였다.

라자스탄주 행정중심도시인 조드푸르는 블루시티라는 애칭으로 더 많이 알려져 있는데, 이는 지배 계급인 브라만들이 자신들의 집을 푸른색으로 칠하면서 다른 계급들과 차별화하기 시작한 데서 비롯된 것이다. 그러나 오늘날에는 누구나 모두 푸른색을 칠함으로써 메헤랑가르성에 올라

블루시티 조드푸르의 모습
(http://blog.naver.com/trhnsj00/220220106222)

질벽에 건설된 메헤랑가르성의 모습
(http://blog.naver.com/trhnsj00/220220106222)

시가지를 내려다보면 전체가 다 파란색으로 보이는 블루시티가 되었다고 한다.

인도에서 가장 아름다운 성이라고 불리는 요새 중 하나인 메헤랑가르 요새는 평지인 조드푸르에서 유난히 눈에 띄는 멋진 건축물이다. 타르 사막 위에 121m의 높이, 성벽의 높이가 무려 36m나 되고 일곱 개의 성문 안에는 여러 개의 아름다운 궁전이 있는 성이다. 이곳으로 가기 위해서는 미로 같은 골목길을 찾아 올라가야 하는데, 그럼 돌담길이 나오고 거대한 바위산 위에 웅장하게 지어져 있는 메헤랑가르성이 모습을 보인다. 그 자체가 요새인 듯하다.

웅장하고 거대함에 끌려 올라왔지만 들어가면 또 다른 모습에 놀란다. 정말 아름답고 섬세하다. 그리고 여기 올라와 내려다 보니 이곳이 왜 블루시티라고 불리는지 알게 된다.

화이트시티, 우다이푸르

우다이푸르

조드푸르에서 버스로 12시간 가까이 달려 우다이푸르에 도착했다. 호수에 세워진 궁전이나 별장들이 주로 흰색이어서 화이트시티라는 별칭을 가진 우다이푸르는 우리나라의 제주도처럼 인도 서부에서 신혼여행지로 가장 각광받는 곳이다. 그만큼 경관이 아름답고 볼거리가 많다. 우다이푸르는 외부의 침입으로 도시를 보호하기 위해 성을 쌓고, 산성을 만들고, 댐을 건설하는 과정에서

인공호수 피졸라가 탄생하게 되었다. 특히 밤이 되어 피졸라 호수 위에 지어진 흰색 건물 레이크 팰리스에 조명이 들어오면, 금빛 찬란한 건축물이 수면 위에 떠 있는 것 같은 착각을 일으키기에 충분하다.

우다이푸르에서 봐야 할 것들을 여행 가이드북에서 몇 군데 찾은 후 메와르 왕조의 궁전 시티 팰리스와 힌두 사원 작디시 만디르를 둘러보기로 했다.

시티 팰리스와 작디시 만디르

시티 팰리스는 피졸라 호수를 바라보고 세워진 우다이푸르의 대표적인 대리석 건축물이다. 내부 인테리어도 훌륭하고 박물관도 잘되어 있어 볼거리가 풍부하다. 우다이 싱 2세가 처음 건축하고 다음 왕들이 중건을 통해 계속 확장하여 지금과 같은 거대한 규모의 궁전에 이르고 있다. 지금도 궁전에 왕실 가족들이 거주하고 있어 출입이 통제되는 구간이 많고, 사진 촬영도 금지된 곳이 많다. 궁전에서 일반인 출입이 가능한 곳은 박물관이다. 또한 궁전 윗부분에서 보는 우다이푸르 시내와 피졸라 호수는 눈을 즐겁게 하기에 충분하다.

작디시 만디르는 시티 팰리스와 도보로 5분 거리에 있어 거의 붙어 있다고 봐야 한다. 힌두교

작디시 만디르의 모습   화이트시티 우다이푸르

사원인 작디시 만디르는 관광지 동선의 중심에 있어 우다이푸르를 관광하기 위해 돌아다니다 보면 자주 지나치는 곳이다. 1651년 비슈누 신의 화신 중 하나로 알려진 자간나트 신을 섬기는 사원으로 입장료가 무료이며 무척 깨끗하게 관리되고 있다. 또한 시간을 맞춰 가면 힌두교식 예배인 푸자를 직접 목격할 수도 있다.

시티 팰리스와 작디시 만디르 구경을 마치고 좁은 골목을 지나 길이 여러 갈래로 퍼져 나가는 곳에 이르자 피촐라 호수가 바로 눈앞에 있다. 호숫가의 가트(물가에 만들어진 계단)에는 목욕을 하거나 빨래를 하는 인도인을 만날 수 있고, 호수를 유람하는 배를 타는 선착장도 있다. 낙타 가죽으로 만든 가방이나 신발을 판매하는 상점, 우다이푸르에서 유명한 세밀화를 그리거나 파는 집, 헤나를 하는 집 등 좁은 골목길에 관광객이 줄을 잇고, 호객하는 사람들도 많아 북새통이다.

몬순 팰리스

어김없이 아침은 찾아왔고 오늘은 몬순 팰리스를 목표로 움직이기 시작했다. 작디시 만디르까지 걸어 릭샤를 타고 몬순 팰리스 입구에 도착하였다. 입구에 가면 입장권을 사고 몬순 팰리스까지 올라가는 데 필요한 자동차 요금을 내면 산꼭대기에 위치한 성까지 데려다준다.

몬순 팰리스 입구

몬순 팰리스에서는 우다이푸르의 모습을 한눈에 내려다볼 수 있다. 저 멀리 보이는 호수를 내려다보면서 평화로운 기분을 느낄 수 있는 아름다운 장소 중 하나이다.

몬순 팰리스에서 바라본 우다이푸르

사실 왕족들이 여름 더위를 피해 지내던 성이라고 하는 몬순 팰리스는 여행자들의 입장에서는 전망대와 같은 역할을 하는 곳 정도로 생각이 된다. 오늘로 우다이푸르 여행을 마치고 아그라로 간다.

인도에 오기 전 인도에 관한 여행 정보를 얻기 위해 책이나 블로그, 여행 관련 카페에서 글을 읽으며 릭샤 왈라를 비롯한 상점에서 거래 시 주의사항을 본 적이 있다. 상인들은 종종 50루피나 100루피를 받고서 10루피만 받았다고 우기는 경우가 있다고 한다. 실제 사람이 많고 복잡한 상태에서 거래가 이루어지는 경우 상인도 100루피를 받고도 10루피로 착각할 수 있고, 경황이 없으면 오해할 수도 있다고 본다. 그러나 많은 여행객들이 인도 여행 시 주의사항으로 지적한다는 것은 그만큼 빈번하게 일어나고 있는 것으로 보인다. 실제로 나도 릭샤 왈라에게 100루피를 지불했는데 10루피를 받았다고 하는 어이없는 일이 있었다. 그렇기 때문에 인도를 여행할 계획이라면 계산 시 팁을 알아 두는 것이 좋다.

상인이나 릭샤 왈라에게 대금을 지불할 경우 10루피를 여러 장 주는 것이 좋지만, 10루피가 없어 큰돈을 줄 때는 지폐를 세로로 길게 접어서 주라고 한다. 상인이 100루피를 받고 10루피를 받았다고 우기면 돈이 쥐어진 손을 잡고 받은 돈을 보자고 요구하고, 손을 펴면 그중에서 세로로 접힌 돈이 방금 내가 준 돈이라고 하면 증명할 수 있다고 한다. 과연 실제 그런 경우에 처하면 효과가 있을지는 모르겠지만 알아 두면 손해 볼 것은 없을 것 같다.

타지마할이 기다리고 있는 아그라

아그라 칸트 역에서 내리니 싸늘한 아침 공기가 매연에 섞여 밤기차 여행에 지친 우리를 반긴다. 드디어 인도 여행에서 꼭 한번은 와 보고 싶었던 타지마할이 있는 아그라에 왔다. 아그라에서 타지마할까지는 오토릭샤가 운행을 하지 않고 중간에 내려 주므로 우리는 사이클릭샤를 이용했다. 오토릭샤는 많은 공해물질을 배출하므로 타지마할과 아그라성 주변은 운행을 전면 금지하였다고 한다. 그도 그럴 것이 타지마할이나 아그라성이 대부분 산성에 약한 대리석으로 건축되어, 공해가 심하면 산성비로 인해 건축물이 훼손될 수 있으므로 여행자의 입장에선 불편하지만 세계적 건축물을 보전하기 위해서는 당연한 조치로 보인다. 사이클릭샤가 아침 공기를 가르며 달려 드디어 타지마할에 도착했다.

타지마할

세계 7대 불가사의 유네스코 문화유산인 타지마할을 향해 사이클릭샤가 달려가는 동안 나는 온몸에 전율이 느껴졌고, 꼭 쥔 손에는 나도 모르는 사이 땀이 났다. 타지마할 남문으로 도착한 우리는 입장권을 끊기 위해 긴 줄을 서야 했다. 1인당 750루피의 입장료를 내고 가방 검사를 받으며 들어갔다. 들어가면 붉은 건물이 타지마할을 가리고 있다. 쉽게 모습을 보여 주지 않던 타지마할은 붉은 건물을 지나가자 잠시 후 내 눈동자 속에 들어왔다. 책에서만 보던 타지마할이 내 눈에 펼쳐지는 순간 심장이 멈추는 듯했다. 내가 처음 본 타지마할은 은은한 하얀색 대리석의 둥근 돔 모양으로 안개 속에서 차분하고 우아했다. 아름다움이 정도를 넘어서면 표현할 방법을 찾지 못하듯, 나도 타지마할을 보며 표현할 방법을 찾기가 어려웠다. 어떻게 이렇게 아름다운 무덤을 만들 수 있는지, 얼마나 사랑했으면 22년간 막대한 국고를 쏟아 부으면서도 강행했는지, 아무리 건축광이라지만 사랑과 집념이 없으면 할 수 없는 일이라 생각된다. 자신의 아이를 낳다 죽음을 맞이한 부인을 위해 이렇게 정성을 쏟을 수 있다는 것은 세기를 뛰어 넘는 로맨스이고 순애보일 것이다.

　나는 감동에 젖어 그저 멍하게 타지마할을 바라보고 있었다. 정신을 차리고 한 걸음 한 걸음씩 슬픈 사랑의 결정체를 향해 걸어갔다. 정문을 들어서자 너무나 아름다운 정원이 눈에 들어오고, 좌우로 완벽하게 대칭을 이룬 타지마할이 야무나강을 배경으로 아름답고, 고고하며, 도도하게 서 있었다. 우리나라 왕릉이 일반인 무덤의 10배 혹은 20배의 크기로 조성되는 것에 비교하면 타지마할의 크기는 동서 300m, 남북 560m에 이르고, 중앙돔의 높이는 65m이다. 무덤의 아름다움과 크기도 놀랍지만, 타지마할의 설계가 처음부터 미래(환생)를 위해 계획되어 있다는 사실에 더욱 놀라게 된다. 타지마할을 입장하면 정문에 해당하는 큰 문이 있고, 그곳을 통과하면 차르바그라 불리는 이슬람식 정원이 있으며, 그 뒤에 타지마할이 있다. 차르바그는 정원을 수많은 사각형으로 나눈 후 사이사이에 수로를 만들어 놓은 것으로 이슬람의 낙원 사상을 현실화시켜 놓은 곳이다. 정원 중앙에 있는 연못에는 타지마할이 수면에 물그림자를 일으켜 바람이 불면 부는 대로 흔들리고 있었다.

타지마할의 모습

대리석에 꽃이나 글자를 파고, 그 파진 홈에 다른 색의 돌이나 색깔 있는 준보석을 넣은 피에트라 두라 기법

타지마할 배경으로 수백 장의 사진을 찍고 덧신을 신고 타지마할의 대리석 바닥을 밟았다. 회랑, 벽, 바닥 모두 대리석이다. 대리석에 꽃이나 글자를 파고, 그 파진 홈에 다른 색의 돌이나 색깔 있는 준보석을 넣어 피에트라 두라 기법으로 모양을 내었다. 대리석 조각도 하나하나 사람의 손으로 조각한 예술품이지만, 꽃과 식물의 문양을 박아 놓은 것은 어지간한 정성이 아니면 할 수 없는 일이라 생각되었다. 바람에 날리는 향기로운 꽃들, 잎들을 어떻게 이렇게 완벽하게 새기고 채워 넣을 수가 있었을까. 바람과 함께 흔들리는 꽃잎을 본 것은 나의 착각이겠지.

타지마할은 외국인은 1인당 750루피, 현지인은 20루피(2010년 1월 기준)이지만 당일 타지마할 입장권이 있으면 50루피 할인된 가격인 250루피로 아그라성을 볼 수 있다. 인도 물가로 따지면 비싼 입장료이지만 그것보다 더 큰 가치가 있다고 생각한다. 그리고 타지마할 입장권을 사면 생수 한 병을 주며, 타지마할에 올라가기 위해선 덧신을 신거나 신발을 벗어야 한다는 점도 기억해 주면 좋을 듯하다.

아그라성

세계문화유산이며 무굴제국의 장대함을 보여 주는 상징물이라고 생각되는 아그라성은 타지마할에서 약 2km 떨어져 있다. 1566년 무굴의 제3대 황제였던 아크바르가 무굴제국의 강대한 권력의 상징으로 지은 요새지만 자한기르, 샤자한에 이어 평화시대가 계속되어 궁전으로 변모되어 사용된 곳. 샤자한이 아들 아우랑제브에 의해 권력을 빼앗기고, 이곳 아그라성에 유폐되어 강을 따라 지척에 있는 아내의 무덤을 보며 쓸쓸히 죽어 가는 모습을 상상해 본다. 무굴제국 권력의 상징이었던 아그라성은 겉은 붉은 사암으로 만들어졌지만, 내부로 들어가면 대리석으로 만든 궁전이다. 성벽의 높이는 20m에 이르고 폭은 2.5km에 달하는 거대한 규모이다. 특히 궁전은 타지마할과 같은 피에트라 두라 기법으로 만들어진 곳이 많고, 건물 장식을 위해 내부 곳곳의 벽이나 천정에 보석 장식을 했다고 하나, 지금은 흔적만 남아 있다.

아름다운 조각이 가득한 사원이 있는 카주라호

아그라에서 카주라호로 가려면 기차를 타고 네 시간을 가서, 중간에 있는 잔시 역에서 내려, 다시 버스를 갈아타고 카주라호까지 가게 된다. 엄청난 연착의 연속 끝에 카주라호에 도착하니 새벽 1시였다. 잔시에서 카주라호까지 죽음의 질주를 무사히 마치고 버스에서 내릴 때 기나긴 한숨이 나왔다. 생존에 대한 감사의 한숨인지, 긴장한 근육의 이완으로 무심히 터져 나온 한숨인지 모를 한숨이었다. 아침부터 기다리고, 이동하고, 추위에 떨어, 몸은 젖은 솜뭉치처럼 무거웠다. 내일이 오면 다시 나는 새로운 기분으로 인도를 사랑하고, 오늘의 악몽 같은 하루를 옷깃에 붙은 먼지를 털어 내듯 툭툭 털어 버리고, 인도의 또 다른 모습을 기대하며 여행을 하겠지. 행복한 인도 여행을 꿈꾸며 나는 잠이 든다.

카주라호 서부사원군과 동부사원군

카주라호의 아침은 신선했다. 그동안 북인도를 돌면서 이곳처럼 공기가 깨끗한 곳은 없었다. 언제나 새로운 곳에 도착하면 가장 먼저 반겨 주는 것이 안개와 매연이었던 걸 감안하면, 이곳은 너

붉은 사암으로 만들어진 무굴제국 권력의 상징 아그라성
사암과 대리석의 조화로 만들어진 아그라성의 내부 모습

무나 신선하다. 더구나 관광지인지 의심스러울 정도로 관광객도 많지 않아 한적하고, 거리가 인도 같지 않은 여유로운 시골 풍경이다. 카주라호는 11세기에 번영을 누렸던 찬델라 왕조의 수도로, 당시 건립된 힌두교 사원들이 모여 있는 곳이다.

서부사원군에 들어가자 처음 느낀 것은 캄보디아의 앙코르와트 축소판 같았다. 규모는 앙코르와트에 비해 작지만 사원의 탑 양식은 거의 유사하다. 다만 지리적 특성이 이유인지 모르나 서부사원군의 것이 조각이나 색상면에서 우수해 보였고, 보존 상태도 훌륭했다. 사원을 돌다 보면 계속 눈에 띄는 것이 미투나상이다. 미투나의 원래 의미는 남녀 한 쌍을 뜻하지만, 일반적으로 성애상 또는 교합상으로 받아들여진다. 신성한 사원에 보는

카주라호 서부사원의 모습과 미투나상

이들이 낯 뜨거울 만큼 노골적인 교합상을 만들어 놓은 이유가 뭘까. 그 이유를 찾아보았다. 고대 인도인들은 남성과 여성 그 자체로는 불완전하다고 믿었고, 그래서 남녀는 짝을 찾아 서로의 불완전성을 보충하려 했다.

남녀가 성을 통하여 하나됨을 추구하는 종교의식으로서의 성행위가 돌 조각으로 만들어져서 사원의 벽을 빙 둘러서 붙여져 있다. 사원 안의 벽들도 이러한 미투나들이 촘촘히 붙어 있다. 그러나 보고 있으면 외설스러움보다는 그 표정과 행위가 철학적이고 인간적인 개념을 초월한 평정심의 분위기를 느낀다. 신화 속의 세계에 들어온 듯 우아한 곡선과 마디마디 새겨진 문양을 보면서 인도인의 손재주에 놀랄 따름이다.

서부사원을 돌아본 후 동네 구경도 할 겸 한 시간 걸어서 동부사원군을 보러갔다. 조용한 시골마을이 끝나는 곳에 동부사원이 모여 있었다. 잘 다듬어진 잔디로 아름다운 정원을 바라보며 쉬었다. 이곳을 찾아온 사람들은 몇 사람 안 되어서인지 조용하고 호젓했다. 동부사원군은 서부사원군과 달리 힌두교 사원과 자인교 사원이 같이 있다. 힌두교 사원은 방치된 느낌이나 자인교 사원은 잘 가꾸어져 있었고, 브라마, 비슈누, 까마, 라띠 등의 신상을 볼 수 있었다.

인도의 어머니 갠지스강이 흐르는 바라나시

카주라호에서 지프차와 기차를 갈아타고 바라나시까지 오는 데 꼬박 하루가 걸렸다. 그동안 책에서 글자로만 볼 수 있었던 갠지스강을 설렘과 함께 보러 간다. 아침에 일어나 부지런히 사이클릭샤를 타고 갠지스강으로 향했다. 앞으로 쏟아질 것처럼 기울어진 좁은 의자에 엉덩이만 간신히 붙이고 앉았다. 사이클릭샤는 사람이 많이 붐비는 길을 갈 때는 편리하다. 특히 신성시되는 가트 주변은 모터를 단 오토릭샤나 오토바이, 택시의 출입이 통제되기 때문에 사이클릭샤를 타게 된다.

가트에서

갠지스강은 히말라야 산맥의 강고트리 빙하에서 발원하여 인도의 동쪽 벵골만으로 흘러든다. 힌두교인에게는 성스러운 강이며, 신들의 강이라고도 불린다. 강의 전체 길이는 2,500km, 유역이 84만 km에 달하는 거대한 강으로 힌두 성지인 바라나시와 하리드와르를 거쳐 흐르고 있다. 인도 사람들은 갠지스강을 강가(Ganga)라고 부른다. 인도의 전설에 따르면 강가는 원래 천계(天界)에 흐르던 강으로 시

갠지스강에서 목욕과 빨래를 하는 사람들

바 신의 도움을 받아 지상에 내려와서 흐르게 되었다고 한다. 그래서 이곳에서 목욕을 하면 죄도 씻기고, 기도를 하면 간절한 소원도 성취된다고 힌두교인들은 믿고 있다.

석양으로 물들어서 신비스러운 갠지스강, 삼천 년의 순례의 도시 바라나시, 신들의 고향 바라나시에서 갠지스강을 바라본다. 인도 여행을 하면서 나는 매 순간, 내가 이 장소, 이곳에 있다는 것이 믿어지지 않았다.

다샤스와메드 가트에서 아르티 푸자를 경외심을 가지고 본다. 아르티 푸자는 강가 여신에게 바치는 제사의식이라고 한다. 촛불을 환하게 켜고 연기 자욱한 향을 피우며 축제처럼 화려한 제사를 지낸다. 여덟 명의 브라만 사제가 읊는, 낮게 울리는 주문 소리는 강가 여

몽환적인 느낌이 나는 갠지스강   해 질 녘 아르티 푸자가 진행 중인 모습

신과 죽어서 오늘 화장하여 강에 띄운 사람들의 영혼을 위로해 주는 듯하다. 깊고 날카로운 눈빛, 하얀 옷을 입은 젊은이의 애절한 노래 소리는 시타르의 소리와 화음을 이루며 내 영혼 깊은 곳을 두드린다. 마음을 내려놓는다. 조용하고 편안하고 경건하다. 강에는 나룻배에 사람들이 가득 탄 채로 이 의식을 숨죽이고 보고 있다. 종교적인 초월의 고요함이 그들의 얼굴을 평화롭게 한다.

사르나트

바라나시 도착 둘째 날, 사르나트에 도착하여 불교 성지로 발걸음을 옮겼다. 불교에는 4대 성지가 있다. 성지의 순서는 큰 의미가 없지만, 부다의 출생부터 열반까지 순서대로 보면, 싯다르타가 태어난 곳 '룸비니(지금의 네팔에 자리한 곳으로 마야 왕비가 부처님을 낳은 곳)', 깨달음을 얻은 곳 '부다가야(싯다르타 태자가 보리수나무 아래에 앉아 6년간 고행 끝에 부처님이 되신 곳)', 불교의 성스럽고 숭고한 자비심을 최초의 설법을 한 곳 '사르나트(인도 베나레스, 즉 바라나시 북쪽에 있는 녹야원은 사슴동산이라고 하는데, 부처님께서 깨달음을 얻으신 후 다섯 비구에게 제일 먼저 가르침을 펴신 곳)', 열반에 드신 곳 '쿠시나가라(부처님께서 깨달음을 얻으신 후 45년간 가르침을 전하시고 여든 살이 되시던 해 두 그루의 사라나무 아래 누워서 열반에 드신 곳)'을 불교 4대 성지로 정하고, 신자들은 순례와 수행, 그리고 기도를 드리고 있다.

불교가 전 인도에 퍼지면서 사르나트는 절대 성지 중 하나로 추앙받았으나, 10세기 이후 이슬람의 북인도 침입이 본격화되면서부터 불교와 사르나트는 잊혀 갔다. 지금은 전체 인구의 1%가 불교 신자로 남아 있어, 인도 사람들보다는 미얀마, 타이, 중국, 일본, 한국 등에서 자기 나라의 양식에 맞게 절을 짓고, 부처님을 모시며 수행을 한다고 한다. 사르나트가 불교 성지라 그런지 기도 드리는 신자와 승려들이 눈에 많이 띄었다.

갠지스강에서 거닐기

오후에 다시 갠지스강으로 나가서 가트를 따라 하류까지 걸었다. 갠지스강에는 100여 개의 가트가 설치되어 있다고 한다. 마니카르니카 가트에서 주검을 태우는 매캐한 연기가 바람을 타고 강 위로 부드럽게 날아간다. 상여를 장식했던 금송화 황금빛 꽃송이가 물살에 떠밀려 찰랑대며 흔들린다. 소들이 물속으로 들어가서 발을 담근 채 꽃을 우적우적 씹어 먹기도 하고 물을 마시기도 한다. 남자들은 옷을 벗고 물속으로 들어가서 정성스럽게 목욕을 한다. 가트에 발을 걸치고 발을 열심히 씻는 사람, 물에 적신 옷을 계단에 내리치며 빨래를 하는 사람 등 가트 옆에는 다양 일이 동시에 벌어지고 있다. 일부 사람들이 플라스틱 물통에 담아 갈 물을 경건한 마음으로 정성껏 뜬다. 가트 입구의 가게에서 하얀 물통을 주렁주렁 매달아 파는 이유를 알겠다.

라씨를 먹을 것인가

고민이 생겼다. 화장터를 지나 라씨 전문점에 가서 라씨를 먹을 것인지, 아니면 포기할 것인지. 라씨 전문점을 가기 위해서는 화장터를 지나가야 하지만 무서워서 화장터를 볼 용기가 나지 않았다. 하지만 그것도 하나의 문화이고, 나는 라씨도 먹고 싶었다. 라씨를 먹기 위해 마음을 굳게 먹고 일어섰다.

라씨

라씨는 우유를 발효시킨 유산균 덩어리인 커드에 우유와 설탕을 넣고, 양은으로 된 둥근 통에 넣어 방망이 같은 것을 돌려서 갈아 만든다. 라씨를 만들 때 바나나, 망고, 사과, 배 등을 넣으면 상큼한 과일 맛이 더해져서 환상이다. 라씨는 인도식 수제 요거트로 화학 첨가물이 전혀 들어가지 않은 천연 요구르트다. 그렇기 때문에 요구르트 향이 전혀 없고, 과일이 들어가면 과일 향만 날 뿐이다. 라씨를 다 먹고 나면 흙으로 만든 라씨 그릇을 가게 입구에 있는 벽돌로 된 네모 구덩이에 던져서 깬다. 그래야 액운을 막는다고 한다. 음식을 먹고 그릇을 깨는 것은 다른 곳에서는 보지 못했다. 바라나시에 머무는 동안 매일 두세 번 씩 들러서 과일을 넣은 라씨를 먹었다.

부처의 깨달음을 느낄 수 있는 보드가야

고즈넉했던 바라나시 여행을 마치고 불교 성지 보드가야로 향했다. 보드가야는 부처님이 6년간 수행과 명상 끝에 깨달음을 얻은 곳으로, 불교 4대 성지 중 가장 중요한 곳이라고 한다. 보드가야는 불교 성지답게 각국의 사원이 곳곳에 흩어져 있었다. 마하보디 사원에 도착해 보니 부처님의 깨달음의 상징인 보리수나무가 있고, 수많은 스님들과 불교 신자들이 있었다. 마하보디 사원은 불교 포교에 적극적이었던 마우리아 왕조의 아소카 대왕이 이곳에 건립했고, 이후 이슬람교도들의 침입으로 사원이 모두 파괴되어 500년 가까이 방치되다가, 미얀마 왕실의 지원으로 조금씩 모습을 찾아 지금에 이르고 있다고 한다. 사원은 거대한 불탑인 스투파가 자리하고 있고, 총 5층인 탑은 1층만 일반인에게 개방되어 있다. 스투파는 산스크리트어로 '흙을 쌓아 올린 곳'이라는 뜻으로, 초기에는 흙을 쌓아 올려 봉분형으로 만들어진 곳에 부처님의 사리를 모셔 놓았으나 5세기경 굽타 왕조 때 지금의 불탑의 형식으로 바뀌었다고 한다.

부처님이 깨달음을 얻으셨다는 보리수는 사원 뒤편에 있었다. 높이 25m의 커다란 보리수는 원래의 것이 아니고, 이교도들에 의해 사원이 파괴될 때 같이 없어져, 사원이 새롭게 조성되면서 옮겨 심은 것으로 전해진다. 보리수나무 아래에는 많은 신도와 스님들이 기도 드리고 있었다. 나무 아래에는 부처님이 깨달음을 얻었다는 자리를 상징하는 금강좌가 있고, 보리수 왼쪽에 있는 거대한 발자국은 부처님이 깨달음을 얻은 후 첫발을 내디딘 자리라고 한다.

마하보디 사원의 모습

둥게스와리산과 수자타 마을

마하보디 사원을 비롯한 몇몇 외국 사원을 둘러보고 오토릭샤로 둥게스와리산으로 갔다. 둥게스와리는 부처님이 6년 동안 동굴 수행한 장소가 있는 곳이다. 둥게스와리로 가기 위해 건너야 하는 니란자강은 물이 거의 다 말라서 바닥이 드러났고, 곳곳에 마른 풀이 먼지 속의 바람에 흔들리고 있었다. 릭샤는 좁은 길을 달려 둥게스와리산 입구에 도착했다. 둥게스와리산이 높이 솟아 있고, 부처님이 수행하셨다는 동굴이 있는 산 중턱까지의 길은 시멘트로 포장되어 있었다.

부처님이 수행하신 바위 속 동굴에 도착했다. 촛불로 밝힌 굴 속은 어두웠고, 여남은 명이 둘러앉으면 무릎이 닿을 정도로 좁았다. 갈비뼈가 드러난 부처님의 좌상을 생전 처음 보았다. 보는 순간 숨이 멈춰지는 충격과 숙연함에 저절로 고개가 숙여진다. 대여섯 명의 미얀마 사람들이 극진한 정성으로 향을 사르고, 촛불을 켜고, 꽃을 놓고, 절을 하고 있었다.

한쪽 벽에 서서 부처님의 가부좌하신 모습을 본다. 흔들리는 촛불 속에서 성인(聖人)의 거룩함을 느끼며 오래오래 서 있었다. 깨달음을 위해 하루에 한 톨의 쌀만 먹었다는 부처님의 극단적 고행은 상상이 되지 않는다. 인간의 몸으로 하루 쌀 한 톨로 6년씩이나 연명이 될까? 아니면 상징적인 이야기일까? 어리석은 중생이라 중요한 것은 접어 두고 본론 이외의 것에 쓸데없이 궁금하다.

동굴을 나와서 둥게스와리산에 올랐다가 보드가야로 돌아오는 길에 수자타 마을에 들렀다. 부처님께 우유죽을 공양한 장님 처녀 수자타가 살던 마을인데, 이슬람 지배 때 완전히 파괴되어 폐허가 되었다고 한다. 후세의 사람들이 이곳 수자타 처녀의 집터 자리에 벽돌을 쌓고, 둥근 언덕 같은 탑인 스투파를 만들어 놓고 수자타를 기리고 있었다. 부처님이 극단적 고행을 통해 깨달음의 길을 찾고자 할 때, 수자타는 부처님께 우유죽을 공양했고, 이 우유죽을 계기로 부처님은 득도의 길로 들어선다. 우유죽을 통해 고행이 깨달음으로 가는 길의 전부가 아니라는 것을 깨닫게 하는 결정적 계기를 제공한다. 수자타 마을은 부처님의 깨달음에 커다란 역할을 한 불교사에 길이 남을 중대한 사건의 무대이지만 지금은 그저 가난한 인도의 시골 마을에 불과하다.

두 얼굴의 도시, 콜카타

밤새 기적 소리가 쉬지 않고 요란하게 울리는 기차를 타고 출발하여 세계 최대의 빈민도시 콜카타로 향했다. 콜카타(Kolkata)는 영국식 이름 캘커타(Calcutta)를 인도식으로 바꿔 부르는 공식 명칭이다.

넓은 평원 같은 콜카타는 산이 보이지 않을 정도로 넓었고, 도심 시설은 곧 무너질 것 같은 낡은 건물로 가득하다. 콜카타의 공기는 그동안 다녀 본 인도 내 도시 중에 가장 나빴던 것 같고, 거대한 쓰레기 공장을 연상시키는 도심 거리는 가난에 찌든 사람으로 넘쳐났다. 영국이 식민지 개척을 위해 콜카타를 인도의 수도로 정하기 전까지만 해도 조그마한 어촌 마을에 불과했으나, 식민지 수도가 된 콜카타는 거대 도시로 성장했고, 150년 동안 번영을 누렸다. 이후 영국이 인도 지식인들과의 갈등으로 인해 식민지 수도를 뉴델리로 이전하면서 콜카타는 급속한 쇠락의 길을 걸었다. 지금도 300년 전 건축이 그대로 남아 있고, 도심의 기반시설도 당시와 별반 차이가 없다고 하니 얼마나 낙후된 도시인지 짐작이 갈 것이다. 내 눈에 들어온 콜카타는 빈민가만 남아서 도시의 명맥을 유지하고 있는 느낌이었다. 빈민가의 느낌과 현대 도시적인 느낌이 공존하는 콜카타는 인도 동부의 가장 큰 도시이자 웨스트벵갈주의 주도이다. 영국으로부터 인도가 독립한 후에 벵갈주는 동파키스탄(지금의 방글라데시)과 웨스트벵갈로 나뉘게 되었다. 산업 기반이 없는 방글라데시에 기근이 날 때마다 난민들이 콜카타로 몰려들어 도시는 더욱 많은 빈민굴을 형성했다고 한다. 거리 어디서나 다 똑같이 참혹한 정도로 극악의 빈곤이다. 형겊 같은 천을 둘러싸고 길바닥 여기 저기서 자고 있는 사람들을 흔히 보게 된다.

마더 테레사 하우스와 인디언 뮤지엄

맨발의 노인이 끄는 인력거를 타고 이미 고인이 된 마더 테레사의 집에 갔다. 인력거는 인도 전역에서도 콜카타에서만 볼 수 있는 명물이다. 대부분 오토릭샤와 사이클릭샤로 운영되지만 콜카타는 아직까지 인력거가 남아 있어 여행객에게는 한 번쯤 타보는 것도 낭만일 수 있다. 다만 사람이 직접 끌다 보니 같은 사람으로서 인간적으로는 조금 미안하고 불편한 생각이 든다.

가난한 자의 어머니 마더 테레사 수녀는 평생에 걸쳐 버려진 아이들, 가난한 사람, 나병 환자, 중병으로 죽음을 앞둔 환자, 노인을 돌보며 살았다. '사랑의 선교회'를 건립하고, 헤어나기 힘든 가난과 그에 따르는 정신적 황폐함에 침몰되어 가는 사람들을 구제하는 일을 했다. 마더 테레사 하우스에는 1층 출입문의 오른쪽에 테레사 수녀의 무덤이 안치되어 있는 널찍한 방이 있다. 이층

마더 테레사 하우스의 외부 모습

부터는 죽어 가는 환자들을 돌보는 칼리가트, 장애인과 노인을 돌보는 프램 단, 미숙아와 버려진 아이들을 위한 쉬슈 바반, 장애가 있는 아이들을 돕는 다이아단 등 네 곳의 시설이 사랑의 선교회 수녀님들과 자원 봉사자들에 의해 운영되고 있다. 사람의 기척이 느껴지지 않을 정도로 조용하고 깔끔했다.

마더 테레사님이 생전에 쓰던 작은 방을 들여다보니, 아주 작은 침상 하나와 책을 보는 책상 그리고 손님을 맞는 테이블과 의자만 놓여 있었다. 극도로 절제된 검소함의 경지를 보는 것 같았다.

인디언 뮤지엄은 1814년에 개관한 인도 최초의 현대식 박물관이다. 영국 식민지 시절 콜카타는 런던 다음가는 도시였고 인디언 뮤지엄은 식민지의 대영 박물관 개념으로 설계되었다.

3층으로 된 인디언 뮤지엄은 인도에서 가장 크다는 박물관답게 가이드북에서 강조한 간다라 불상과 다양한 조각에서부터 자연사 박물관까지 어마어마한 전시물이 전시되어 있다. 간다라 불상은 일부 훼손되기도 했지만 힌두교와 불교가 융성했던 당시 인도인들의 종교적 정서와 사회 분위기를 느낄 수 있었다. 티켓 카운터를 찾는 것은 어려웠지만 인디언 뮤지엄에는 어마어마한 전시물들이 가득하다.

인디언 뮤지엄

인도에서 네팔까지 ❷

네팔

콜카타에서 카트만두

직항으로는 1주일에 4번 다니는 에어인디아를 타고 두 번째 여행 국가 네팔로 향했다. 내가 도착한 1월은 카트만두와 포카라의 기온이 낮의 경우 우리나라 봄과 같이 기온이 17~19도 가까이 올라간다. 그러나 아침과 저녁에는 우리나라 겨울과 같이 5도 이하로 내려가서 춥다.

카트만두 공항에 도착하여 비자를 발급받았다. 한국에서 미리 비자를 받을 수도 있고, 카트만두에 도착해서 25달러와 사진을 준비해서 비자를 받을 수도 있다. 물론 관광객이 몰리는 트레킹 시즌엔 비자를 받기 위해 몇 시간씩 기다린다고 하지만, 우린 겨울이라 그런지 기다림 없이 비자를 받고 네팔 땅에 들어섰다. 인도의 탁한 공기를 뒤로하고 청정 지역 네팔 여행이 시작되었다.

네팔은 산과 호수와 사람이 동화되어 순수함을 간직하며 사는 나라로 유명하다. 그 순수함의 중심 카트만두를 향해 택시를 타고 가고 있다. 카트만두는 해발 1,300m에 위치한 도시라서 한여름에도 많이 덥지는 않고 시원하다고 한다. 내가 도착한 때는 겨울의 중심이라 여름 날씨는 경험해 본 바 없어 알 수 없었다.

네팔은 국기 모양 또한 다른 국가와 다르다. 사각형의 깃발이 아니라 위아래 양쪽으로 삼각형 두 개를 포개어 놓은 형태를 하고 있다. 히말라야 산기슭에 있는 네팔은 산스크리트어로도 '산기

늙'을 뜻한다. '지구의 지붕'이라고 불리는 세계에서 가장 높은 산 에베레스트가 있는 나라인 네팔의 국기에 그려진 삼각형은 산을 의미하는 건 아닐까 하는 생각을 해 본다. 유네스코에서 지정된 세계문화유산을 8곳 가진 네팔 여행은 8개의 문화유산 중 7개가 집중되어 있는 고대문명의 세 도시 파탄, 박타푸르, 카트만두를 중심으로 시작한다.

네팔의 관문, 카트만두

타멜

네팔 여행이 즐거운 이유는 볼거리도 많지만 저렴한 방값과 밥값도 한몫한다. 우리 돈으로 만 원만 있으면 먹는 것부터 자는 것까지 대부분 해결된다. 타멜 거리는 네팔을 찾는 외국인들이 집중적으로 모이는 곳이다. 우리나라에 외국인 관광객이 오면 숙소가 여기저기 흩어져 있지만, 세계 3대 여행자 거리로 손꼽히는 타멜은 외국인이 모두 모이는 장소라고 봐야 한다. 각양각색의 다양한 인종, 다양한 나라 사람들이 모이다 보니 타멜 거리는 거기에 맞게 진화한 느낌이다. 다양한 먹을거리가 대표적이다. 한마디로 세계 각국의 음식점이 한곳에 모여 있다고 보면 된다. 입맛에 맞는 먹을 것 있고, 숙소를 비롯한 바가지 요금 없고, 치안이 안전한 곳이면 여행자에게는 최상의 조건이다.

여행자 거리로 유명한 타멜 거리의 모습

타멜에 숙소를 잡고, 카메라 하나를 들고 타멜 거리와 시장을 구경하며 여기저기 돌아다녔다. 즐비한 기념품 가게도 볼만했고, 세계 식당의 축소판인 음식거리도 기웃거리며 걸어가다 보니 더르바르 광장이 나타난다.

더르바르

더르바르는 카트만두 구시가지의 중심으로 네팔의 역사와 문화를 눈으로 보고 피부로 느낄 수 있는 곳이다. 12세기에 시작되어 18세기 샤 왕조에 이르는 동안 만들어진 아름다운 궁전과 유서 깊은 사원 50여 개로 구성된 더르바르 광장은 1년 내내 외국 사람들의 발길이 끊이지 않는 곳이다. 1934년 네팔을 덮친 큰 지진으로 많은 유적이 파괴되고 구시가지도 상당 부분 파괴되었다고 한다. 이후 많은 유적이 복원되었지만 역사의 질곡과 지진 속에서도 800년을 굳건히 버틴 사원도 있다. 구시가지도 지진으로 무너진 건물을 새로 지었으나, 내가 둘러본 시가지는 노후된 벽돌 건물이 많아 또다시 큰 지진이 오면 견딜 수 있을지 의심스러워 보인다. 그럼에도 구시가지를 중심으로 살펴보면 네팔의 역사와 문화의 숨결을 느낄 수 있다.

더르바르에 들어가면 가장 먼저 눈에 띄는 것이 힌두교의 주신인 시바와 그의 부인 파르바티 조각상이 있는 시바 파르바티 사원이다. 시바와 파르바티는 목조 건축물로 된 2층 창문을 통해 세상을 내려보듯 지그시 아래를 내려다보고 있다. 시바 파르바티 사원을 시작으로 구왕궁인 하누만 도카를 비롯해 쿠마리 사원, 바산

시바 파르바티 사원 창문에서
시바와 파르바티상이 광장을 내려다보는 모습

타푸르 탑, 트리부반 박물관 등 다양한 건축물들이 있으며, 특히 오래된 건축물에서는 섬세한 조각을 한 각종 목조 건축물을 볼 수 있다.

더르바르는 네팔어로 궁전을 의미하므로 이곳은 과거 네팔의 정치, 문화의 중심지였고, 왕이 거주하던 궁전이었다. 더르바르 광장의 특이점은 주변을 아무리 둘러보아도 담이 보이지 않는다는

더르바르 광장

것(나중에 보니 박물관 뒤로 낮은 담이 있는 부분도 있었다.)과 궁정 주변에 사원이 많이 있다는 것이다.

쿠마리 사원은 더르바르 광장의 남쪽 끝에 위치해 있으며, 출입은 통제되어 들어갈 수 없고, 쿠마리도 볼 수 없었다. 쿠마리는 살아 있는 여신으로 숭배받는 어린 소녀로, 3~6세 때 쿠마리로 선발되어 쿠마리 사원에 머무른다. 명문가의 어린 소녀 중에서 특별한 선택 과정을 거쳐 선정하게 되는데, 일단 선출이 되면 처녀신으로 모든 이의 숭배를 받는다. 쿠마리는 초경을 하게 되면 쿠마리로서의 자격이 상실되어, 사원에서 물러나 일반인으로 돌아가야 하며, 다음 쿠마리로 선택된 이가 지위를 이어 가게 된다. 일반인으로 돌아온 쿠마리는 사회에 적응하지 못하고 어려운 생활을 하는 경우가 많아 은퇴한 쿠마리들의 사회 적응을 돕기 위해 10년간 매달 1만 루피를 카트만두 시 차원에서 지급한다.

스와얌부나트

타멜에서 2km 떨어져 있는 세계문화유산 스와얌부나트로 향한다. 네팔의 대중교통 수단인 템포를 탔다. 템포는 10분도 되지 않아 스와얌부나트 사원 입구에 도착했다. 사원 입구에서부터 시작된 계단은 끝없이 위로 향해 뻗어 있다. 계단을 오르며 어슬렁거리는 많은 원숭이를 만난다. 일명 '원숭이 사원(몽키 템플)'이라고 불릴 정도로 곳곳에 원숭이가 많다. 어디서 나타나 어디로 사라지는지 모를 정도로 행동이 빠른 원숭이가 있는 반면, 어슬렁거리며 주위를 살피는 원숭이도 있다. 손에 들고 가져가는 물건이 있다면 원숭이가 순식간에 빼앗아 가기 때문에 특히 조심해야 한다.

네팔의 대중교통 수단인 템포

계단만 385개를 걸어야 스와얌부나트에 이른다. 가파른 계단을 오르니 언덕 위에 금색과 흰색이 빛나는 스투파(불탑)가 솟아 있다. 스와얌부나트는 네팔에서 가장 오래된 불교 사원이자 부처의 탄생을 기념하는 부다 자얀티 축제의 중심이다. 카트만두 시가지 전체를 한눈에 조망할 수 있는 전망대 역할도 하는 스와얌부나트 사원은 카트만두 시민에게는 도시를 지켜주는 수호신으로 여겨지므로

스와얌부나트로 올라가는 계단

스와얌부나트에서 바라본 카트만두 전경

언제나 관광객을 비롯한 카트만두 시민의 발길이 끊이지 않는 곳이라고 한다. 카트만두 시내에서 불쑥 솟아오른 175m 언덕에 자리한 스와얌부나트는 나무가 가득한 울창한 숲을 뚫고 원뿔형 지붕을 이룬 황금 탑이다. 기원전 3세기 아소카 대왕이 세운 것으로 알려져 있고, 5세기경에는 불교의 순례지로 정착되어 많은 순례객이 찾은 것으로 전해지며, 이후 이슬람 세력의 침입으로 사원이 파괴된 후 다시 조성된 것으로 전해지고 있다. 사원이 조성되는 과정에서 불교 색채가 강한 가운데 힌두교 색채도 혼합되어 조성되면서 불교 신자나 힌두교 신자나 모두 불탑을 찾게 되었다.

부다나트

타멜에서 사이클릭샤를 타고 템포 터미널로 이동하여 템포를 타고 30분 정도 달려 부다나트에 도착한다. 건물 사이에 있는 사원 입구에는 커다란 문과 함께 출입을 통제하는 철문에는 부다 스투파 세계문화유산이라는 문구가 있다. 주위 상가에 둘러싸여 있고 평지인지라 불탑은 보이지 않지만, 출입문이 크고 상단부에 용 문양이 있어 쉽게 입구를 찾을 수 있다.

부다나트는 네팔 티베트 불교의 총본산이자 네팔에서 가장 큰 규모의 불탑이 있는 곳으로 높이는 38m에 이른다. 15세기에 축조된 것으로 알려져 있으며, 티베트인을 상징하는 탑이 중심부에 위치하고 있다. 불탑의 모양은 땅, 물, 불, 바람, 우주를 상징하고 있다고 하는데, 아래쪽 대좌는 땅을 의미하며, 둥근 돔은 물을 의미한다. 사각기둥 각 면에 그려져 사방을 응시하고 있는 눈과 13층탑은 불을 의미하고, 탑 위의 우산은 바람을 의미하며, 꼭대기에 있는 뾰족한 탑은 우주를 의

네팔에서 가장 큰 규모의 불탑이자 카트만두를 상징하는
랜드마크인 부다나트

미한다. 돔과 우산 사이에는 13개 층으로 이루어진 첨탑이 있는데, 이것은 깨달음 얻어 열반에 이르기까지 13단계를 상징적으로 묘사하고 있다. 스와얌부나트와 함께 카트만두를 상징하는 랜드마크로 유명한 부다나트. 입장료는 150루피이고, 티벳 불교문화를 한눈에 볼 수 있는 곳이다.

TIP 마니차와 타르초

네팔과 티베트는 문맹률이 아주 높기 때문에 불교 경전을 읽을 수 있는 사람들이 많지 않다. 글을 모르기 때문에 불경을 읽고 싶어도 읽을 수 없어 고안한 것이 마니차와 타르초인 것이다. 네팔이나 티베트에 가면 경전을 읽은 것과 같은 효과를 낸다는 마니차와 타르초를 많이 볼 수 있다. 사진에 보이는 마니차는 불경을 넣은 마니통을 만들어 회전통을 한 바퀴 돌리면 경전을 한 번 읽은 것과 같다고 하며, 타르초는 경전이 적힌 일종의 깃발로서 형형색색을 만들어 바람이 많이 부는 곳에 빨랫줄처럼 설치하여 바람에 펄럭일 때마다 경전을 한 번 읽은 것과 같은 효과가 있다고 한다. 네팔이나 티베트인들은 마니차를 돌리는 일이 불심을 표현하는 자체이다.

마니차(↑)와 타르초(↕)

미의 도시라는 애칭을 가진 고대 도시, 파탄

　파탄은 카트만두에서 남쪽으로 5km 떨어진 도시로 올드버스파크에서 로컬버스를 타고 30분 정도 걸려 도착했다. 파탄은 카트만두, 박타푸르와 함께 말라 왕조 시대 독립된 세 개 왕국을 형성했던 곳 중 한 곳이다. 카트만두가 정치의 주무대였다면, 박타푸르는 문화 도시였고, 파탄은 예술의 중심 도시였다고 한다.

　과거 하나의 왕조 수도였던 파탄의 거리는 17세기를 연상케 한다. 버스에서 내려 골목길을 걸어가면 마치 타임머신을 타고 과거로 되돌아간 듯한 착각을 일으키기에 충분한 곳이다. 오래되고 낡은 골동품 같은 건물에 사람들이 자연스럽게 생활하고 있다는 것이 마치 박물관에 사람이 살고 있는 느낌이다. 버스정류장에서 10분 정도 걸어가면 파탄의 더르바르 광장에 들어가기 위해 거쳐야 하는 매표소가 나온다. 매표소를 지나 중앙 길로 들어서면 길을 중심으로 왼쪽은 사원, 오른쪽은 왕궁 건물이 지어져 있다. 카트만두의 더르바르 광장과는 달리 파탄 더르바르는 석조 사원과 목조 사원이 혼재되어 있는 네팔 건축물의 전시장을 보는 것 같다.

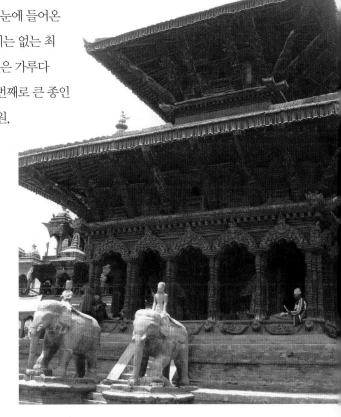

파탄 더르바르 광장의 모습

　더르바르 광장 입구에 들어서면 하누마 석상, 나라싱하 석상, 가네샤 석상이 있고 석조 건축물인 크리슈나 사원이 눈에 들어온다. 먼저 보이는 크리슈나 사원은 역사적 가치는 없는 최근에 지어진 건축물이고, 진짜 크리슈나 사원은 가루다 돌기둥 뒤편에 있다. 이 밖에도 네팔에서 두 번째로 큰 종인 탈레주 종이 있고, 탈레주 사원, 나라싱하 사원, 자가트나라얀 사원 등이 있으며, 왕궁의 일부를 개조해 만든 파탄 박물관이 있다.

중세의 흔적이 그대로 살아 숨 쉬는 도시, 박타푸르

　타멜에서 바그 바자르로 이동하여 당일 코스로 박타푸르로 가는 버스를 탔다. 버스는 생각보다 많아 수시로 출발한다. 박타푸르에 도착하니 도시에 들어가기 위해서는 게이트를 통과해야 하고, 입장료가 우리나

라 돈으로 2만 원 정도 했다. 도시 전체가 유
네스코 세계문화유산이라고 하지만 여행자의
입장에서는 부담스럽다. 입구에 들어서니 중
간중간 흰색 벽 건물과 탑, 대리석 조형물을
제외하고 일반 건물들은 지붕과 벽이 모두 붉
은색이다. 건물들도 대부분 오래된 것들로 중
세 도시를 걷는 느낌이 들었다. 현존하는 건
축물들이 17세기 후반에 지어진 것들이 대부
분이라고 하니 당연하다.

박타푸르의 더르바르 광장

박타푸르는 카트만두, 파탄과 더불어 카트
만두 계곡의 3대 고도 중 중세의 정취가 가장
많이 남아 있는 곳이다. 시대가 변하고 편리함
을 추구하는 세태 속에서도 17세기 후반에 세
운 건축물이 굳건히 자리를 지키고 있는 곳 박
타푸르. 유네스코 세계문화유산답게 박타푸르
광장 안에는 왕궁, 터우마디 광장, 바드리 사
원, 라메슈마르 사원 등 볼거리가 풍성하다.

박타푸르는 목조 조각과 도기로 유명한 산
지다. 기념품 가게에는 많은 목조 조각을 전시
해 판매하고 있는데 정교함이 다른 곳과는 다

더르바르 광장 사원의 모습

르다. 매일 점토 도기 수천 개가 제조되어 팔려 나가는 도기 광장도 눈여겨볼 것 중에 하나다. 붉
은색을 입은 도기가 광장을 가득 메워 관광객의 시선을 사로잡는다. 박타푸르를 돌아보며 느낀
점은 우리나라 경주와 유사하다는 것이다. 도시 전체가 하나의 박물관 같다.

설산과 정복의 꿈이 있는 곳, 포카라

카트만두에 있는 버스 정류장은 올드버스파크, 뉴버스파크 그리고 투어리스트 버스 스탠드로
구분되어 있어서 목적지와 맞는 정류장인지 확인하고 버스를 타야 한다. 안나푸르나 베이스캠프
(ABC), 담푸스, 푼힐, 묵티나트 트레킹을 가려면 포카라로 가야 한다.

새벽 6시 타멜에 있던 숙소에서 짐을 챙겨 투어리스트 버스 스탠드로 이동했다. 버스 정류장에

도착하니 버스 정류장이라고 표시된 것이 딱히 없었고, 시간은 6시 30분이 넘어 있었다. 포카라로 떠나기 위한 버스가 도로를 점유하고 길게 줄지어 서 있다. 6시 30분에 버스 탑승이 시작된다고 하지만 좌석이 딱히 정해지지 않은 경우도 있기 때문에 미리 가서 좋은 자리에 앉는 것도 중요한 포인트인 것 같았다. 물론 우린 좌석을 미리 지정해 준 표를 구입해서 고민 없이 그냥 그대로 앉았다. 포카라로 갈 때는 오른쪽, 카트만두로 갈 때는 왼쪽 좌석에 앉아야 긴 버스 여행에서 좋은 풍경을 즐길 수 있다는 얘기를 들어 우리는 좌석 예약 때 오른쪽으로 잡았다. 7시가 되자 버스는 인원 점검 없이 출발했다. 매연으로 가득한 카트만두를 뒤로하고 우리는 히말라야와 페와 호수 그리고 트레킹의 전진기지 포카라로 향한다.

출발하고 얼마의 시간이 지나자 버스는 산을 넘고 또 넘었다. 평온하고 넉넉한 네팔의 시골 풍경이 보이는가 싶더니, 조금 지나자 험준한 산악을 오르기 위해 버스는 젖 먹던 힘까지 쓰는 느낌이다. 카트만두에서 포카라까지 거리는 200km에 불과해 우리나라 교통수단으로 간다면 국도라 해도 3시간이면 도착할 거리를 7시간 동안 달린다. 그도 그럴 것이 대부분의 길이 높은 산을 넘기 위해 돌고 돌아 올라가거나, 경사가 심한 도로와 산의 옆허리에 도로를 조성해 위태로운 길을 계속 달리므로 속도를 내는 것이 무리였다.

아침 7시에 카트만두를 출발하여 오후 3시가 조금 넘어 포카라에 무사히 도착했다. 도착해서 버스에 내리자 푸른 하늘과 맑은 공기가 우리를 반겼다. 포카라에서는 그동안의 여행 피로를 풀기 위해 여유로운 일정을 잡았기 때문에 도착과 함께 700루피짜리 테라스가 있는 나름 좋은 숙소를 잡고, 네팔의 대표적인 휴양 도시에서의 시작을 자축했다.

휴식을 취한 다음 날부터 포카라에서의 모든 일정은 발로 시작해서 발로 끝났다. 교통수단을 이용하지 않고 걷다 보니 비용도 절약되고, 포카라를 더 가까이서 느낄 수 있었다. 물론 포카라의 대부분의 볼거리가 걸어서 가능한 거리에 있었고, 공기도 깨끗하고, 하늘도 맑고 청명해 걷고 싶은 마음을 일으키는 곳이었다. 숙박 시설 바로 앞에 있어서인지 발걸음이 자연스럽게 페와 호수로 향했다. 포카라가 히말라야 트레킹을 위한 전진기지라면 페와 호수는 지금까지 포카라를 살아 숨쉬게 한 포카라의 심장이다. 호수에는 곳곳에 선착장이 있고, 많은 관광객이 배를 타고 호수에 비친 히말라야 만년설을 감상하고 있었다. 일부는 호수 안에 있는 작은 섬에서 설산을 바라보는 관광을 하기도 하고, 공중에는 패러글라이딩을 즐기는 관광객들도 있었다.

오후에는 걸어서 페탈레 창고(데비스 폴)로 장소를 옮겼다. 페와 호수에서 2km 떨어진 비포장 길로 걷기에는 살짝 먼 길처럼 느껴졌지만, 포카라를 하나하나 보고 싶은 마음에 걸었다. 폭포는 기대와 달리 장대하지 않았지만 깊이가 가늠되지는 않았다. 물의 낙차로 인해 침식이 일어나 깊이 파인 지형으로 생각보다 관광객이 많았다.

페탈레 창고를 본 후 멀지 않은 거리에 있는 난민촌으로 발걸음을 옮겼다. 티베트인의 집단 정착촌인 타실링 티베탄 난민촌에는 다양한 기념품과 사원이 있어 한 번쯤 들러 볼 만한 곳이다. 800명 정도가 거주한다고 알려진 타실링 티베탄 난민촌은 생활에 필요한 모든 시설이 갖춰져 있어 난민촌이라는 명칭이 어울리지 않았다.

침식에 의해 보통의 폭포와는 달리 땅속으로 물이 들어가는 구조를 보이는 페탈레 창고

둘째 날은 샨티 수투파로 향했다. 일본 불교의 한 종파에서 세운 사찰로 세계평화의 염원을 담아 불탑을 세우고 사찰을 만들었다고 한다. 절이 위치한 곳의 전망이 환상적인데 아래로는 페와 호수와 포카라가 한눈에 들어오고, 위로는 히말라야의 눈 덮인 산과 봉우리들이 병풍처럼 장관을 이룬다. 우리가 샨티 수투파에 온 날은 날씨가 좋아 페와 호수와 히말라야가 시원하게 보였지만, 구름이 많은 날이나 안개가 덮인 날에는 멋진 장관을 볼 수 없다 하니 두 가지 장관을 만끽하려면 날씨를 알아보고 가는 것이 좋을 듯하다.

셋째 날은 빈디야바시니 사원과 일일 트레킹 코스로 좋은 사랑코트를 갔다. 빈디야바시니 사원은 살아 있는 동물을 잡아 희생제를 치르는 곳으로 파괴의 여신인 칼리를 모시는 사원이다. 매일 아침 6~8시 사이에 희생제가 치러진다 하여 그 시간을 피해 갔다. 사원을 감상하고 서둘러 사랑코트로 향했다. 2시간이면 다다를 수 있다는 설명을 듣고 출발했지만 걸음이 느린 우리는 3시간이 다 되어 도착했다. 일출을 보기 위해 새벽에 출발한 관광객들은 우리가 올라갈 때 내려오고 있

포카라의 심장 페와 호수

세계평화의 염원을 담아 세운 산티 수투파

아직까지 공사 중인 대성석가사

었다. 우리도 일출을 보고 싶었지만 새벽에 오르는 산길이 걱정 되어 낮에 오르기로 했다. 도착한 사랑코트는 야속하게도 안개로 인해 히말라야의 멋진 풍광을 볼 수 없었다.

부처의 탄생지, 룸비니

포카라에서 새벽에 출발해 10시간 동안 버스를 타고 줄 곧 달려 오후 늦게 룸비니에 도착했다. 네팔 남부 테라이 지방에 있는 룸비니는 불교의 창시자 석가모니의 탄생지로 불교 4대 성지 중 하나다. 이슬람 세력들의 불교 사원에 대한 대대적인 파괴로 흔적이 사라졌던 룸비니는 히말라야 남부 평야 지대 정글 속에 폐허로 방치되어 있었으나, 1896년 독일 고고학자인 포이러가 아소카 석주를 발견하면서 세상에 알려졌다. 부처가 태어난 룸비니는 1997년 유네스코가 세계문화유산으로 등록했다.

룸비니에는 성원 구역과 룸비니 박물관 사이에 있는 운하를 중심으로 서쪽에는 북방불교 사원이 자리하고 있고, 동쪽으로는 남방불교 사원이 자리하고 있어, 여러 국가의 대표 절이 모여 거대한 사찰촌을 이루고 있다. 한국, 중국,

나라별 고유의 사찰 양식을 살펴볼 수 있는 국제 사원 구역 안 사찰 모습

독일, 일본, 베트남 사원은 서쪽에 위치해 있고, 타이, 미얀마, 네팔, 인도, 스리랑카 사원은 동쪽에 위치해 있다.

룸비니에서는 많은 여행객들이 한국 절에서 묵는다. 이 많은 절 중에 여행객들에게 숙박을 제공하는 절은 한국 절인 '대성석가사'밖에 없다. 나도 역시 한국 절인 대성석가사에서 하루 300루피의 요금에 세끼 밥과 숙박을 제공받았다. 원래는 기부제로 운영되었으나, 숙박을 원하는 관광객이 많아 요금제로 바뀌었다고 한다.

마야데비 사원

룸비니 성원 구역 안에는 마야데비 사원과 아소카 석주, 그리고 보리수나무가 있다. 마야데비 사원 경내는 사진 촬영 금지 구역이다. 아소카 석주 바로 옆에 있는 마야데비 사원에서 부처의 탄생지라고 표시되어 있는 곳을 확인하고, 부처 탄생의 모습을 새긴 돌조각도 보았다. 돌조각 아래에는 부처가 태어난 자리임을 나타내는 발자국 조각이 새겨져 있다. 아소카 석주를 본 후 보리수로 향했다. 보리수나무 아래에서 수행하는 사람들이 보인다. 성원 구역 안에 있는 보리수나무는 부처님이 태어나신 것과는 직접적인 연관은 없다고 한다.

아소카 대왕 재위시절 룸비니를 찾아 부처가
태어난 곳을 기리기 위해 만든 석주

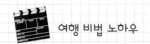 여행 비법 노하우

교통 · 숙박 · 음식

☞ 항공...대부분의 배낭여행자들은 에어인디아를 이용한다. 홍콩을 경유하긴 하지만 조금 일찍 예약을 하면 저렴하게 항공권을 살 수 있다. 그리고 타이항공의 경우는 입국 가능한 도시가 많아 시간과 여행 자금에 여유가 있다면 동남아시아의 다양한 국가와 도시를 한꺼번에 여행할 수 있다.

☞ 숙박...인도, 네팔을 배낭여행 할 때 좋은 점 중 하나는 다양하면서도 저렴한 숙소들이 많다는 점이다. 대부분의 여행자들은 게스트하우스을 이용하며, 가격은 트윈룸을 기준으로 하루 Rs 500~700 정도 생각하면 될 듯하다(2011년 기준).

☞ 음식

남인도 주식 도사   인도의 대표 음식 커리   탄두리 치킨

주요 체험 명소

1. 영화 세 얼간이로 유명한 지역인 판공초: 해발 4,000m가 넘는 곳에 아시아에서 가장 큰 염분이 있는 기수호가 있다.
2. 세계 홍차의 3대 산지인 다르질링: 시킴 왕국의 땅이었던 인도의 북쪽 히말라야 주변의 작은 마을인 다르질링은 인도 여름의 살인적 더위를 피하기 위해 영국이 초기에 개발한 휴양지이다. 설산의 아름다움을 마음껏 느낄 수 있는 다르질링에서 생산되는 차는 세계에서 가장 유명해서 '차의 샴페인'이라 부르기도 한다.
3. 마하라슈트라주의 볼거리인 엘로라 석굴사원과 아잔타 석굴사원군: 엘로라 석굴사원은 불교, 힌두교, 자인교 유적이 혼재되어 있으며, 불교 미술의 보고라고 불리는 아잔타 석굴사원은 말발굽형 계곡을 따라 동굴의 번호가 매겨져 있다.
4. 네팔 트레킹 코스: 안나푸르나 베이스 캠프 ABC, 푼힐 트레킹

1. 인도공화국 창건일 1월 26일: 델리의 대통령궁에서 붉은 성까지 퍼레이드
2. 홀리(Holi) 12~3월(음): 크리슈나 신이 고삐들과 물감이 들어 있는 풍선을 던지며 놀았던 것을 기념으로 만들어진 것으로, 인도 축제 중에 가장 격렬한 인도식 신년 축제
3. 디왈리(Diwali) 10~11월(음): 우리나라 추석에 해당하는 축제

 참고문헌

· 미란다 케네디, 송정애 역, 2012, 인도에서 살며 사랑하며, 프리뷰.
· 박혜경, 2013, 인도, 바람도 그릴 수 있다면…, 에디터.
· 이경수, 2000, 무작정 떠난 한 달간의 인도여행, 시와사람사.
· 이호선, 2012, 5만 km의 기적, 자전거 세계여행 네팔 · 인도, 21세기북스.
· 전명윤 · 김영남, 2009, 인도 네팔 100배 즐기기, 랜덤하우스코리아.
· 전명윤 · 김영남 · 주종원, 2012, 프렌즈 인도 · 네팔, 중앙books.
· 전세중, 2012, 인도여행 : 7박 8일간의 여정, 문현.

08

월남댁, 사돈의 나라

베트남

나의 사돈 나라, 베트남

동남아시아 한류의 중심지로 떠오르고 있는 베트남에 도착하면 유달리 한국과 친숙하게 느껴진다. 거리에선 한국의 음악이 흐르고, 친절하게 웃으며 한국어로 말하는 사람들을 쉽게 만날 수 있다. 한국의 드라마와 영화, 예능 프로그램에 대해 남녀노소 대부분 알고 있다. 또한 한국어 간판들과 한국 회사들의 로고들을 쉽게 만날 수 있다. 마치 시간을 이동해 한국의 1970년대로 돌아간 느낌이 든다. 거리에는 사람들로 넘쳐나고 열심히 웃으며 자신의 일을 묵묵히 하고 있다. 베트남의 거리에서는 이런 젊고 역동적인 느낌을 받을 수 있다. 가장 대중적인 교통수단인 오토바이를 타고 바쁘게 움직이는 사람들의 모습을 어디에서나 볼 수 있다. 열심히 살았던 우리 부모 세대의 모습을 그들의 얼굴에서 볼 수 있다.

우리나라 결혼 이주여성 중 중국 다음으로 많은 수를 차지하는 나라가 바로 베트남이다. 사돈의 나라, 베트남에 대해 우리는 얼마나 이해하고 있을까? 사실 동남아시아에 위치한다는 사실 이외에는 아는 게 많지 않다. 더 나아가면 1960~1970년대 베트남전쟁과 한국의 파병 그리고 최근에는 쌀국수, 월남쌈, 다문화가정이지 않을까? 나에게 베트남은 지리상으로는 머나먼 나라였다. 어린 시절 드라마와 책을 통해 베트남전쟁에 대해 알았고, 베트남에 가고 싶다는 생각이 들었다. 대

베트남 호찌민의 아침 모습.
동남아시아의 떠오르는 나라 베트남은 역동적이고 젊은 나라이다.

학 시절 첫 해외여행이자 교육 봉사활동 장소도 베트남이었다. 그리고 시간이 흘러 나의 외삼촌
은 2009년 나보다 나이가 어린 베트남 숙모님과 결혼을 하셨고, 두 아이의 아버지가 되셨다. 친척
모임에서 자라나는 두 조카를 보면서 많은 생각이 들었다. 세상의 변화를 나의 가족에서 볼 수 있
었다. 우리에게 베트남의 존재는 정말 극적인 변화이다. 1960~1970년대 베트남 파병을 통해 전
쟁을 했으며, 1992년 수교 전까지 적대국이었던 나라에서 지금은 한류의 중심지이자 연 80만 명
이상이 여행을 가는 곳이 되었다. 그리고 이제는 나의 사례처럼 우리 아이들의 고향의 나라가 되
었고, 다문화가정 아이들을 고등학교에서 만날 날이 있을 것이다. 우리 주변을 돌아보면 베트남
은 이처럼 먼 나라가 아니다. 베트남에는 아시아의 역동성과 다양성이 그대로 담겨 있다.

공존의 나라, 베트남

동남아시아와 동북아시아의 만남, 자본주의와 사회주의 만남

　베트남은 지리적으로 동남아시아 그리고 인도차이나반도의 동쪽에 위치한 나라다. 베트남을
작은 나라라고 생각하지만 한반도보다 1.5배 큰 영토를 지니고 있다. 국토의 75%는 산악 지대로
존재하고 동쪽은 남중국해와 닿아 있다. 인구도 또한 많은 나라이다. 2018년 추계 약 9,600만여

명으로 머지않아 1억 인구로 진입할 것으로 예상된다. 베트남 인구 구성의 특징은 젊다는 것이다. 인구 대부분이 청장년층에 위치하고 있다. 그만큼 경제 및 문화적으로 보면 크나큰 성장 잠재력이 느껴진다.

베트남 사회주의 공화국의 국기

남북으로 길게 이어진 베트남은 지역에 따라 기후가 다르다. 기본적으로 남부지방은 열대 몬순 기후를 지니고 있지만 북부지방은 아열대성 기후가 나타난다. 우리의 상식으로는 동남아시아 지방이기에 따뜻할 것이라고 생각할 것이다. 하지만 도시에서는 냉방 시설이 잘되어 있고, 또한 산악지방이 많이 있기에 오후와 저녁에는 서늘하다. 그리고 북부지방은 사계절이 존재하여 겨울철에 간다면 남부지방에 비해 서늘하다. 남부지방은 건기와 우기로 나뉘어 전반적으로 더운 날씨이고 강수량이 풍부하다.

남북부로 길게 늘어진 지형은 우리와 비슷한 면을 지닌다. 이러한 지형적 특징 때문일까? 식민지 지배를 겪었고 오랜 시간 동안 독립운동을 한 점도 비슷하다. 그리고 이념의 문제로 남북 분단을 겪었고 남북전쟁을 경험한 아픔은 현대사에서 공감이 된다. 여러모로 베트남은 우리와 닮아 있다.

호찌민 도시 야경의 모습은 동양의 진주라는 이름처럼 아름답다.
최근 호찌민을 중심으로 많은 고층 건물들이 생기고 있다.

베트남은 공존의 나라이다. 지리적으로는 동남아시아 지역이지만 문화적으로는 동북아시아 지역인 한국, 중국과 비슷한 점을 지니고 있다. 베트남 사람들이 가정을 중시하고 예의와 효를 중요시하는 이유는 그들 문화에 자리 잡고 있는 유교문화의 영향이다. 기타 다른 동남아시아 지역과 달리 유교사상, 효, 예의범절, 공동체 문화가 많이 남아 있기에 우리의 모습과 닮은 면이 존재한다.

공존의 모습은 사회주의와 자본주의 체제의 만남에서도 볼 수 있다. 베트남은 제2차 세계대전 이후 제네바협정을 통해 북위 17°를 기준으로 남북이 분할되어 중부지방을 기준으로 북부는 공산주의 정권이, 남부는 자유주의 정권이 자리를 잡았다. 이러한 분할은 비극을 가져왔는데, 우리가 잘 알고 있는 베트남전쟁이 일어나고 공산주의를 봉쇄하기 위해 미국이 참전하며 국제 전쟁화가 되었다. 그리고 한국군도 파병하여 자유주의 정권을 도왔다. 전쟁은 1975년 사이공이 함락되면서 끝났고, 미국은 철수했다. 베트남은 사회주의 국가로 정치는 물론 경제에서도 체제를 유지하게 되었지만, 베트남전쟁 후에도 국제적인 전쟁을 하게 되었다. 캄보디아, 중국과의 전쟁은 국민들에게 가난과 전쟁 후 후유증을 가져오게 되었다고 한다.

이후 베트남식 경제 개혁 정책으로 자본주의 시장경제체제를 도입하게 되었다. 농업 경작 부문에서 시작하여 사회 전반으로 이러한 개혁, 개방은 확대되었고, 이념과 체제를 넘어서 수교를 진행하고 해외의 적극적인 외자와 투자를 유치했다. 적대국인 미국과는 1995년 수교를 하고 교역을 넓히고 있다. 베트남은 경제체제에서는 철저히 시장경제체제를 도입하여 이를 사회주의 정치체제와 조화시키고 있다.

TIP 베트남의 미(美): 아오자이의 슬픈 이야기

아오자이는 베트남 여성의 민속 의상이다. 아오자이는 장의(長衣: 긴옷)이라는 뜻으로, 얼굴과 손발만을 제외하고 모두 감싸고 몸에 꼭 맞게 제작하여 온몸의 윤곽이 그대로 드러나는 옷이다. 아오자이를 입으면 옷 속에는 아무것도 넣을 수가 없다. 그래서 아오자이를 '모든 것은 덮되 아무것도 숨기지 않은 옷'이라고 부른다. 그러나 이 아름다운 옷에는 베트남의 역사와 관련한 아픈 이야기가 숨겨져 있다.

중국의 지배에 1,000년을 저항하며 독립을 추구한 베트남은 프랑스 식민지 시절에도 저항의식이 계속되었다. 그래서 거리의 프랑스인에 대한 살해 시도가 많았다고 한다. 이에 프랑스 식민지 지배자들은 이러한 베트남 여성들의 옷에 숨겨진 칼이나 무기를 막기 위해 개량을 하도록 하게 한다.

풍성했던 아오자이는 개량되어 옷 속에 아무것도 넣을 수가 없는 옷으로 변하게 된 것이다. 최근의 아오자이는 순백의 패션에서 벗어나 화려한 자수 무늬를 넣은 것으로 변화하고 있다. 이는 경제 개방의 효과와 경제 성장의 자신감, 젊은 여성층의 진취성이 반영되고 있는 모습을 보여 준다.

호찌민의 메린광장 주변 모습은 베트남 경제가 성장함을 보여 주고 있다.
2000년대 들어 고층 건물이 들어서고 외국계 회사들이 많아지며 세계적 도시로 성장해 나가고 있다.

베트남 여행의 1번지, 호찌민

동양의 진주, 젊고 뜨거운 도시

베트남의 행정수도는 하노이이지만, 호찌민은 베트남의 경제수도이자 중심지이다. 프랑스 식민지 시절부터 '동양의 파리', '인도차이나의 진주', '동양의 진주'로 불리며 많은 유산과 문화가 살아 숨 쉬는 공간이다. 호찌민의 원래 이름은 사이공이었다. 그렇다. 우리에게 잘 알려진 뮤지컬 작품의 배경 공간이다. 1960년대 베트남전쟁 속에서 꽃피운 베트남 여인 킴과 미군 장교 크리스의 아름답지만 비극적인 사랑 이야기를 그린 뮤지컬 '미스 사이공'의 배경이 호찌민이다. 어쩌면 어른들의 세대에게는 호찌민보다는 사이공이 친숙할 수 있다.

사이공은 통일이 된 후 베트남의 정신적 지주인 호찌민의 이름으로 변경이 된다. 호찌민은 이처럼 프랑스 식민지 시절의 유산과 베트남전쟁의 역사, 베트남 경제의 역동적인 현재와 미래를 만날 수 있는 곳이다. 그래서 베트남 여행과 공부의 일번지이다. 호찌민에는 베트남의 아픔도 있고 베트남의 인물도 있으며, 역동적인 시장도 존재한다.

호찌민의 기후는 연중으로 덥고 습한 편이다. 5~11월의 우기와 12~4월의 건기, 두 계절로 나눌 수 있다. 4월이 가장 덥고 12월의 기온이 가장 낮지만 일 년 내내 따뜻한 편이다. 수 세기 이전에도 호찌민은 이미 상업의 중심지였다. 비교적 짧은 역사에도 불구하고 호찌민에는 베트남, 중국, 유럽 문화의 특징이 함께 나타나는 다양한 형태의 아름다운 건물들이 남아 있다. 300년의 시간을 지나오는 동안 호찌민에는 고대 건축물, 유명한 유적들과 명소들이 남아 있는데, 베트남의 북부와 남부 문화와 전통들이 조화를 이루는 모습은 주목할 만한 특성이라 할 수 있다.

호찌민 거리에서 파리를 만나다

여기 가까이 있는 호찌민에서 파리를 만날 수 있다. 호찌민은 관광할 곳이 모여 있는 편이라 초행이어도 둘러보기 편하다. 운동화를 신고 뚜벅이족이 되어 프랑스 근대 건축물들을 감상하고 시장에 들러 베트남의 현재의 모습을 구경할 수 있다. 길을 헤맬 걱정은 하지 않아도 좋다. 지도가 있다면 도로명이 나오고 반듯한 길이기에 쉽게 찾아 다닐 수 있다. 천천히 주변을 감상하며 길을 걷다 보면 백 년 전의 프랑스 식민지 시대에 와 있는 것 같은 느낌을 준다. 이 그유는 각종 관공서와 교회, 오페라 극장, 대형 호텔 들이 모두 프랑스 건축가들에 의해 설계되었기 때문이다.

'동양의 파리'라고도 불리는 이 도시의 대로들은 센강 위의 도시, 파리의 거리와 비슷한 모습을 하고 있다. 프랑스 식민지 시절에 지은 유서 깊고 아름다운 뛰어난 건물들, 통일궁, 호찌민 시청, 시민극장, 호찌민 우체국, 노트르담 성당이 시내 중심가에 위치하고 있다. 통일궁은 역사적 명소로, 과거의 대통령 관저이다. 부드러운 노란색 벽면과 흰색 기둥이 붉은 지붕 아래서 묘한 대비를 이루는 인민위원회청사는 프랑스에 의해 1908년 완공됐으며, 식민 시절에는 시청으로 쓰이다가 1975년 베트남 통일 이후에는 인민위원회청사로 사용되고 있다. 이곳에서는 역사적인 인물 호찌민 동상이 기다리고 있다. 호텔 마제스틱 같은 건축물들은 프랑스령 식민지 시대까지 거슬러 올라가는 유서 깊은 건물이다. 이처럼 호찌민은 파리의 낭만과 여유를 닮아 있다. 시간이 있다면 거

시민극장은 1898년 프랑스인들이 오페라하우스로 만들었다.
이후 베트남전쟁 때는 국회의사당으로, 통일 이후에는 시민들을 위한 문화 공연장으로 활용되고 있다.

호찌민 중앙우체국

성모 마리아 성당

리를 걸으며 그리고 커피숍에서 향이 깊은 베트남 커피를 마시며 풍경을 감상해도 좋다.

호찌민 시내 거리 관광의 마지막 종착지는 벤탄 시장이다. 한국으로 예를 들면 남대문 시장이라고 할 수 있다. 베트남의 과일부터 잡화까지 모든 것을 파는 곳이다.

호찌민, 그는 베트남 그 자체이다

호찌민 시의 중심에는 물론 인물 '호찌민'이 존재한다. 베트남의 화폐에도 호찌민이 있으며, 시청과 의사당에서뿐만 아니라 학교에서도 그리고 건물 곳곳에서도 호찌민의 사진과 동상들을 만

인민위원회청사의 소녀를 안고 있는 호찌민 동상의 모습

날 수 있다. 베트남 국민에게 호찌민은 베트남 그 자체이다. 이는 베트남 사람들의 자부심인 독립과 자유, 그리고 청렴함과 검소함은 호찌민과 닮아 있기 때문이다. 호찌민 시를 넘어 베트남을 이해하고 다가가기 위해서는 인물 호찌민을 만나고 가야 할 것이다. 그리고 거기에서 프랑스 식민지 시절의 독립운동과 아픔의 베트남전쟁을 만날 수 있다.

베트남의 화폐의 앞면은 모두 호찌민으로 그려져 있다.

전쟁 박물관과 호찌민 박물관에 가면 그를 만나 볼 수 있다. 먼저 전쟁 박물관에서 독립운동의 시기와 베트남전쟁에 대해 알아볼 수 있다. 이곳에서는 베트남전쟁 때 사용되었던 미군 장갑차와 대포, 폭탄 등 전쟁 유물과 사진을 통해 베트남전쟁의 잔혹성을 말해 주고 있다. 박물관에는 전쟁의 참상에 관한 내용들이 가득하며 고엽제 피해자들에 관한 끔찍한 사진도 전시되어 있다. 베트남전쟁에 대해 후대에 교육하고자 전쟁의 모습을 잘 전시하고 있다.

박물관에 있는 젊은 청년 시절 호찌민의 모습

다음으로 호찌민 박물관이다. 이곳은 시내에서 조금 떨어져 있기에 여행객보다는 현지인들이 많이 찾는 곳이다. 여기에는 호찌민 주석의 사진과 기념품 등이 전시되어 있다. 박물관 건물은 1863년 세관 건물을 개조해 지었다. 전시물이 많은 것은 아니지만, 호찌민의 발자취를 더듬어 볼 수 있다.

호 아저씨, 권력의 중심에서 인민을 외치다

베트남 국민들은 인물 호찌민에 대해 어떻게 평가하고 있을까? 베트남 국민들은 그를 베트남을 독립으로 이끌고 통일을 이룩한 국부로 여긴다. 하지만 높이 있는 국부가 아닌 옆집 아저씨로도 느끼고 있다. '호 아저씨(Bac Ho)'는 그의 애칭이다. 베트남 현지 가이드들은 호찌민 주석님이라고 말하지 않는다. '호 아저씨께서는 이곳에서 이런 일을 하셨습니다.'라고 말하며 설명을 한다. 그들에게 호찌민은 항상 낮은 곳을 향하여 손을 내민 옆집 아저씨처럼 편하고 따뜻한 존재이기

1954년 프랑스와의 전투를
지휘하고 있는 호찌민의 모습

때문이다. 베트남이 아직은 경제적으로 가난한 나라이지만 자부심이 강한 이유는 그들 가슴에 호찌민이 있기 때문이다.

호찌민은 젊은 시절 프랑스, 미국, 영국을 거치며 선진 문물을 경험하고 베트남 독립을 위하여 공산주의 노선을 선택하였다. 이후 베트남혁명청년동맹을 결성하여 국제 공산주의 활동을 하였고, 안에서는 프랑스에 대항하여 독립운동을 진행했다. 그러나 그들도 쉽게 독립을 쟁취하지는 못했다. 제2차 세계대전을 겪으며 베트남은 일본의 식민지가 되고, 일본의 패망 이후 독립을 추구하게 된다. 하지만 연합국의 지위에 있던 프랑스는 쉽게 독립을 허용하지 않았다. 호찌민은 1945년 9월 2일 바딘 광장(하노이)에서 직접 작성한 독립선언서를 공포하고 베트남의 독립을 외치게 된다.

그러나 베트남 독립은 사실상 반토막이 되고 말았다. 1954년 제네바협정에 의해 북위 17° 선을 경계로 남북으로 갈라지게 된 것이다. 이제 호찌민의 열정은 독립이 아니라 통일 쪽으로 향했지만, 통일 또한 미국이나 프랑스 등의 열강으로부터 진정으로 독립하는 것이었다. 호찌민은 전쟁이 한창 중이던 1969년 9월 초 독립기념일 즈음에 숨을 거두게 된다.

호찌민은 베트남 초등학생들도 아는 "자유와 독립만큼 귀한 것은 없다."라는 말을 남기게 된다. 이후, 베트남은 미국 및 베트남 정권과의 베트남전쟁을 승리하고, 1976년 드디어 통일된 베트남 사회주의 인민공화국을 건설하게 된다.

평생 독립과 전쟁통에서 전투복과 옷 몇 벌만을 가지고 생활하였던 호찌민은 유언장에서 "내가 죽은 후에 웅장한 장례식으로 인민의 돈과 시간을 낭비하지 말라. 내 시신은 화장해 달라."라고 말했다. 호찌민 박물관에 "의외로 볼 게 없다."라고 말할 수 있다. 그가 왕과 황제처럼 남긴 유물이 많지도 화려하지 않기 때문이다.

다시 만나요, 호찌민

호찌민과 작별 인사를 하며 해야 할 일이 두 가지 있다. 바로 시클로를 타고 호찌민의 옛 거리를 다니는 것과 사이공강에서 유람선을 타고 호찌민 야경을 가슴에 담는 일이다. 시간을 내서 베트남에 온 만큼 이 두 가지는 해 볼 가치가 있다. 시클로를 타며 빠르진 않지만 여유를 가지고 눈높이를 맞춰 호찌민 거리를 바라볼 수 있었다. 호찌민 여행의 마지막은 역시 유람선을 타고 동양의 진주 호찌민의 야경을 담는 것이다. 상쾌한 강바람을 맡으며 호찌민에게 말을 걸 수 있을 것이다.

호찌민의 야경은 왜 이곳이
동양의 진주인지 알 수 있게 해 준다.

사람의 힘으로 움직이는 시클로를 타며
사이공 시절의 옛 정취를 느낄 수 있다.

"우리 다시 만나요! 호찌민!"

사람 잡는 구찌 터널과 신비로운 메콩 델타로의 초대

이제 호찌민의 도시에서 벗어나 차로 2시간가량 이동하면 구찌(Cu Chi) 터널을 만나러 갈 수 있다. 호찌민에서 70km 떨어져 있으나 대중교통이 불편하여 투어를 이용해 이동하는 것이 낫다.

도착하여 투어에 참여하다 보면 새로운 지하세상, 호빗족이 살았을 만한 세상을 만날 수 있다. 그리고 베트남 사람들의 끈기와 저력을 만날 수 있다. 과거 이곳은 이들에게 아픈 역사이지만 지금은 소중한 관광자원이며 자부심의 역사 문화공간이다.

베트남 사람들이 땅굴을 파기 시작한 것은 1948년 전후이다. 프랑스에 대항하여 독립운동을 하기 위해 지하 1층의 구조로 땅을 파기 시작했다. 프랑스와의 독립전쟁이 끝나고 베트남전쟁이 시작되자 이곳은 베트콩의 게릴라전을 위한 공간으로 활용된다. 무차별 융단 폭격에도 이들은 누그러지지 않고 무려 250km 땅굴을 팠고 지하로는 8m 이상으로 들어가게 되었다. 엉금엉금 기어서 땅굴을 지나가다 보면 몸으로 베트남전쟁을 느낄 수 있다. 중간중간에 함정과 미로가 있기에 가이드의 안내를 받아 지나가야 한다. 그들의 체구는 비록 작지만 얼마나 끈기 있는 사람들인지 알 수 있다.

구찌 땅굴은 토질이 연해서 팔 때는 쉽지만 파고 나서 공기와 접촉하면 딱딱하게 시멘트처럼 굳어 땅굴이 쉽게 무너지지 않았다고 한다.

장구히 흐르는 메콩강은 여러 나라의 젖줄이다. 메

메콩 델타 지역
수상생활의 모습

콩강이 발원하는 지역은 중국의 티베트 고원으로 알려져 있다. 라오스와 타이, 캄보디아를 거쳐 베트남을 최종 기착지로 하는 메콩강 베트남에서 마지막 220km를 흐른다. 이 신비로운 메콩강은 베트남의 하구에 마지막 선물을 내려놓는데, 바로 델타(delta, ⊿)이다. 우리말로는 삼각주로 잘 알려져 있다. 메콩강 델타에 도착하면 푸른 하늘과 열대수 밑 황토색의 광대한 강을 만날 수 있다. 메콩 델타 크루즈를 하며 남국의 이색적인 정취를 느낄 수 있다.

이러한 삼각형의 지형이 만들어지는 기본적인 이유는 삼각주 지역에서 퇴적되는 막대한 양의 토사로 인해 기존의 물의 흐름이 반복적으로 꺾이고 우회하기 때문이다. 삼각주는 지속적인 물과 토사의 공급으로 기름진 땅을 유지할 수 있으며, 이로 인해 풍부하고 다양한 동식물을 수용하고 있다. 메콩 델타 지역은 상류에서 운반된 비옥한 흙으로 쌀농사에 적합해 쌀의 곡창지가 되고 있다. 베트남 전체 인구 중 30% 정도가 메콩 델타에 살고 있지만 생산되는 쌀은 베트남 전체의 60%를 넘어서고 있다. 그뿐만 아니라 다양한 동식물과 함께 많은 과일이 생산되는 곳이기도 하다.

천년고도 하노이에서 역사와 문화에 취하다

천년고도 하노이는 정치, 역사의 중심지이다. 또한 천년의 문화를 지니고 있는 아름다운 호수와 강의 도시이다. 근현대의 중심지인 호찌민과는 다르게 고대부터 이어져 온 전통과 현대의 조화가 있는 도시이다. 하노이에서 베트남의 향기를 맡을 수 있다. 그리고 역사와 문화를 이해할 수 있다. '하노이(Hanoi)'라는 이름은 '강 안의 땅'이라는 의미로, 그 말처럼 이 도시에는 18개의 아름다운 호수가 있다. 그중에서도 호안끼엠 호수, 떠이 호수, 하노이의 폐라고 할 수 있는 쭉박 호수 등이

호안끼엠 호수에서 하노이의 여유를 느낄 수 있다.
주변의 푸른 숲에서는 여유로운 나날을 즐기는 사람들의 모습과 결혼식 촬영을 하는 신혼부부를 볼 수 있다.

대표적인데, 이들 호수는 이 지역의 상징이 되는 푸른 숲으로 둘러싸여 있다.

호안끼엠 호수는 남북으로 길게 이어진 호수로 베트남의 역사의 전설을 담은 호수이다. 15세기 레 왕조를 세운 레로이는 호수에서 건져 올린 명검으로 명나라의 대군을 물리치고 나라를 지켰다고 한다. 그 뒤 승전보를 알리기 위해 이 호수를 다시 찾았는데, 호수 밑에 있는 거북이 다시 명검을 물고 돌아갔다고 한다. 이 전설을 따라 "검을 다시 돌려줬다."라는 뜻의 호안끼엠으로 불리고 있는 것이다. 명검을 다시 가져간 거북은 이제 호수의 중앙에 탑으로 남아 하노이 시민들의 쉼터로서 사랑을 받고 있다. 호수의 이름으로 볼 수 있듯이 하노이의 역사는 곧 베트남의 독립의 역사와 맞닿아 있다. 깊은 전설을 지닌 이 호수는 이제 시민의 품에서 사랑받는 곳이다.

호수에서 시원한 바람을 맞으며 여행의 피곤을 날렸다면 이제 대성당을 보며 차 한잔하는 시간을 가져 봄도 좋을 것이다. 프랑스 식민지 지배 시절 세워진 성당으로 주변에는 근사한 카페와 아기자기한 물건을 파는 가게들이 많이 있다. 네오고딕 양식으로 세워진 이 건물의 참 아름다움은 강렬한 빛이 들어오는 스테인드글라스 장식이다. 성당 안에서 스테인드글라스를 바라보면 유럽의 어느 성당에 와 있는 착각을 그리고 성스러움을 느낄 수 있다.

하노이에서 베트남의 향기, 열대의 뜨거운 커피를 만나다

이제 성당을 구경했다면 성당 주변의 어느 카페에서 베트남 커피의 진한 향기를 느낄 시간이다. 하노이 주변의 중부 산간지역 일대에서 생산되는 커피는 매우 높게 평가되고 있으며, 커피 생산국인 만큼 커피가 흔하고 가격도 저렴하다. 그래서 하노이의 마트에 들어가 보면 저렴한 가격의 커피가

베트남의 전국 체인을 가진 커피숍

우리를 기다리고 있다. 열대의 강렬한 햇빛을 담은 베트남 커피는 진하게 마시는 것이 보통이다. 베트남 커피의 또 하나의 특징은 설탕과 프림 대신 연유를 넣어 마신다는 점이다. 너무 달게 느껴질 수도 있으나 연유와 함께 마시는 진하고 달콤한 커피는 마실수록 그 맛을 잊을 수가 없다.

식당이나 커피숍에서 커피를 주문하면 즉석에서 커피원두를 우릴 수 있도록 알루미늄 필터를 커피잔 위에 올려 주는 것이 보통이다. 알루미늄 필터 안에 원두가루를 넣고 뜨거운 물을 넣어 천천히 커피가 떨어지도록 하는 것이다. 커피 향을 음미하며 알루미늄 필터에서 커피가 걸러지기를 여유롭게 기다리는 시간이 즐겁다. 한국에서 커피숍에서 마시는 풍경과는 다른 모습이다. 조금만

기다리면 베트남의 문화와 역사처럼 깊은 향을 지닌 커피를 만날 수 있다. 냉커피를 마시고 싶으면 이렇게 걸러진 커피를 얼음이 담긴 컵에 붓고 커피가 차가워지기를 기다리면 된다. 커피는 어디에서나 쉽게 접할 수 있으며, 특히 전국적인 체인점을 가지고 있는 커피숍에서는 다양한 커피를 마셔볼 수 있다.

이제 신발 끈을 고쳐 매고 10분 정도 다시 호수 방면으로 걸으면 옥산사당에 도착할 수 있다. 이곳 역시 중국으로부터 독립을 지켜 내기 위한 역사의 인물을 모신 곳이다. 하노이는 이처럼 곳곳에 중국과의 전쟁에서 베트남의 자주를 지키기 위한 흔적들이 남아 있다. 이 사당은 대륙을 호령했던 원나라를 막아 낸 쩐흥다오를 기리기 위한 사당이다. 또한 더불어 학문의 신, 전투의 신, 의술의 신 등을 같이 모시고 있다. 유교과 도교의 영향으로 베트남 사람들은 오래전에 돌아가신 조상들도 그 영혼이 후손 곁에 함께 머문다고 믿는다. 무엇보다도 이곳이 베트남 사람들에게 유명한 이유는 전설 속의 거북을 만날 수 있기 때문이다. 1968년 발견한 길이 2m, 무게 250kg의 거북의 박제는 하노이 자주 독립의 역사를 지닌 거북처럼 보이기 때문이다. 사실인지 전설인지 알 수 없지만 이곳에서 다시금 베트남의 강렬함, 베트남인의 끈기와 근성을 만날 수 있다. 그리고 우리들의 역사를 상기하며 공감할 수 있다.

시간의 여유가 있다면 호아로 수용소에 가보는 것도 하노이의 역사를 만날 수 있는 좋은 기회이다. 호아로 수용소에서는 우리의 서대문 수용소처럼 프랑스 식민지 지배 시절 독립 투사 및 포로들에게 자행했던 고문의 흔적을 볼 수 있다. 이곳을 문화유산으로 보호하고 있는 것은 식민지 시절을 잊지 말고 기억하기 위함이다. 거리는 멀지만 베트남과 우리의 모습이 비슷한 점이 많다는 것을 다시 알 수 있는 공간이다.

하노이 2일차 여행 키워드, 호찌민과 유교

하노이 여행은 호수로 시작하여 호수로 끝난다. 그만큼 수도 하노이에는 신이 내린 선물인 호수가 참 많다. 아침부터 저녁까지 색다른 풍경을 지니고 있는 떠이 호수도 역시 베트남의 역사와 문화를 담고 있다. 특히 유교로부터 호찌민까지 베트남 사람들의 정신을 담고 있는 중요한 공간이다. 호수의 아름다움을 느끼며 발걸음을 옮기며 공자와 호찌민을 통해 베트남 사람들의 정신과 의식을 이해할 수 있다.

문묘는 1070년 공자를 모시기 위해 지은 역사적 건물로 공자묘라고도 한다. 녹음이 무성한 경내에는 매우 조용하고 차분한 분위기가 흐른다. 이곳은 우리의 성균관처럼 베트남 최초의 대학이 있었던 곳이다. 중국에서 시작한 유교는 자연스럽게 베트남에 흘러 지금도 베트남 사람들의 정신으로 남아 있다. 베트남 유교의 시작이요 불꽃이 이 문묘이다. 이 문묘에는 1442년부터 300년간 과거 시험에 합격한 사람들의 이름을 새긴 거북 머리의 대형 비석이 있는데, 교육을 중요시하는 베트남 사람들의 인기 명소이다. 여유롭게 문묘를 걸으며 우리 서원, 문묘와 비교해 보는 재미를 느낄 수 있다. 문묘에서도 베트남이 우리와 참 많이 닮아 있음을 알 수 있다.

호찌민 관저. 2층 구조의 집에는 작은 나무 책상, 라디오, 시계 등 호찌민이 지낸 소박하고 검소한 모습을 볼 수 있다.

이제 공자로 시작한 베트남 유교를 만났다면 베트남의 근대와 현대를 흐르는 호찌민을 만날 시간이다. 그 시작은 호찌민 묘소이다. 이 묘소는 베트남전쟁이 끝난 1975년 9월 2일 건국기념일에 맞춰 조성되었다. 입장료는 없으나 귀중품 이외의 모든 물건을 맡기고 가야 한다. 베트남의 상징인 호찌민이 잠든 곳이기에 민소매나 반바지 차림으로 들어갈 수 없다. 또한 사진 촬영도 허락되지 않는다. 다소 긴장되는 순간이지만 책에서만 만나 본 현대사의 거인 호찌민 아저씨를 만날 수 있는 순간이다. 호찌민은 유리관에서 늘 그렇듯 온화한 모습으로 평온하게 우리를 맞이하고 있다. 베트남 사람들의 자부심의 근원인 호찌민을 직접 볼 수 있다는 것으로 하노이에 온 충분한 보상을 얻을 수 있을 것이다.

호찌민 묘소를 나오면 바딘 광장이 우리를 반기고 있다. 이곳은 1945년 호찌민이 베트남 독립선언서를 낭독한 곳이다. 우리로 생각하면 기미독립선언서를 낭독한 탑골공원과 비슷한 곳이다. 이러한 호찌민과 관련한 공간이 2곳이 더 있는데 호찌민 관저와 호찌민 박물관이다. 이곳에서 호찌민과 관련한 역사와 함께 베트남의 근현대사를 공부할 수 있다.

베트남 문화 200배 즐기기! 수상 인형극도 보고 담백한 음식 맛도 느끼고!

하노이에서 꼭 해야 할 것이 있다면 전통 예술 공연인 수상 인형극을 보는 것이다. 공연을 보며 베트남의 전설과 역사를 만나는 것은 발로 학습한 것을 다시금 복습하는 기회이다. 수상 인형극은 굉장한 인기가 있기에 여유를 두고 표를 구해야 한다. 현장에서 표를 구하겠다고 마음을 먹는다면 아마도 구하기 어려울 것이다. 들어온 순서대로 입장하기에 앞에서 관람하고 싶다면 미리 가서 기다리는 것도 하나의 방법이다. 비디오와 카메라로 마음껏 사진을 촬영할 수 있으니 사진으로 남겨도 좋은 추억이 될 것이다.

수상 인형극의 시작은 하노이의 역사처럼 길다. 천 년 전부터 시작한 전통이 재해석되어 지금의 관광 상품으로 남아 있다. 하노이처럼 베트남의 북부는 덥고 습기가 많은 동네이다. 또한 하노이는 호수와 강이 많은 동네이다. 이러한 동네에서 농민들은 수확의 축제 때 호수나 강에서 무대를 꾸미고 공연을 하면서 기쁨을 나눴다고 한다. 그것이 왕조에 전해져 궁중예술로 발전하게 되었고, 지금에 와서는 베트남의 전통 이야기를 담

동남아시아의 다른 나라에서도 수상 인형극을 하지만 베트남의 수상 인형극은 역사와 전통문화를 담고 있는 공연이다.

아 많은 관광객들에게 베트남을 알리는 문화 공연으로 되었다. 사람들이 잠수하여 인형을 조종한다고 생각하지만 사실은 얇은 장막 뒤에서 허리 정도까지 잠겨서 공연을 진행한다. 혼탁한 물은 사람들의 모습을 보이지 않게 하기 위한 장치이다. 이 수상 인형극에는 농민, 어린아이의 모습과 거북, 용, 불사조 등 베트남 전설 속의 동물들이 등장하며 전통을 노래한다. 말이 통하지 않아도 눈으로 보고 귀로 음악을 들으며 60분 동안 베트남의 문화의 호수에 빠질 수 있다

이제 진정 베트남의 맛을 느낄 시간이다. 베트남의 음식은 우리에게 많이 친숙하다. 또한 내륙과 바다의 풍부한 산물로 싱싱한 음식을 만날 수 있다.

우리나라에서도 인기 있는 베트남 쌀국수 퍼(Pho)는 세계적으로도 각광받고 있는 대표적인 베트남 음식이다. 물론 베트남 사람들도 퍼에 대한 사랑이 아주 각별해 전국 어느 곳에서나 퍼를 파는 식당을 쉽게 만날 수 있다. 활기찬 베트남의 시장에서 우리나라의 10분의 1도 되지 않는 가격으로 즐기는 오리지널 퍼의 맛은 설명으로 다 할 수 없을 정도다. 퍼 맛의 비결은 역시 사골을 우린 국물과 쌀로 만든 국수, 싱싱한 야채에 있다. 어떤 재료로 어떻게 요리하느냐에 따라 그 맛이 많이 다르기 때문에 퍼를 맛있게 하는 식당을 찾아 다녀 보는 것도 여행의 큰 즐거움이 된다.

라이스페이퍼라 불리는 반짱(Banh Trang) 역시 베트남 음식에서 빼놓을 수 없는 명물이다. 우리나라에서도 월남쌈이라고 해서 각종 해산물을 육수에 데치고 이 반짱에 야채와 함께 싸먹는 음식이 유명하다. 반짱은 쌀가루를 물에 넣고 걸쭉하게 끓여 낸 후 그 쌀물을 종이처럼 펴 햇볕에 말린 것이다. 만드는 과정에서 대나무판에 붙여서 말려 내므로 보통 대나무살 체크무늬가 새겨진다. 반짱을 이용한 대표적인 요리로는 월남쌈이라고 불리는 고이꾸온(Goi Cuon), 스프링 롤인 짜조(Cha Gio) 등이 있다. 또, 넴잔(Nem Ran)은 스프링 롤의 일종으로 튀김 요리이다.

신선놀음의 결정판, 세계자연유산 할롱베이

할롱베이는 신선놀음의 결정판이다. 신선이 내
려와 배를 띄우며 노래하고 놀았을 법한 풍경이 나
타난다. 맑은 하늘 아래 기암과 동굴 그리고 바다
는 우리에게 가슴 뭉클함을 선물한다. 평소 자연을
사랑하는 한국 사람들이 특히 많이 찾는 이유는 그
때문일 것이다. 이곳에 도착하면 한국 사람들이 많

은 것에 놀라고 현지인들이 한국말을 능숙하게 잘하는 것에 또 놀랄 것이다. 천천히 할롱베이의
풍경을 가슴으로 눈으로 담아 가자.

'할롱'이란 하늘에서 내려온 용이라는 의미이다. 할롱베이라는 지명은, 바다 건너에서 쳐들어온
침략자를 막기 위해 하늘에서 용이 이곳으로 내려와 입에서 보석과 구슬을 내뿜자, 그 보석과 구
슬들이 바다로 떨어지면서 갖가지 모양의 기암이 되어 침략자를 물리쳤다고 하는 전설에서 유래
하였다고 한다. 대부분의 섬들은 그 척박한 자연환경 때문에 사는 사람도 찾는 사람도 거의 없는
무인도이지만, 많은 종류의 포유동물과 파충류, 조류가 서식하고 다양한 식물이 존재한다.

할롱베이가 이처럼 절경을 만든 것은 석회암 카르스트 지형의 효과이다. 이는 오랜 시간 동안
침식되면서 만들어진 자연의 선물이다. 석회암으로 이루어진 섬들에는 석회암 동굴이 있는 곳이
많다. 수억 년의 세월에 걸쳐 석회를 머금은 물은 천장으로부터 종유석을 흘려 내려보내고 바닥
에서는 석순을 쌓아 올렸다. 이러한 동굴들을 감상하면서 치유됨을 느낄 수 있다. 석회암 구릉 대
지가 오랜 세월에 걸쳐 바닷물과 비바람에 침식되어 기암을 이루었고, 그 자태 또한 에메랄드빛
의 바다와 잘 어우러져 있다. 숨겨진 비밀을 간직한 채 절벽을 이루고 있는 섬들, 환상적인 동굴,
태양 빛의 변화에 따라 모습과 빛깔을 미묘하게 바꾸며 비경을 뽐내고 있다.

다양한 지형으로 절경이 펼쳐지는 할롱베이

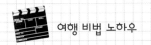 여행 비법 노하우

☞ 항공...한국에서 베트남으로 가는 항공편은 많이 있으며, 인천 국제항공에서 출발한다. 베트남에서 국내 항공은 주로 하노이와 호찌민의 구간을 이용한다. 베트남 국내 항공은 베트남항공, 젯스타항공, 에어메콩, 젯에어 항공 등이 있다.

☞ 기차...국영인 베트남 열차의 철도는 대부분 단선 노선이다. 그래서 옛날 우리의 기차의 정취를 느낄 수 있다. 느림의 미학을 느끼고 싶다면 베트남에서 기차를 타 보는 것도 나쁘지 않다. 한국의 1960~1970년대의 모습을 만날 수 있다.

☞ 음식
1. 스프링 롤: 흔히 월남쌈이라고 부르는 음식이다. 가장 기본적인 베트남 요리로 우리에게 친숙하게 알려져 있다. 넴잔(짜요)은 당면과 다진 고기, 버섯을 다져 넣어 튀긴 음식이다. 고이꾸온은 라이스페이퍼에 새우와 돼지고기, 채소 등을 넣어 싼 음식이다.
2. 수프(찌개): 열대 지방이지만 밥을 주식으로 하기에 뜨거운 국물과 밥을 먹는 문화가 있다. 특히 저녁에는 전골 요리를 사 먹는 가족들의 모습을 많이 볼 수 있다. 해산물과 생선 등 채소와 함께하는 전골 요리가 많이 있다. 그중 가장 대중적인 음식은 깐쭈어이다. 이것은 생선 소스와 토마토, 파인애플을 넣어 시큼하며 단맛을 내는 국물 요리이다.
3. 국수: 베트남의 길거리에서 점심, 저녁에 쌀국수로 한 끼 식사를 하는 모습은 낯설지 않다. 쌀국수는 면발의 굵기에 따라 구분된다. '퍼'는 넓적한 국수, '분'은 가는 면발을 의미한다.
4. 밥: 많은 곡창 지대가 존재하는 베트남에서는 쌀을 주식으로 하며, 볶음밥, 덮밥 등 다양한 형태로 밥 요리를 한다. 다만 한국과 다른 점은 베트남에서는 밥을 먹을 때 숟가락을 사용하지 않는다. 숟가락은 국물을 먹을 때 사용하고 밥을 먹을 때는 젓가락만 사용한다.

참고문헌

· 김영순 · 응웬반히에우 외, 2013, 베트남 문화의 오디세이, 북코리아.
· 김영웅 · 남기만, 2008, 5억 아시아 황금시장의 중심, 베트남 이코노믹스, 한국경제신문사.
· 김이은, 2013, 베트남의 호 아저씨 호찌민, 자음과모음.
· 송정남, 2013, 베트남 사회와 문화 들여다보기, 한국외국어대학교출판부.
· 안진헌, 2012, 프렌즈 베트남 앙코르왓, 중앙books.
· 임홍재, 2010, 베트남 견문록, 김영사.
· 최병욱, 2008, 최병욱 교수와 함께 읽는 베트남 근현대사, 창비.

09

시간마저 멈추어 버린 꽃의 나라

라오스

인도차이나 반도를 구성하는 동남아시아 국가 중에 유일하게 내륙에 자리 잡은 라오스는 유명한 문화유산을 품고 있는 타이, 베트남, 캄보디아에 비해 상대적으로 덜 알려져 있다. 그 때문인지 최근에는 순수하고 때묻지 않은 모습에 매력을 느낀 여행자들의 발길이 부쩍 늘어났으며, 관광지로서의 유명세를 톡톡히 치르게 되었다.

대부분의 여행자들이 그렇듯 내가 라오스를 선택한 이유도 덜 알려진 나라에 대한 호기심 때문이었다. 처음 라오스를 가게 되었을 때에는 지금처럼 많이 알려지지도 않았고 라오스의 수도인 비엔티안으로 가는 직항이 없었기 때문에 베트남을 경유하는 방법으로 여행을 계획하였다. 그로부터 2년 반이 지난 후, 다시 라오스를 여행지로 정했을 때에는 인천에서 비엔티안으로 가는 직항을 이용하여 보다 편하게 여행할 수 있게 되었다. 편리해진 만큼 여행자들에게 많이 알려지면서 그 매력이 사라질까 걱정이 되는 마음과 함께.

거리에서 승려들을 자주 볼 수 있다.

석회 성분이 포함되어 에메랄드빛을 보여 주는 계곡.
비가 많이 온 후 계곡을 찾는다면 이런 빛깔을 볼 수 없을지도 모른다.

　우리가 라오스라고 알고 있는 이 나라의 정식 명칭은 라오인민민주공화국이며 수도는 비엔티안이다. 동쪽으로 베트남, 남쪽으로 캄보디아, 서쪽으로 타이, 북서쪽으로 미얀마, 북쪽으로 중국과 국경을 접하고 있으며, 면적은 약 23만 6,800km²으로 우리나라의 2.4배 정도이다. 인구는 약 696만 명(2018년 추계)으로 우리나라의 7분의 1 정도로, 라오족이 인구의 50%를 차지하고 있으며, 랴오퉁 22%, 랴오숭 9%, 베트남계 1%로 공용어는 타이어와 유사한 라오스어이다. 여행지를 다니다 보면 느끼겠지만 종교는 전체 인구의 약 95%가 소승불교를 믿고 있어 어디서나 승려들의 모습을 볼 수 있고, 나머지는 토착 종교를 신봉한다.

　열대 몬순 기후로 연평균 기온은 28℃이다. 가장 기온이 높은 달은 4월로 평균 기온은 38℃이고, 가장 기온이 낮은 달은 12월로 평균 기온은 15℃ 정도이다. 5~9월은 스콜성 집중호우가 자주 내리는 우기이며, 연평균 강우량이 약 2,045㎜ 정도가 된다. 반면 10~4월은 건기인데, 특히 12월과 1월에는 비가 거의 내리지 않아 여행하기에 가장 좋은 시기이다. 라오스 여행 계획을 세우다 보면 적어도 한 번은 폭포나 계곡이 포함되는데, 석회 성분이 포함된 에메랄드 빛깔의 계곡을 보고 싶다면 비가 많이 오지 않는 시기에 가야 실패할 확률이 적다. 물론 우기에도 운이 좋다면 그 빛깔을 볼 수도 있다.

프랑스 식민지로서 존재하던 가슴 아픈 역사를 지니고 있지만, 그 때문인지 라오스, 특히 루앙프라방의 빵 맛은 프랑스에 버금갈 만큼 맛있다고 한다. 아시아에서 가장 맛있는 빵을 먹을 수 있는 곳이라고 할 만큼 바게트, 샌드위치 등은 라오스의 전통 음식과 함께 꼭 맛보아야 할 먹을거리 중 하나가 되었다.

라오스 여행의 거점 도시, 라오스의 수도 비엔티안

우리는 국내에서 생긴 지 얼마 되지 않은 라오스 직항 노선을 이용하여 비엔티안으로 입국했지만, 마지막 날에는 다시 비엔티안으로 와야 하기 때문에 첫날 하루만 머물고 바로 방비엥으로 이동하기로 계획했다.

공항에 내리니 밤이 되었고, 우리는 택시를 타고 미리 예약해 둔 숙소로 이동했다. 공항에서 만나 택시를 같이 타게 된 다른 여행자분과 이야기를 하다가 그 근처 로컬 호텔로 예약했다는 이야기에 우리도 현지인이 직접 운영하는 로컬 호텔을 이용하기로 했다.

라오스에서의 첫째 날 아침, 방비엥으로 떠나기 위해 간단히 짐을 정리하고 아침을 먹으러 여행자 거리로 나섰다. 친구와 나는 동남아시아를 여행할 때 빼놓을 수 없는 열대과일 주스를 주문하

TIP 라오스 여행을 위한 항공 및 교통

지금은 우리나라 저가항공에도 라오스로 가는 직항이 있어 저렴하고 편리하게 이동할 수 있지만, 해당 항공권을 구하기 어렵거나 고가의 항공편만 남았다면 경유하여 여행하는 방법을 선택할 수도 있다. 베트남 하노이를 경유하여 라오스의 유명한 관광도시인 루앙프라방으로 입국하는 방법은 내가 처음 라오스를 여행할 때 이용했던 방법이다.

시간적 여유가 있어 동남아시아의 여러 나라를 여행하려 계획한다면 타이로 들어가는 항공편을 이용하여 타이 여행을 한 후 버스로 라오스로 이동하는 방법도 있다. 주로 치앙마이나 치앙라이 등 북부 도시에서 버스로 루앙프라방으로 이동을 하거나, 방콕에서 버스로 타이 내의 남부 도시로 이동하다가 라오스의 남부에 위치한 도시인 팍세로 들어가기도 한다. 굳이 버스를 이용하지 않더라도 라오스 내의 저가항공편을 이용하면 보다 편리하게 이동할 수 있다.

라오스만 여행하려 계획한 경우, 우리나라 항공사를 이용하여 라오스의 수도인 비엔티안이나 루앙프라방으로 입국하는 방법이 있다. (최근에는 라오스 저가항공사에도 우리나라에서 라오스로 이동하는 항공편이 있다.) 저가항공을 이용하면 주로 비엔티안으로 입국하게 되는데, 방비엥에는 공항이 없으므로 비엔티안에서 방비엥으로 이동할 때, 그리고 방비엥에서 루앙프라방으로 이동할 때 버스를 이용해야 한다. 대신 귀국할 때 다시 비엔티안으로 이동하여 항공편을 이용해야 하는데, 그때에는 라오스 내의 저가항공을 이용하여 루앙프라방-비엔티안으로 이동하는 것을 추천한다. 버스로 이동하는 것에 지친 사람들에게 유용한 방법이다.

라오스의 수도답게 중심 쪽으로 나가면 나날이 발전하고 있는 모습을 볼 수 있다. 번화한 건물들과 잘 포장된 6차선 도로가 있으며, 유네스코와 같은 큰 조직들도 들어서기 시작했다.

고는 주변을 둘러보았다. 여행자 거리답게 곳곳에 환전소가 있어 주스를 들고 나와서 몇 군데 환율을 비교한 후 가져온 돈을 환전하고, 또 무엇을 먹을까 하는 고민과 함께 우리의 여행은 시작되었다.

맛있는 빵으로 유명한 카페에서 아침도 해결하고 본격적으로 방비엥에 가기 위한 버스를 예약하기 위해 여행자 거리에 위치한 여행 센터를 찾아 나섰다. 버스도 원하는 대로, 스케줄도 원하는 대로 결정한 우리는 들뜬 마음으로 방비엥으로 향했고 본격적인 루앙프라방 여행을 시작했다.

그로부터 십여 일 동안 방비엥, 루앙프라방 여행을 마친 후 우리는 다시 비엔티안으로 돌아왔고, 다시 만나게 된 이 도시의 모습은 처음 도착했을 때의 느낌과는 많이 달랐다. 왠지 더 친근한 느낌, 그리고 구석구석을 더 보고 싶은 생각이 불끈 들었다고나 할까.

게다가 여행 막바지쯤 되니 덥고 습한 동남아시아의 우기 날씨쯤은 전혀 문제가 되지 않았다. 단, 갑자기 쏟아지는 비에 반강제적으로 쉬는 시간을 갖게 되었고, 덕분에 우리는 조금 더 여유롭게 여행을 할 수 있었다.

비엔티안에 도착해서 가장 먼저 보고 싶었던 곳은 타이와 라오스의 경계에 있는 메콩 강변이었다. 라오스 전역을 통과하는 메콩강은 길이 4,020km, 유역 면적은 80만 km²으로 동남아시아 최

여행자 거리에는 자전거를 빌려 주는 곳도 있고, 곳곳에 게스트하우스도 있다.
아기자기한 카페도 많아서 구경하는 재미가 있다.

대의 강이며 세계적으로도 손꼽히는 큰 강이다. 중국 티베트 지역에서 발원하여 라오스와의 국경에 도달하면서 비엔티안에서 타이와의 국경에도 위치한다.

오후에 도착했지만 대부분이 걸어서 이동할 수 있는 거리에 있기 때문에 숙소에 짐을 맡기자 마자 메콩 강변으로 향할 수 있었다. 메콩 강변에 도착하면 확 트인 강변을 공원 삼아 도시에 살고 있는 현지인들과 여행자들이 섞여 자전거를 타는 사람, 조깅을 하는 사람, 데이트를 하는 커플, 맛있는 음식을 파는 수레 등 다양한 사람들의 모습을 볼 수 있다. 우리도 마음 같아서는 그 속에 섞여 조깅이라도 멋지게 하고 싶었지만 준비되지 않은 여행자인 탓에 얌전히 노을을 기다리며 그들의 모습을 구경했다.

"이 강을 건너면 타이인 거야?"

"그러게. 그럼 저곳에 있는 배를 타고 이곳으로 넘어올 수 있는 건가?"

"그럼 출입국 심사는 어떻게 하지?"

국경을 가로지르는 강이라…. 그런 장면을 처음 본 나는 친구와 이런 이야기를 하면서 TV에서 탈북자들이 이야기하던 강을 건너 국경을 넘는 장면을 상상했다.

메콩강에서는 일몰을 보는 것을 추천한다. 친구와 나는 간식을 준비해서 거대한 메콩 강변 공원에 앉아 노을을 기다렸다. 매일 저녁 강변과 차오아누 거리의 북쪽을 연결하는 거대한 야시장이 들어서기 때문에 노을도 보고 야시장도 구경할 수 있는 일석이조의 코스다.

친구와 함께 음악도 듣고 이야기도 하다 보니 어느덧 하늘이 붉게 물들기 시작했다. 기다렸던 일몰의 시간. 서서히 물드는 메콩 강변과 그 풍경을 감상하는 연인들, 가족들, 친구들, 그리고 혼

비엔티안에서 훌륭한 공원의 역할을 하는 메콩 강변.
갑자기 비가 왔다가 그쳤다를 반복하는 날씨에도 사람들은 노을을 보며 여유를 즐기고 있다.

TIP 환전 및 공항에서 시내로

우리나라에서 라오스를 가기 전에 환전을 미리 해 가기는 어렵다. 대부분의 은행이 라오스 화폐를 다루지 않기 때문에 미리 달러로 환전을 하고 라오스에 가서 공항이나 사설 환전소에서 라오스 화폐(K:킵)으로 바꾸는 것이 좋다. 늦은 저녁에 라오스에 도착하면 공항 내의 환전소가 문을 닫는데 공항에서 시내로 이동할 때 택시를 이용하면 달러를 사용할 수 있다. 택시비는 6달러(밴은 8달러)로 정부에서 지정한 공식 요금이기 때문에 바가지를 쓸까 걱정할 필요는 없다. 대신 흥정도 안 된다.

TIP 공정 여행(fair travel) 그리고 착한 여행

개발 속도가 느린 나라를 여행할 때에는 그 나라의 현지인들에게 도움이 되는 여행을 하는 것이 좋다. 특히 관광지의 경우 세계적인 체인 호텔이나 음식점보다는 현지인이 운영하는 호텔이나 음식점을 이용하는 것이 현지인에게도 도움이 되고 그 나라의 문화도 직접 경험할 수 있어 더욱 유익한 여행이 될 수 있다.

〈공정 여행을 위한 제안〉

① 현지 경제에 도움이 되도록 소비한다.　② 어린이에게 사탕이나 선물, 돈을 주지 않는다.
③ 간단한 현지어를 미리 배워 둔다.　④ 현지 물가를 존중한다.
⑤ 흥정은 적당히 한다.　⑥ 인물 사진은 물어보고 찍는다.
⑦ 멸종 위기 종으로 만든 제품은 피한다.　⑧ 문화적 차이와 금기를 미리 배우고 존중한다.
⑨ 현지 드레스 코드에 맞춘다.　⑩ 현지의 정치, 사회 현황을 미리 알아 둔다.

자 사색에 잠긴 사람들의 모습을 보았던 시간들도 비엔티안의 추억에 함께 남았다.

"어두워졌으니 야시장에 가 볼까?"

조용히 일몰을 보았다면 이번에는 충전해 놓은 에너지를 발산할 차례. 강변을 벗어나니 시끌벅적하고 화려한 야시장이 크게 한판 벌어져 있었다. 현지에서 유행하는 스타일의 옷도 있지만 우리가 찾는 것은 라오스를 기념할 만한 것이나 친구, 가족들에게 선물로 줄 기념품들이었고 종류도 정말 다양했다. 여행 마지막에 다시 들른 곳이라 시간 가는 줄도 모르고 원하는 기념품들을 찾는 데 온 정신을 쏟고 나니 어느덧 허기가 찾아왔고, 우리는 카페와 레스토랑이 구석구석 숨어 있는 여행자의 거리에서 저녁을 해결했다.

다음 날 아침. 친구와 나는 미리 찾아 놓은 쌀국수 집을 찾아 길을 나섰다. 막상 도착하니 먹고 싶은 것이 너무 많아 고민했지만 결국 남들이 시키는 대로 일단 평범한 쌀국수 하나, 스프링 롤이 포함된 쌀국수 하나를 시키기로 했다. 맛도 좋지만 양이 많아서인지 다른 메뉴는 맛보지도 못하고 아쉬워하며 가게를 나와 다음 코스로 향했다.

본격적으로 비엔티안을 만날 차례. 여행자 거리임을 알려 주는 남푸 분수를 중심으로 10분 정도 걸으니 왓시사켓을 만날 수 있었다. 비엔티안에서 가장 오래된 사원으로 지금은 박물관 역할

을 하고 있다고 하며, 여러 형상의 불상과 함께 천장의 장식은 감탄스러울 뿐이었다.

"타이가 침략할 때 유일하게 파괴되지 않았던 사원이래."

옆에서 가이드북을 읽던 친구가 이야기했다. 유일하게 파괴되지 않았다니…, 그 이야기를 들으니 괜히 한번 만져 보고 싶기도 했다.

망고 주스를 한 손에 들고 대로변을 향해 걸으니 6차선 도로의 한가운데 멀리 프랑스 파리의 개선문을 닮은 탑이 보였다.

"저게 빠뚜싸이인가봐."

"아, 파리 개선문 닮은 탑?"

"응. 가이드북에 의하면 빠뚜싸이란 '승리의 문'이라는 뜻으로 1957년 프랑스로부터 독립을 기념하기 위해 개선문을 본떠 만들었대."

"조금 이상하긴 하다. 독립을 기념하는데 왜 본떠 만들었을까."

"그러게. 어찌되었든 개선문을 따라 만들었으니 전망대도 있겠네."

전망대라는 말에 우리는 멀리 보이는 빠뚜싸이를 향해 걷기 시작했다. 힘들게 도착한 그곳에서 입장료를 내고 들어가면 전망대에 오를 수 있다. 6차선 도로 한가운데에 위치한 전망대에서는 대통령궁까지 이어진 란쌍 거리와 비엔티안 시내를 한눈에 볼 수 있었다. 한참을 내려다보고 있으니 고층 빌딩과 쭉 뻗은 도로가 파리의 샹젤리제 거리를 연상시키며 역시 한 나라의 수도임을 보여 주고 싶은 듯했다.

다시 숙소로 돌아오는 길. 더위도 식히고 구경도 할 겸 우리나라로 치면 동대문 시장 같은 쇼핑 센터 '딸랏싸오'에 들어갔다. 이것저것 구경하다 보니 또 시간가는 줄도 모르고 어느새 늦은 오후가 되었고, 우리는 비엔티안 여행 코스를 계획하면서 넣었던 카페 겸 베이커리에서 여행의 여정을 이야기하며 하루를 마무리했다.

배낭족들의 낙원, 자연과 액티비티의 천국 방비엥

비엔티안에서 버스로 세 시간 정도. 멀미에 약한 내가 구불구불한 산길을 계속 달려가다가 더 이상 참지 못하겠다 싶을 때 작은 터미널에 도착했다. 버스를 같이 타고 온 다른 일행들이 내리자 우리도 따라 내렸고, 그들과 헤어진 후 전날 예약해 둔 숙소를 찾아 나섰다.

역시 배낭족들의 낙원이었다. 마을 곳곳에서 다양한 모습으로 여유를 즐기고 있는 배낭족들을 보니 '이곳이 방비엥이구나.' 하는 생각에 마음이 편해졌다. 우리는 일부러 숙소를 조용한 곳으로 예약을 했는데, 여행자 거리와 떨어져 있는 탓에 한참을 헤매다가 결국 날이 어두워지고 친구는

배낭족들의 천국인 방비엥. 그냥 앉아만 있어도 그림이 되는 곳으로 굳이 액티비티를 하지 않아도 좋다.

한 가지 제안을 했다.

"안 되겠다. 툭툭 타는 건 어때?"

"그래. 일단 가기 전에 가격을 물어보자."

툭툭은 라오스의 대표적인 교통수단이다. 근처에서 대기하고 있던 툭툭 아저씨께 가격을 적당히 흥정하고 드디어 숙소로 향했다. 강 건너 쪽에 숙소가 있어 다리도 건너고 비포장도로를 덜컹거리며 달리다 보니 어느덧 목적지에 도착했고, 거리를 헤매다가 저녁을 먹지 못한 우리는 숙소에 위치한 레스토랑에서 저녁을 해결했다. 방비엥에서의 첫 아침을 기대하며.

다음 날 아침. 숙소는 어제 우리가 건넜던 다리 근처에 있었다. 아침에 눈을 떠서 방에서 나오니 눈에 보이는 장면은 말 그대로 환상적이었다. 나는 그림 속에서나 나올 법한 모습에 다시 방으로 들어가 급히 카메라를 챙겼다. 아침을 먹고 나서 첫날의 일정을 시작하기로 했지만 보이는 모든 장면을 카메라에 담고 싶은 욕심에 쉽게 떠나질 못했다.

여행자의 거리가 목적지였던 우리는 어제 툭툭을 타고 건넜던 다리로 향했다. 예전에는 현지인들만 조용하게 살고 있던 마을이 배낭족들에게 알려지면서 카페, 음식점, 펍 등 다양한 상점이나 게스트하우스, 호텔 등의 숙소가 점차 늘어나 여행자 거리를 조성하고 대신 현지인들은 쏭강 건너편으로 이동해 살고 있다고 한다. 우리는 일부러 현지인들이 많이 살고 있는 쪽에 숙소를 잡았기 때문에 여행자 거리에 가려면 강을 건너야 했다.

"이 다리가 어제 지나 온 다리야?"

다리를 먼저 발견한 친구는 어두울 때는 볼 수 없었던 다리를 가리키며 흥분해서 소리쳤다. 이 다리가 어제 건너온 그 다리였나? 다리 전체를 대나무로 만들었는데, 그 모습이 주변의 자연 경관과 어우러지면서 동화 속의 장면을 연상시켰다. 나중에 알게 된 그 다리의 이름은 '남쏭 다리'.

다리의 중간 정도에 왔을 때 숙소 쪽을 뒤돌아보니 우뚝 솟은 산과 구름, 다리의 모습이 정말 아름다웠는데, 나중에 친구한테 들은 바로는 그 산이 만화 '드래곤볼'에서 나온 산의 모티브가 되었다고 했다. 그런데 그 이야기, 다른 나라 여행에서도 들은 것 같은데….

담쏭 다리

다리를 거의 다 지나올 무렵, 작은 안내소 같은 곳에서 한 사람이 나와 돈을 받고 있었다. 왕복 한 번 지날 때 통행료를 받는데 그 통행료는 목조 다리의 보수 비용으로 사용된다고 했다. 통행료는 사람, 자전거, 툭툭 등 교통수단에 따라 다른데, 숙소가 강 건너편에 있는 우리는 매일 걸어 그 다리를 건너야 하기 때문에 통행료를 내야 했지만, 그 아름다운 다리에 도움이 된다는 것에 아깝지는 않았던 것 같다. 일부러 그곳을 건너 보기 위해 오는 관광객도 있으니.

방비엥의 시내는 걷거나 자전거로 이동이 충분하다. 여행자 거리를 걸으며 덥고 습한 날씨에 지쳐 가는 순간 튜브를 든 채 툭툭을 타고 신나게 이동하는 다른 여행자들을 보게 되었다.

"블루 라군 가나 봐."

"우리도 지금 갈까?"

갑작스러운 나의 제안에 친구도 흔쾌히 동의했고 가던 툭툭을 세워 목적지를 변경했다.

동굴 앞에 흐르는 아름다운 빛깔의 냇물 때문에 탐푸캄(Tham Phu Kham)이라는 명칭보다 '블루 라군'이라고 불리는 이곳은 여행 프로그램에서 라오스를 소개할 때 빠지지 않는 장소이다. 석회 성분으로 인한 에메랄드빛의 냇물에서 다이빙을 하며 즐기는 여행자들의 모습 그 장면만으로 방비엥을 지상 낙원으로 부르는 이유이기도 하다.

방비엥 시내에서 떨어져 있는 곳이지만 곳곳에 자전거나 오토바이 대여점도 많아 강인한 체력을 지닌 사람들은 자전거로 블루 라군에 가기도 한다. 우리도 자전거를 타고 그곳으로 가는 장면을 꿈꾸긴 했지만 결국 더운 날씨에 45분 정도 가야 하는 자전거를 쉽게 선택할 수가 없었다. 대신 툭툭을 타고 가는 길에 보이는 풍경들은 정말 꿈만 같았다. 비포장 도로를 신나게 달리다 보니 엉덩이로 오는 통증이 심해질 쯤 드디어 목적지에 도착했다. 입장료를 내고 두근거리는 마음으로 다가가서 본 모습은 내가 상상하던 블루 라군과는 전혀 다른 모습이었다. 얼마 전 폭우가 쏟아졌고 시기도 우기인지라 어느 정도 예상은 했지만 같이 간 친구는 꽤 실망을 한 것 같았다.

"물 색깔이 에메랄드빛이 아닌데?"

"응. 비가 많이 온 다음이라 그런가 봐. 건기에 오면 확실히 예쁜 모습을 볼 수 있었을 텐데."

아쉬운 마음 대신 다이빙을 즐기는 관광객들을 구경하고 있으니 실망했던 마음도 잠시, 덩달아

레스토랑에서 보이는 쏭강의 멋진 풍경

신나서 한참을 바라보게 되었다. 물 색깔보다 중요한 것은 즐기는 마음이 아닐까.

기다리던 툭툭을 타고 다시 여행자 거리로 돌아와서 이번에는 쏭강의 노을을 바라 볼 수 있는 레스토랑을 찾았다. 너무 늦게 가면 자리가 없다는 정보를 미리 입수하고는 저녁이 되기도 전에 강을 따라 늘어선 레스토랑 중 한 곳을 골라 미리 자리를 잡고 앉아서 기다렸다. 레스토랑 안에는 TV가 있는데 우리가 갔을 때만이 아니라 늘 미국 드라마인 '프렌즈'를 틀어 준다고 한다. 외국에서 온 여행자를 위해 틀어 주는 것 같은데, 정말 유럽이나 미국에서 온 여행자들은 음식을 시켜 놓고 바닥에 누워 TV를 보며 시간을 보내기도 하는 것 같았다. 우리는 TV 대신 쏭강의 풍경이 보이는 안쪽 자리에서 앉았다가 자세를 바꿔 누워도 보면서 여유를 즐겼다. 일몰 시각에 그곳에서 바라보는 풍경은 더없이 평화로웠다. 물론 맛있는 음식은 덤.

다음 날 아침 우리의 계획은 방비엥 하면 빼놓을 수 없는 카야킹과 튜빙 프로그램이었다. 방비엥 곳곳에 여행사가 있는데, 어느 곳에서나 신청할 수 있는 프로그램으로 우리는 전날 미리 예약을 하고 아침 9시가 되기까지 여행사 앞에서 기다렸다.

시간이 가까워 오자 하나둘씩 세계 각국의 여행자들이 모이고 우리를 태워 이동할 트럭이 도착했다. 쏭강의 지류쯤에 위치한 탐남(Tham Nam)이라는 동굴('워터케이브'라는 별칭으로 더 많이 불린다.)에서 튜브와 헤드 랜턴을 주며 주의사항을 설명한 후 밧줄을 따라 동굴 안으로 이동하는 프로그램인데 수영을 못해 주저하는 것도 잠시, 다른 사람들을 따라 이동하기 시작했다. 앞이 전

TIP 튜빙이나 카야킹 프로그램을 할 때 준비할 것

방비엥 한낮의 햇빛은 강렬하다. 우기에도 비는 오지만 뜨거운 태양 아래 오랜 시간 동안 피부가 노출되면 화상까지도 입을 수 있다. 반소매나 민소매보다는 얇더라도 긴소매를 입는 것이 좋고, 그것이 안 되면 자외선 차단제를 꼼꼼히 바르고 또 가방에도 넣어 두는 것이 좋다. 물속에 한 번 들어갔다 나오면 다시 발라야 하니까. 카야킹을 할 때에는 특히 챙이 넓은 모자와 선글라스는 필수! 그늘 하나 없는 땡볕에서 뜨거운 햇빛을 마주하려면 반드시 필요하다. 자외선 차단제를 챙기지 않아 세 시간 동안 땡볕에 노출된 다리와 팔은 아직도 그 흔적이 남아 있다는 슬픈 이야기.

또 한 가지! 신발은 바닥이 미끄럽지 않은 것으로 준비할 것. 물속 활동이 많기 때문에 샌들보다는 아쿠아슈즈가 더 유용하다.

TIP 방비엥에서 루앙프라방으로 가는 교통

방비엥에는 공항이 없기 때문에 다른 지역으로 이동할 때에는 버스를 이용해야 한다. 루앙프라방으로 가는 교통 역시 마찬가지인데 비엔티안에서 오는 것보다 시간이 더 길어서 마음의 준비를 단단히 해야 한다. 버스는 여행자 거리에 있는 여행사에서 대부분 예약을 받는데 이왕이면 크고 시설이 좋은 버스를 예약하는 편이 좋다. 6시간 동안 포장이 되지 않은 산길을 돌아돌아 가야 하므로 작은 승합차의 경우는 더 멀미를 할 수도 있다. 중간에 산 중턱에 있는 휴게소에서 잠시 휴식을 취하는데 그곳에서 보는 풍경은 너무도 아름답다. 최근에는 산을 가로지르는 터널이 생겨 3시간 만에 루앙프라방으로 이동할 수 있는 버스가 있다고 한다.

혀 보이지 않는 컴컴한 동굴 속에서 튜브를 타고 밧줄 하나에 의지해 왕복하는 것이 쉽지 않아 초긴장을 하면서 움직이기 시작했는데, 같이 참여한 다른 사람들과 장난도 치고 서로 조심하라고 걱정해 주면서 따라가다 보니 어느새 1시간이 훌쩍 지났다. 더운 날씨에 시원한 동굴에서의 물놀이는 매우 짜릿했다.

첫 번째 프로그램을 마치고 허기가 느껴질 즈음 이미 가이드는 점심을 준비하고 있었다. 바비큐를 넣은 샌드위치였는데, 에너지를 한바탕 쓰고 난 후여서 그런지 그렇게 맛있을 수가 없었다. 처음 보는 사람들과 함께 이야기하면서 음식도 나누어 먹고 사진도 찍다 보니 벌써 시간이 많이 지났고, 우리는 두 번째 프로그램 장소로 이동해 노를 하나씩 받아 들었다. 세 시간이 넘게 걸리는 활동이다 보니 주의사항도 길어졌는데, 옆의 친구를 보니 한 단어도 빠지지 않고 들으려 집중하고 있었다. 그런 친구의 모습을 보는 것도 또 하나의 재미랄까.

카야킹은 말 그대로 쏭강의 물줄기를 따라 카약을 즐기는 프로그램이다. 방비엥은 쏭강의 평온한 물살 덕분에 카야킹을 즐기기에 가장 좋은 곳으로 꼽힌다고 한다. 카약의 특성상 균형을 잃으면 쉽게 뒤집어지는데 구명조끼를 잘 착용하면 위험하지 않게 즐길 수 있다.

강을 따라 3시간 정도 흘러오면 방비엥 시내로 도착한다. 목적지에 도착할 때까지 우리는 뒤집

루앙프라방으로 가는 버스 안에서 본 장면.
이런 모습들을 보기 위해 비행기보다 버스를 선택하는 여행자들이 많다.

어지지 않으려고 긴장에 긴장을 더해 조심스럽게 노를 저었지만 그것도 잠시뿐, 금방 여유가 생겨 번갈아 노도 젓고 사진도 찍으며 쏭강의 절경에 흠뻑 취하게 되었다.

강을 따라 내려오다 보니 중간에 튜브에 몸을 맡긴 채 유유자적 한가로이 떠내려 오는 여행자들도 볼 수 있었다. 책을 읽으며 내려오는 사람, 심지어 맥주를 한 손에 들고 내려오는 사람까지. 말 그대로 '자유'였다. 그들은 내려오다가 심심하면 강변에 늘어져 있는 줄을 잡고 뭍으로 올라오는데, 그곳에는 강변 바(bar)가 있었고 각국의 배낭족들이 모두 모여 있는 것 같았다. 호기심이 많은 우리가 지나칠 수 없는 곳. 우리는 바로 카약을 세우고 올라가 그들과 함께 음악을 즐기며 물 위에서의 긴장감을 잠시나마 잊었다.

음료도 마시고, 사람 구경도 하고. 적당히 쉬고 나서 다시 카야킹을 시작했다. 이 강을 쭉 따라가다 보면 비엔티안까지 가는데 실제로 그렇게 가는 프로그램도 있다고 한다. 우리가 선택한 코스는 3시간짜리였는데, 쏭강과 강 주변의 절경을 보고 있자니 3시간도 너무 빠르게 지나간 것 같았다.

드디어 방비엥 시내에 도착했고, 우리는 여행자 거리의 여러 여행사를 비교하며 다음 여행지인 루앙프라방으로 가는 버스 중 가장 큰 버스를 예약했다.

평화로운 꽃의 도시, 800년의 고도 루앙프라방

나에게는 꽃의 도시로 기억되는 곳, 루앙프라방. 다른 도시와 대체될 수 없는 고유의 매력을 간직한 이 도시는 사원과 왕궁, 소수민족의 풍습 등 옛 모습들이 잘 보존되어 있어 유네스코 세계문화유산으로 지정되었고, 그 이후 점차 여행자들이 많이 모이고 있다. 덕분에 불과 3년 전에 베트남 하노이를 경유해서 이 도시에 왔을 때 보았던 아담하며 꽃향기가 날 것 같은 공항은 사라지고 어마어마한 규모의 대형 공항이 생겨 버렸다.

루앙프라방에 있는 버스 터미널에 내리면 툭툭 기사들이 대기를 하고 있는데 어디로 가는지 묻기도 전에 시내로 향한다. 우리는 이번에도 강 건너 쪽에 있는 조용한 숙소를 예약했는데, 루앙프라방 여행 일정이 길어서 처음 이틀만 예약하고 나머지는 돌아다니다가 마음에 드는 숙소에 묵기로 했다.

친구는 방비엥에서 못다 이룬 꿈을 이루기 위해 숙소에서 자전거를 빌리자고 제안했고, 우리는 바로 동네를 한 바퀴 돌았다. 시장을 지나는데 현지인들이 끊이지 않는 쌀국수 집이 보였고, 배가 고팠던 우리는 말이 통하지 않을 것이라는 걱정은 접어 두고 한 자리 차지하고 앉았다. 주인은 물어보지도 않고 쌀국수를 가져다주었는데 아마도 메뉴는 한 가지였던 것 같다. 다른 사람들 먹는 모습을 보며 야채도 넣고 양념도 넣어 가면서 먹던 친구는 자기가 먹어 본 쌀국수 중에 제일 맛있다며 끊임없이 칭찬을 했고, 결국 우리는 며칠 뒤 또다시 그곳을 찾았다.

다음 날, 숙소에서 아침을 먹고 자전거를 빌려 이번엔 여행의 중심지인 씨싸왕웡 거리를 찾았다. 루앙프라방 여행이 두 번째인 나는 친구에게 자신 있게 이곳저곳을 안내하며 가이드 역할을 했는데, 3년 만에 오는데도 그곳에는 많은 변화가 있었던 것 같다. 카페와 레스토랑이 더욱 늘어났고, 거리 곳곳에 호텔과 게스트하우스가 없는 곳이 없는 모습에 반가우면서도 묘하게 서운한 기분이 들었다.

처음 이곳에 여행 왔을 때 만난 분의 이야기가 생각났다. 12년 전에 그녀가 이곳에 왔을 때에는 전혀 이런 모습이 아니었다고. 다시 찾았을 때 이곳의 현지인들이 많이 떠났다는 이야기였다. 유

라오스 대부분에서 여행자들이 사용할 수 있는 교통수단은 자전거, 오토바이 등이 있다.
아무래도 조용한 루앙프라방에 어울리는 것은 자전거가 아닐까.

툭툭을 타고 시내로 가는 길.
라오스에서 가장 많이 볼 수 있는 교통수단으로
폭이 좁은 도로에서도 유용하다.

명한 관광지가 되면서 외국 자본
들이 들어오고, 관광객들을 대상
으로 하는 상점이 늘어나면서 이
곳의 물가는 급격히 올랐고, 그
물가를 견디지 못하는 현지인들
은 결국 이곳을 떠나 살아야 한다
는 씁쓸한 이야기.

루앙프라방에서 가장 아름다운 사원, 왓씨앙통

　친구에게 이런 이야기를 해 주
면서 우리는 나름대로 라오스의
미래도 함께 걱정했다. 우리가 좋아하는 이곳에서 이 나라의 국민들도 잘 살아갈 수 있길 바라는
마음과 평화로운 이 모습들이 변하지 않았으면 하는 마음에.

　다시 자전거를 타고 거리를 달리다 보니 어느덧 '왓씨앙통'이 보였다. 루앙프라방에서 가장 아
름다운 사원인 이곳은 칸강과 메콩강이 만나는 루앙프라방의 북쪽 끝에 위치해 있다. '금으로 된
도시 사원'이라는 뜻을 지닌 만큼 황금색과 검은색 스텐실로 장식한 벽이 너무 화려해 눈을 뗄 수
가 없을 정도였는데 한참을 보고 있던 친구가 말했다.

　"지붕의 모습이 좀 다르게 보이지 않아?"

　"그러네. 아래로 뻗은 모습이 더 우아해 보이는 것 같아."

　본당 내부에 있는 금빛 벽화부터, 와불상이 안치된 불당과 탑까지. 불교의 나라답게 그 모습이
오래도록 보존되어 있는 것 같았다. 아마도 그럴 것이다. 1960년에 지어져 지금까지 원형 그대로
의 모습을 지닌 사원이었으니.

　미리 점찍어 둔 곳에서 점심도 먹고, 카페에서 엽서도 쓰고 나니 늦은 오후가 되었다. 우리는 계
획대로 노점상에서 야채를 듬뿍 넣은 즉석 샌드위치를 두 개 주문한 후 푸시산에 올랐다. 루앙프
라방 시내 중심에 있는 해발 약 100m의 언덕인 이곳은 높은 건물이 없는 루앙프라방에서 어느 곳
을 보더라도 눈에 띄는 곳이다. 국립 박물관 건너편 입구에서 시작해 입장료를 내고 15분 정도 오
르면 작은 사원인 탓촘씨가 자리하고 있는데, 그 주변으로 늦은 오후에 특히 일몰을 보기 위해 여
행자들이 많이 모인다. 미리 와 본 적이 있는 내가 친구를 위해 준비한 코스. 메콩강과 칸강 그리
고 루앙프라방 시내가 파노라마처럼 펼쳐진 모습에 친구는 정신 없이 사진을 찍으며 말했다.

　"그런데 일몰을 보기에는 구름이 너무 많은 것 같은데?"

　하루에도 몇 번씩 비가 왔다가 개었다가를 반복하며 도무지 예측할 수 없는 날씨에 하늘에 구름
이 있는 것은 당연한 일인데, 문제는 확 트인 푸시산 정상에서 아름다운 일몰 사진을 찍기에는 아

실제로 보면 끝이 없는 규모의 야시장　　　　　　　　　　　　에메랄드 색깔의 물줄기와 폭포를 볼 수 있는 꽝시 폭포

쉬웠다는 것이다. 결국 우리는 다음에 다시 오기로 했다. 그리고 며칠 후 다시 푸시산에 올랐고 이번엔 구름 한 점 없는 하늘에 멋드러진 노을을 볼 수 있었다.

　루앙프라방에서 지내다 보면 저녁에는 반드시 들르게 되는 곳이 있다. 바로 저녁마다 씨싸왕웡 거리에 늘어선 야시장이다. 여행자들을 상대로 각 지역에서 가져온 각종 수공예품과 소품을 판매하는 좌판이 벌어지는데 그 규모가 어마어마하다. 우리는 꼭 살 것이 없는 날도 매일 저녁 그곳에 들러 물건뿐만이 아니라 사람들을 구경했다.

　둘째 날은 날씨가 좋아 교외로 향했다. 방비엥에서 블루 라군의 물 색깔에 실망한 친구에게 꼭 보여 주고 싶던 '꽝시 폭포'에 가기 위해 전날 여행사에서 예약을 해 놓았다. 예약한 여행자들의 숙소를 돌며 승합차를 꽉 채운 뒤 외곽으로 나와 1시간 정도 달려 목적지에 도착했다. 입장권을 내면 트레킹 코스가 펼쳐지는데, 폭포를 따라 아담한 오솔길을 걷다 보니 어느덧 기다리던 에메랄드빛 폭포가 조금씩 보였다.

　"물 색깔 좀 봐!"

　"블루 라군에서 못다 이룬 꿈을 여기서 이루는구나."

　감탄할 시간도 모자라 급히 준비해 간 복장으로 갈아입은 우리는 웅덩이를 만날 때마다 기다렸다는 듯이 물놀이를 하기도 하고 사진도 찍으면서 원없이 놀았다. 실컷 놀고 난 후 조금 더 올라가니 웅장한 에메랄드빛 폭포까지. 완벽한 코스에 친구와 나는 한참 동안 그곳을 떠날 수 없었다.

　시내로 돌아온 우리는 저녁 메뉴를 한식으로 결정하고, 한국인이 운영하는 갤러리 카페를 찾았다. 남편분이 네덜란드인으로 사진을 전공해서 1층 카페 벽과 2층 전시 공간에는 라오스의 모습을 찍은 다양한 사진이 걸려 있는데, 사진에 관심 있는 내가 전에 왔을 때 인상 깊었던 곳이었다. 게다가 밥과 김치까지 넉넉히 주니 가지 않을 이유가 없었던 곳이다.

　다음 날은 숙소를 여행자들이 많이 모여 있는 시내 쪽으로 옮겼다. 그동안 돌아다니며 봐 둔 게스트하우스를 찾아 짐을 풀고 시내를 어슬렁어슬렁 다니기로 했다. 걷다가 조용한 사원을 보고는 내가 먼저 들어갔다. 친구가 다른 장소를 구경할 때 사원에서 기웃거리던 나를 보고 수련승으로 보이는 한 친구가 다가왔다.

"캔 유 스피크 잉글리시?"

예상치 못한 만남에 내가 당황하자 그는 나보다 더 쑥스러워하며 자기가 공부하고 있는 영어책을 가리켰다. '아, 나와 영어로 대화를 하고 싶은가 보다.' 하고 생각이 되자 긴장되었던 마음도 풀리고 자연스럽게 그와 인사를 나누게 되었다. 19살인 그 친구는 수련승이 된 지 2년이 되었고, 자기가 사원을 소개해 주겠다며 나에게 사원의 이곳저곳을 보여 주며 열심히 영어로 설명을 해 주었다. 우리는 금방 친구가 되었고, 나는 그가 수련을 하면서 영어 말고도 다양한 학문을 공부하고 싶다는 이야기를 들으며 순수하면서도 열정적인 그 모습이 감동스럽기까지 했다. 한 시간 정도 이야기를 나누었을까. 친구를 만나기로 한 나는 다음 날 새벽에 탁발이 있다며 시간을 알려 주는 그 친구에게 고맙다고 인사를 한 후 사원을 나왔다.

다시 친구를 만나 이번엔 친구의 제안대로 마사지를 받기로 했다. 타이도 마사지는 유명하지만 라오스식 마사지는 또 다른 매력으로 라오스의 여행자들이 꼭 해 보아야 할 것들 중에 하나이다. 마침 비가 와서 친구가 미리 봐 둔 마사지 숍으로 이동했고, 1시간 정도 마사지를 받고 나니 몸도 마음도 나른해졌다. 그리고 내일 새벽 탁발 행사를 보기 위해 일찍 잠자리에 들기로 했다.

새벽의 탁발 행렬. 17세 이전에 라오스에 사는 남자아이들은 부모의 허락하에 대부분 출가를 한다. 짧게는 1~2달에서 길게는 2년 동안 수행을 하는데, 가정 형편이 어려운 아이들은 이곳에서 숙식을 해결하고 공부도 하며 자신의 꿈을 키운다.

해가 뜨기 전 사원에서 법고 소리가 울려 퍼지고 아침 6시가 되면 승려들의 긴 행렬과 그들을 만나기 위해 나온 신도들의 행렬을 볼 수가 있는데, 그 의식을 탁발이라고 한다. 매일 아침마다 펼쳐지는 탁발은 루앙프라방의 하루의 시작을 알리는 의식과도 같아 여행자들도 이 의식에 참여하기 위해 새벽같이 일어나 거리로 나오곤 한다.

아침 시장의 모습. 부지런한 현지인들은 탁발이 시작할 즈음부터 아침 시장에 나와 각종 과일, 생선, 고기 등 다양한 것들을 팔고 산다.

친구와 나는 6시가 되기 전 대충 옷을 갖춰 입고 거리로 나왔다. 이미 거리에는 신도들과 관광객들이 미리 자리를 차지하고 앉아 있었고, 다들 두 손에는 밥이나 과일, 과자까지 보시할 음식들을 소중히 들고 있었다. 시간이 되자 사원에서 수행자들이 행렬을 이루며 거리를 지나가고, 신도들은 그들에게 차분히 공양을 했는데, 그 모습이 그렇게 신성해 보이면서도 그들을 따라다니는 아이들의 해맑은 모습에 웃음이 나왔다.

탁발 의식은 원래는 불교를 국교로 삼은 나라에서 수행자들이 지켜야 할 규율 중 하나로 음식을 공양받는 것을 말하는데, 수행자들은 공양받은 음식들 중 자신이 먹을 일부만 떼어 놓고 나머지 음식은 형편이 어려운 아이들에게 다시 나누어 준다고 한다. 그걸 아는 동네 아이들은 탁발 행사를 하면 바구니를 들고 승려들을 따라다니는 것이다. 형편이 괜찮은 사람들의 음식을 어려운 사람과 함께 나누는 그 역할을 수행자들이 한다고 생각하니 어린 수행자들이지만 더없이 고귀하게 보였다.

탁발 의식을 보고 나서 아침 시장에 들렀다. 생선, 고기부터 온갖 과일과 향신료까지 없는 것이 없는 아침 시장을 구경하고 나니 괜히 나도 활기가 생기는 기분이었다. 간단히 과일을 사 들고 숙소에 가서 아침을 먹고 또 하루 종일 루앙프라방 시내를 누비며 여유를 부리는 것이 우리의 남은 여정이었다.

사실, 두 번째 라오스 여행에서는 일부러 루앙프라방 일정을 일주일 넘게 잡았는데, 딱히 무엇인가가 하고 싶어서 그런 것은 아니었다. 그냥 무계획에 천천히 걷고, 자전거를 타기도 하며 그 시간을 보내는 것이 목적이었다. 그리고 이번 여행은 정말 그렇게 시간이 멈추어 버린 것처럼 여유를 부리며 지냈다. 그것이 바로 '시간마저 멈추어 버린 라오스'에 대한 예의가 아닐까.

TIP 수행자나 승려를 만나면

불교가 국교인 나라답게 승려의 수가 12만 명이 넘으며, 길에서도 승려를 자주 만날 수 있다. 인사를 하게 될 때에는 양손을 가슴 쪽으로 모으고 가볍게 목례하는 것이 라오스식 인사이며, 승려에게 질문을 할 수는 있지만 사진을 찍는 것이나 신체 접촉을 하는 것은 삼간다. 특히 탁발 의식 때 관광객들이 행렬의 바로 앞에서 승려들의 사진을 찍는 경우가 있는데, 중요한 의식 중에 사진을 찍히는 그들의 기분을 생각한다면 삼가야 한다고 생각한다. 물론, 사원에 방문할 때에는 노출이 심한 옷을 삼가는 것도 기본 예의이다.

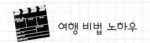

교통·숙박·음식

☞ 항공...우리나라에서도 라오스를 찾는 여행자들이 많아 직항 노선이 생겼다. 대부분 라오스의 수도인 비엔티안으로 입국을 하는데, 루앙프라방으로 직접 가고 싶은 사람들은 베트남항공이나 터키항공 등으로 경유해서 도착하면 된다. 한국인은 15일 동안 무비자로 체류가 가능하며, 그보다 더 긴 기간을 여행하려면 체류 기간 연장을 신청한다. 라오스 내에서 항공 이동(주로 비엔티안 – 루앙프라방)을 하고 싶으면 라오스 국내 항공사를 이용한다.

☞ 숙박...호텔, 호스텔, 게스트하우스 등을 취향에 맞게 다양하게 선택할 수 있으며 시설에 따라 가격은 천차만별이다. 대부분 시설은 깨끗하고 잘되어 있으니 걱정할 필요는 없다. 단, 날씨가 덥고 습한 까닭에 숙소에서 도마뱀이나 개미 정도는 만날 수도 있다. 최근에는 현지인의 집에 머무는 에어비앤비(Air B&B)를 이용하여 숙박을 하는 여행자들이 늘고 있는데, 현지인과 친해질 수 있고 문화를 체험할 수 있는 장점이 있다.

☞ 음식...동남아시아 국가답게 어디에서나 쌀국수를 먹을 수 있는데, 베트남과 또 다른 방식으로 조리하며 국물이 진한 것이 특징이다. 음식을 먹을 때 동남아시아에서 많이 사용하는 향신료인 고수 향이 싫으면 고수를 빼 달라고 하면 된다. 또한 여행을 할 때 수돗물을 바로 먹으면 안 되고, 반드시 끓여 먹거나 생수를 구입해 마신다.

프랑스 식민지였던 과거 때문에 특히 맛있는 빵을 맛볼 수도 있으며, 길거리에서 파는 바게트 샌드위치는 다양한 재료를 직접 고를 수 있는데, 저렴한 가격에 훌륭한 맛으로 한 끼를 해결할 수 있다. 항상 따뜻한 나라여서 다양한 열대과일이나 과일을 갈아서 만드는 주스는 꼭 먹어야 할 간식 중 하나이다. 이 밖에도 길거리에서 파는 코코넛빵, 크레페 등 다양한 간식거리가 많다.

라오스에서 자국 기술로 만든 맥주 '라오 비어'는 가격도 저렴하고 맛도 좋아 라오스 어느 여행지에서도 여행자들이 사랑하는 맥주이다. 이 밖에도 커피 가루를 물에 타 먹는 식으로 먹는 '라오 커피'도 유명한데, 커피를 직접 재배하는 나라답게 그 맛이 진하고 풍미가 좋다. 길거리에서는 연유를 넣은 재래식 커피를 팔기도 한다.

라오스를 여행하면서 먹을 수 있는 다양한 음식들

　라오스의 기념품은 주로 야시장을 이용하여 구입하는 편이 좋다. 실크 등은 직접 만드는 전문점에서 사면 고급 제품을 구입할 수 있지만 그렇지 않은 여행자들은 비엔티안이나 루앙프라방 야시장에서 소수 민족들이 직접 만든 다양한 수공예품을 구입할 수 있다. 친구나 가족에게 선물로 주기에도 가격 대비 품질이 좋다.

주요 축제

1. 1월: 쿤카오(Bun Khun Khao) – 추수를 기념하고 감사하는 축제
2. 2월: 마카부싸(Bun Makka Busa) – 불교 기념일
3. 4월: 삐마이(Bun Pi Mai) 신년 물 축제 – 라오스 최대 명절 동안 라오스 전역에서는 내외국인 가릴 것 없이 물 축제를 연다. 물총, 양동이, 호스 등을 갖추고 거리로 나와 물놀이를 한다.
4. 11월: 탓루앙(Bun That Luang) – 라오스의 가장 화려한 불교 행사

 참고문헌

• 시공사 편집부, 2011, 저스트고 동남아시아, 시공사.
• 오소희, 2009, 욕망이 멈추는 곳, 라오스, 북하우스.
• 오주환, 2015, 지금 이 순간 라오스, 상상출판.
• 이상문, 2014, 라오스로 소풍 갈래?, 사람들.

10

아시아의 허브, 말레이시아와 싱가포르 ❶

말레이시아

  예전에 동남아시아를 비하하여 큰 논란을 불러왔던 광고가 방영된 지도 많은 시간이 지났지만 아직까지도 우리나라 사람들에게는 동남아시아에 대한 좋지 않은 편견이 많이 남아 있는 듯하다. 하지만 실제 동남아시아의 다양한 국가들을 방문하게 된다면 우리가 가졌던 생각은 너무 성급했노라고 인정할 수밖에 없을 것이다. 신이 주신 풍부하고 다양한 자원을 가진 나라, 따뜻한 기후여서 먹고 자는 걱정은 하지 않아도 행복하게 살 수 있는 나라들이 가득한 곳이 바로 동남아시아이기 때문이다. 특히, 우리가 살펴볼 말레이시아와 싱가포르는 이곳 동남아시아에서도 가장 발전되고 안정된 나라이다.

  말레이시아는 우리에게는 고무를 생산하는 국가 정도로 생각되기 쉽지만 사실은 풍부한 자원을 토대로 높은 경제 성장을 이루고 있는 국가이다. 동남아시아에서는 유일하게 한국과 같이 자체 자동차 브랜드 차량을 생산할 수 있는 산업 강국이며, 말레이시아의 심장인 쿠알라룸푸르에는

말레이시아는 도로 교통수단이 잘 발달되어 있다.

한때 세계 최고의 높이를 자랑하던 페트로나스 트윈타워가 하늘을 찌를 듯 높이 세워져 있다. 말레이시아는 말레이반도 남부와 보르네오섬 북부지역에 걸쳐 있는 해양 국가로 13개 주와 1개 연방 준주, 그리고 3개의 시로 이루어져 있으며, 9개 주 술탄 중 한 명을 국왕으로 선출하여 5년 임기 동안 다스리는 입헌군주제 국가로 대표적인 이슬람 국가이다. 또한 전형적인 열대 우림 기후로 날씨가 사계절 내내 따뜻하여 팜나무나 고무나무와 같은 다양한 식물 자원이 풍부한 축복받은 나라이기도 하다.

말레이시아와 싱가포르는 말레이반도에서 육상으로도 충분히 이동이 가능할 만큼 가까운 나라이기 때문에 여행 일정이 충분하다면 두 나라를 동시에 방문하는 것도 즐거운 경험일 것이다.

아름다운 휴양지, 코타키나발루

인천에서 비행기를 8시간 동안 타고 코타키나발루 공항에 도착하니 옷차림이 한국과 완연하게 다름이 느껴진다. 하긴 한국은 겨울이었는데 이곳은 항상 여름 날씨니 다르게 느껴지지 않는 것이 더 이상한 일일 것이다. 시원한 공항을 나서자마자 온몸을 감싸는 더운 공기가 새삼 멀리 이동했음을 느끼게 해 준다. 말레이시아를 크게 나누면 말레이반도에 위치한 서말레이시아와 보르네오섬 북서부의 사라와크 및 사바로 이루어지는 동말레이시아로 나눌 수 있는데, 이 중 코타키나

멋진 요트들이 가득한 코타키나발루의 해변

발루는 보르네오섬 북부에 위치하고 있다. 버스에 올라타서 우리가 묵을 숙소로 이동하면서 창밖 풍경을 통해 말레이시아를 처음 경험했는데, 자동차 진행 방향이 우리와 반대라는 것과 길가에 나무들이 제주도에서나 볼 만한 나무들이라는 것을 제외하면 넓은 도로와 거리를 메운 수많은 자동차들이 흡사 우리나라처럼 느껴질 정도다.

숙소에서 말레이시아에서의 첫날 밤을 보내고 창문을 연 순간 정말 영화 속 한 장면 같은 멋진 풍경이 펼쳐졌다. 푸른 바다와 멋진 요트들, 그리고 푸른 하늘이 어우러져 만들어낸 근사한 풍경이 거기에 있었다. 코타키나발루의 아름다움을 마음껏 느끼기 위해 우리는 바다로 향하기로 했다. 코타키나발루 앞바다는 해상 국립공원으로 지정되어 있으며, 가야섬을 비롯하여 다섯 개의 크고 작은 섬들이 모여 있어 특히 관광객들이 많이 찾는 장소이다. 보트를 타고 20여 분을 달리면 여행자들이 많이 찾는 사피섬을 갈 수 있는데, 사피섬은 산호초가 발달하고 열대어가 많아 스노클링 포인트로 유명하다. 스노클링 장비는 이곳에서 대여도 가능하다.

다양한 수산물과 열대과일이 풍부한 코타키나발루 야시장 풍경과 동남아시아 대표 과일인 두리안을 판매하고 있는 상인의 모습

아름다운 사피섬에서 스노클링으로 즐거운 한때를 보내고 다시 보트를 이용하여 코타키나발루 시내로 돌아와 이곳저곳을 구경했다. 때마침 일요일이라 선데이마켓이 열렸는데, 이곳에서 우리는 수공예품을 비롯해 다양한 물품들을 구경할 수 있었다. 먹거리부터 시작하여 생활용품, 목공예품, 사바주 기념품 등 물건 종류가 매우 다양하여 선데이마켓은 구경 나온 사람들과 물건을 파는 사람들, 또 관광을 즐기는 사람들로 발 디딜 곳이 없을 정도였다. 이곳 코타키나발루에서는 일요일 낮에 열리는 선데이마켓 외에도 야간에 시내를 나가면 낮과는 또 다른 매력의 야시장을 구경할 수 있다. 우리나라에서는 볼 수 없었던 다양한 수산물과 과일이 저마다의 향기를 발산하며

온 시장을 가득 채우고 있는데, 말레이시아의 대표적인 관광지답게 야시장에서도 구경 나온 관광객들과 상인들로 붐비고 있었다. 야시장에서 과일의 제왕이라 불리는 두리안을 처음 맛보았는데, 그 강한 맛과 향기는 3일이 지나도 입안에서 느껴질 정도로 잊지 못할 경험이었다.

동말레이시아 지역에서 가장 발달된 도시인 이곳 코타키나발루는 사바주의 주도로 2차 세계대전이 끝난 후부터 사바주의 주도가 되었다고 한다. 코타키나발루라는 이름은 키나발루산이 있는 지역이라는 의미를 가지고 있다. 키나발루산은 동남아시아에서 가장 높은 산으로 높이가 무려 4,095m에 이른다고 하는데, 카다잔족이라는 원주민의 말로 '죽은 자들의 안식처'라는 의미를 가지고 있다고 한다. 등반을 하기 위해서는 등반 가이드인 셰르파를 고용해야 하는데, 우리는 키나발루산을 직접 가 보진 못하고 떠났다.

성공한 이슬람식 경제 대국

앞서 말했듯이 말레이시아는 이슬람 국가이다. 거리 곳곳에서 이슬람 사원을 볼 수 있으며, 거리에선 베일을 쓰고 활보하는 여성들을 쉽게 목격할 수 있다. 그렇다고 이슬람 국가라고 하여 다른 종교를 억압하거나 이슬람만을 강요하지도 않는다. 이슬람 국가이지만 종교의 자유를 보장하여 교회가 시내에 세워져 있을 뿐만 아니라 40% 가까운 국민들이 불교를 비롯한 다양한 종교생활을 하고 있다. 또한 말레이시아는 국왕을 중심으로 VISION2020 프로젝트를 진행하여 2020년까지 말레이시아를 선진국에 진입시키겠다는 국가적 목표를 이루고자 노력하고 있다.

말레이시아가 이슬람 국가라는 것을 느낄 수 있는 것은 어디를 가더라도 보이는 화살표 표시이다.

숙소에 붙어 있는 화살표 표시. 말레이시아에서는 어디를 가나 메카를 가리키는 화살표 표시를 쉽게 찾을 수 있다. 아래는 기도할 수 있는 방이다.

화살표 방향은 이슬람의 성지 메카를 향해 있는데, 이는 메카를 향해 하루 5번 절을 해야 하는 이슬람 문화에서 기인한 것이다. 그래서 말레이시아에서는 어디를 다녀도 기도할 수 있는 장소와 메카를 가리키는 화살표 표시를 쉽게 찾아볼 수 있다. 또한 말레이시아에서는 돼지고기를 먹지 못하는 이슬람 문화에 따라 할랄 인증 문화가 발달되어 있는데, 워낙에 까다롭게 인증을 하여 근

할랄(halal)이란 '허락된', '승인된'이란 뜻을 갖고 있으며, 할랄의 반대되는 뜻을 가진 하람(haram)은 '금지된'이란 뜻을 가지고 있다.

할랄은 생산에서 소비까지 청결과 영양적인 가치 그리고 건강에 좋은 것과 같은 높은 품질의 식품을 보장하는 제도이다. 정직성과 가치를 기초로 한 이슬람 법률에 근거하여 중앙이슬람위원회에서 엄격하고 철저한 제조 설비 적격 심사와 품질 검사를 통해 인증 승인을 받고 할랄푸드표준협회에 등록하면 할랄 로고를 사용하게 된다. 할랄 로고 사용이 허가된 제품은 최고의 품질임을 입증받는 것으로 정의된다.

할랄 인증을 받은 제품에 사용할 수 있는 할랄 인증장

쿠알라룸푸르에 위치한 마스지드 네가라는 비모슬렘인
여행객들도 입장이 가능하며 차도르를 무료로 대여해 준다.

처 이슬람 국가에서조차 말레이시아 할랄 인증 물품을 가장 믿을 수 있는 제품으로 높게 친다고 한다.

말레이시아 어디를 가도 다양한 이슬람 문화를 접할 수 있었지만 이슬람 문화를 가장 많이 느낄 수 있는 곳은 역시 이슬람 사원일 것이다. 사실 코타키나발루에서 이슬람 사원을 처음 접할 수 있던 기회가 있었지만 그때는 반바지 복장으로 방문하였기에 사원 외부만 둘러볼 수 있었고, 다시 쿠알라룸푸르에 위치한 이슬람 사원을 방문하였을 때에도 역시 반바지를 입고 있어 사원 내부 구경은 하지 못했다. 남자의 경우 긴바지에 발가락이 보이지 않는 신발만 착용하면 입장이 가능하고 여자의 경우는 차도르를 걸치면 입장이 가능한데, 이곳 마스지드 네가라는 무료로 차도르를 대여해 주어 이

슬람 사원 내부를 처음 접해 볼 수 있었다. '마스지드'는 말레이어로 모스크를 의미하고 '네가라'는 국립을 뜻한다.

흙탕물이 만나는 곳, 쿠알라룸푸르

말레이시아를 방문하게 된다면 가장 먼저 말레이시아를 접하게 되는 곳이 바로 말레이시아의 수도인 쿠알라룸푸르일 것이다. 쿠알라룸푸르는 말레이 연합주의 수도가 된 이후 발전을 거듭하여 시내에 국회의사당, 궁전, 회교사원, 대학, 박물관 등 근대적인 건물이 잇달아 건설되며 지금의 열대 자연과 어울린 아름다운 도시로 발전되었다고 한다. 쿠알라룸푸르 공항에 도착하여 버스를 타고 숙소까지 이동하며 말레이시아 야경을 잠시나마 느껴 볼 수 있었는데, 코타키나발루를 먼저 접해 본 기억이 있어서인지 이제는 말레이시아의 발달된 모습이 많이 익숙해진 듯하다.

첫날 야간에 도착하였기 때문에 야경을 본 것으로 아쉬움을 달래고 둘째 날 본격적인 일정을 시작하며 말레이시아 왕궁을 처음으로 방문했다. 말레이시아는 입헌군주 국가로서 현재까지도 왕이 존재하는데 일반적인 세습제가 아닌 선임군주제로서 입헌군주제가 유지되고 있다. 왕궁은 쿠알라룸푸르 도심 외곽의 잘란 이스타나에 위치하고 있는데, 면적이 무려 11만 m^2에 이른다고 하니 그 어마어마한 크기를 짐작해 볼 수 있다. 왕궁을 방문했을 때 가장 눈에 띈 것은 황금빛으로 빛나는 궁전의 돔이었는데 그 화려함이 매우 인상적이다.

말레이시아 왕궁의 정식 명칭은 '이스타나 네가라'로, 왕궁이라는 뜻의 '이스타나'와 국립이라는 뜻의 '네가라'를 합쳐 이스타나 네가라로 불리고 있다. 국립 왕궁인 이스타나 네가라에는 실제 말레이시아를 통치하는 국왕이 거주하고 있으며, 이 때문에 왕궁에는 항상 근위병들이 근엄한 모습으로 위치하고 있다. 운이 좋으면 근위병의 교대식을 볼 수 있다고 하는데 시간대가 맞지 않아서인지 근위병 교대식을 보지는 못했다. 하지만 관광객들의 사진 촬영에도 근엄한 표정으로 움직이

화려한 황금빛 돔이 인상적인 말레이시아 왕궁 이스타나 네가라의 전경

❶ 말레이시아 국기가 높이 걸려 있는 메르데카 광장의 국기 게양대
❷ 하늘 높이 솟은 페트로나스 트윈타워의 모습
❸ 트윈타워 옆으로 한국 기업에서 새로 짓고 있는 건물의 건축 현장 모습

지 않는 모습만으로도 충분히 왕실 근위병의 위엄을 느낄 수 있었다.

화려한 말레이시아의 왕궁을 나와 메르데카 광장으로 이동하였다. 메르데카는 말레이어로 '독립'을 뜻하는데, 메르데카 광장은 1957년 8월 영국의 지배에서 벗어나며 독립 선언을 한 역사적인 장소이다. 메르데카 광장에 들어서면 세계 최대 높이를 자랑하는 국기 게양대가 가장 먼저 눈에 들어온다. 그 높이가 무려 100m에 이르는데, 이처럼 국기 게양대가 이곳에 높이 세워진 것은 말레이시아가 독립하면서 기존에 걸려 있던 영국 국기를 철거하고 그보다 훨씬 높게 말레이시아 국기를 게양했기 때문이다. 말레이시아 국기 옆에는 말레이시아 9개 주의 국기가 걸려 있고, 국기 게양대 주변으로 넓게 펼쳐진 잔디광장에서는 독립기념일마다 멋진 퍼레이드가 펼쳐진다고 한다.

말레이시아 독립을 대표하는 장소인 메르데카 광장을 나와 버스를 타고 페트로나스 트윈타워로 이동했다. 말레이시아는 앞서 말했듯이 동남아시아에서 자체 브랜드 차량을 생산할 수 있는 높은 기술력을 가진 유일한 나라이기도 하지만 고무나무와 팜나무를 비롯한 풍부한 천연자원을 가진 나라이기도 하다. 예전에는 고무나무를 많이 재배하였지만 요새는 팜유 생산을 위해 팜나무를 많이 심어 놓아 도로 양옆으로 팜나무를 쉽게 볼 수 있다.

말레이시아를 대표하는 랜드마크인 페트로나스 트윈타워는 그 명성만큼이나 거대한 크기를 자랑해서 이동하는 버스 안에서도 쉽게 찾아볼 수 있다. 하늘 높이 솟은 두 개의 쌍둥이 타워는 엄청난 규모를 자랑하는데, 1998년 완공된 이 건물은 2003년 타이완의 101타워가 건설되기 전까지

페트로나스 트윈타워 내부의 쇼핑몰

세계에서 가장 높은 건물이었다고 한다. 버스에서 내려 페트로나스 트윈타워를 들어가려 하는데, 타워 왼쪽으로 한국 기업이 새로 높은 건물을 짓고 있는 것이 보였다. 페트로나스 트윈타워 역시 한국 기업이 타워 2를 맡아 건설하였는데, 그때 당시 타워 1을 건설한 일본 기업과 건설 시기를 앞당기기 위한 경쟁에 맞붙었다는 이야기는 매우 유명하다.

미래를 꿈꾸는 곳, 푸트라자야와 믈라카

쿠알라룸푸르에서 20km 정도를 이동하면 말레이시아 정부에서 VISION2020 프로젝트를 통해 건설한 신행정수도 푸트라자야를 방문할 수 있다. 특히, 이곳 푸트라자야는 우리나라 세종시의 롤 모델로 유명한 곳이기도 한데, 푸트라자야라는 말은 말레이시아 초대 총리였던 툰쿠 압둘라만 푸트라 총리의 이름과 말레이어로 성공이라는 뜻을 가진 자야라는 말을 합쳐 만든 것이라고 한다. 푸트라자야는 말레이시아의 3개 연방 직할령 중 한 곳으로 연방에서 직접 관할하는 지역이며 13개의 주와 동등한 지위를 가지고 있다. 포화 상태인 쿠알라룸푸르를 대신하여 건설한 계획도시답게 푸트라자야는 도시 중심에 거대한 인공 호수를 조성하고 있으며, 도시의 40%에 가까운 토지를 녹지로 조성하였다고 한다.

푸트라자야를 들어서면 가장 먼저 눈에 보이는 것은 붉은빛이 인상적인 모스크인데, 일명 핑크 모스크로 불리는 푸트라자야 제1의 이슬람 사원인 푸트라 모스크는 핑크빛의 화려한 모스크와 이슬람 사원임을 짐작케 하는 높은 첨탑이 인상적이었다. 그 옆으로 말레이시아 총리가 집무를 보는 총리부 청사인 페르다나 푸트나를 볼 수 있으며, 이 밖에도 거대한 인공 호수와 넓은 녹지, 푸트라자야 독립광장 등이 이곳 푸트나자야를 대표하는 관광 명소이다.

말레이시아의 미래를 엿볼 수 있는 신행정수도 푸트라자야를 나와 이번에는 말레이시아의 과거를 엿볼 수 있는 공간인 믈라카로 향했다. 믈라카는 믈라카주의 주도로 믈라카강 어귀에 있으며, 이런 지리적 조건으로 인해 동서무역 중계항으로 크게 번성했었다고 한다. 그래서 이곳을 차지하기 위한 많은 침략이 있었고, 그 흔적은 지금도 믈라카 곳곳에서 발견할 수 있다. 푸트라자야를 보고 믈라카에 도착하니 어느새 주변이 어두워져 있었다. 믈라카의 다양한 유적지는 내일 자세히 살펴보기로 하고 저녁에는 하천을 따라 보트 투어를 하기로 하였다. 보트 투어를 하기 위해 선착장으로 천천히 걸어가고 있는데 이국적인 건물들이 많이 눈에 들어왔다. 이슬람 국가인 말레이시아는 국교가 이슬람교로 정해져 있지만 헌법에 종교의 자유를 명시해 놓아 자유로운 종교활동을 할 수 있다. 특히, 믈라카는 일찍 서양의 문물이 들어온 곳이라 다른 이슬람 국가에서는 보기 힘든 건물들을 많이 볼 수 있다. 그중에서도 은은한 조명을 받고 있는 붉은색 건물이 가장 먼저 눈에 들어왔는데, 바로 네덜란드 식민지 시절 지어진 크라이스트 처치이다. 이 건물은 영국 성공회 소속 교회로 믈라카의 상징적인 건물이며, 그 앞에는 영국의 식

핑크모스크로 더 유명한 제1의 이슬람 사원 푸트라 모스크 전경

민 지배를 받았다는 사실을 알 수 있는 빅토리아 분수가 위치하고 있다.

믈라카의 아름다운 밤거리를 즐기며 걷다 보니 어느새 보트 투어를 할 수 있는 선착장에 도착하

푸트라자야에 위치한 총리부 청사인 페르다나 푸트나 전경

였다. 믈라카 시내를 관통하는 수로에 관광용 리버보트가 설치되어 있어 이 보트를 이용하면 화려하진 않지만 저마다 이색적인 분위기를 자아내는 믈라카의 아름다운 건축물들을 감상할 수 있다. 보트 투어는 대략 40분 정도의 시간이 소요되는데 보트를 탑승한 곳과 내리는 곳이 같다. 보트 투어를 마치고 길거리를 걷다 보니 화려한 불

저마다 다양한 모습으로 화려하게 장식한 믈라카 관광 명물인 트라이시클

빛이 인상적인 믈라카의 대표적인 관광 명물인 트라이시클이 보였다. 트라이시클을 이용해서 믈라카의 밤거리를 구경하는 것도 좋은 경험일 듯싶었지만 이미 보트 투어를 마친 이후라서 다음을 기약하였다.

크라이스트 처치는 말레이시아에서 가장 오래된 교회로 붉은색의 네덜란드 건축양식이 특징이다.

믈라카 시내를 편안하게 감상할 수 있는 믈라카 리버보트

싱가포르

싱가포르는 우리나라 수도인 서울 면적의 1.2배 정도에 불과한 작은 도시 국가이지만, 이 작은 도시 국가는 독립한 지 반세기 만에 아시아의 대표적 금융 허브이자 세계의 금융 중심지로 탈바꿈하여 1인당 명목 국민소득이 5만 달러를 넘는 부자 국가로 성장하고 있다. 동남아시아를 관광한다면 싱가포르를 하루나 이틀 일정으로라도 꼭 방문할 정도로 많은 관광객들이 방문하는 관광대국이기도 하다. 싱가포르의 지리적인 위치가 우리나라보다 한참 저위도에 위치하다 보니 날씨도 사계절 내내 따뜻하고 치안도 매우 안정적이며, 싱가포르 어디를 가도 영어가 통용되니 많은 관광객들이 방문하기에는 그야말로 좋은 여건을 갖췄다. 연간 1,600만 명의 관광객이 싱가포르를 찾는 이유가 다 있는 것이다.

세계 최고의 공항, 창이 국제공항에 도착

싱가포르 창이 국제공항에 도착하니 시간이 어느새 자정에 가까워져 있었다. 처음에는 공항 셔틀버스를 이용할 수도 있겠다는 기대를 했지만 수화물을 찾는 데 걸리는 시간이 있어 공항 셔틀버스는 과감히 포기하고 택시를 이용하기로 하였다. 택시는 싱가포르에서 가장 많이 이용하게 된 교통수단이었는데('여행에선 시간이 돈이다.'라는 자기합리화가 크게 작용했다.), 싱가포르 택시의 경우 가장 많이 볼 수 있는 차종이 반갑게도 현대자동차에서 만든 소나타 였다. 싱가포르에서는 소나타를 비롯한 레귤러 택시와 크라이슬러나 벤츠 등의 고급 택시의 요금이 다르기 때문에 택시를 이용할 때 주의가 필요하다.

싱가포르를 대표하는 랜드마크인 마리나베이샌즈 호텔

싱가포르에서는 택시가 아무 곳에나 서지 않고 정해진 택시 정류장에서만 이용할 수 있는데, 혹시 크라이슬러 같은 고급 택시가 부담스럽다면 줄을 서서 기다리다 고급 택시는 뒷사람에게 양보하고 레귤러 택시가 왔을 때 이용하면 된다.

창이 국제공항이 시내에서 다소 거리가 있다 보니 사실 택시는 다른 교통수단보다 편한 장점은 있지만 가격이 비싼 편이다. 이럴 때 편하게 이용할 수 있는 것이 MRT인데 MRT는 싱가포르의 지하철을 부르는 말로 공항에서 도심까지 가장 저렴하게 이동할 수 있다는 장점이 있다. 다만 24시간 운행하는 것이 아니기 때문에 공항 도착 시간을 고려해야 한다. 또 개인 짐이 너무 많다면 MRT를 이용해서 도심으로 나가기엔 무리가 따를 수 있다. 이런 단점을 보완할 수 있는 교통수단이 공항 셔틀버스인데, 공항 셔틀버스는 24시간 운영하며 시내 주요 호텔까지 저렴한 가격으로 이동할 수 있기 때문에 시간만 맞출 수 있다면 이용하기 좋은 교통수단일 것이다. 택시를 타고 행선지를 말하자 말로만 듣던 싱글리시를 경험하게 되었다. 우리나라의 콩글리시처럼 싱글리시는

마리나베이샌즈 호텔 전망대에서 바라본 싱가포르의 화려한 야경

싱가포르와 잉글리시를 합쳐 부르는 말로 싱가포르 특유의 억양이 강해 처음엔 쉽게 이해하기가 어렵다. 하지만 눈빛과 몸짓을 이용해 가며 나는 콩글리시로, 기사는 싱글리시로 이내 이야기가 잘 통했고, 이렇게 이야기하는 사이 택시는 어느새 시내로 들어서서 창밖으로 화려한 싱가포르의 야경이 내 눈에 들어왔다.

사자의 나라, 싱가포르

싱가포르를 대표하는 마스코트 머라이언

싱가포르를 우리가 흔히 '사자의 나라'라고 하는데 이런 이름은 다음과 같은 이야기에서 유래하였다. 스리위자야 왕국의 왕자가 가까운 주변을 여행하다가 싱가포르를 발견하여 사냥을 하던 중 사자 모양의 짐승을 보고 사자를 뜻하는 '싱가'와 도시를 뜻하는 '푸라'를 합쳐 사자의 도시라는 '싱가푸라'라고 불렀는데 이것이 오늘의 싱가포르라는 이름의 유래이다. 그래서인지 인어라는 뜻의 '머메이드'와 사자라는 뜻의 '라이언'이 합쳐진 의미를 가지고 있는 '머라이언'은 싱가포르를 대표하는 상징물이자 마스코트이다.

작은 항구였던 사자의 도시 싱가푸라에서 1인당 국민소득이 5만 달러가 넘는 거대한 나라 싱가포르로 성장하기까지 가장 중요한 역할을 한 인물은 바로 래플스 경일 것이다. 래플스 경은 영국

싱가포르와 센토사섬을 연결하는 케이블카에서 바라본 풍경

의 정치인으로 싱가포르의 가치를 눈여겨보고 세계적인 무역항으로 발전시킨 사람으로 싱가포르 건국의 아버지로 불리고 있다.

래플스 경의 동상

싱가포르에서 센토사섬으로 케이블카를 이용하여 들어가면 싱가포르의 역사와 문화를 바로 한눈에 살펴볼 수 있는 '이미지 오브 싱가포르'를 방문할 수 있다. 이곳에서는 실제 모습을 그대로 재현한 밀랍 인형과 생생한 사운드와 냄새까지 사실적으로 재현해 놓은 전시물들이 있는데, 싱가포르의 역사와 문화를 쉽게 볼 수 있다는 점에서 추천할 만한 장소이다.

싱가포르 하면 떠오르는 것 중에 하나는 아마 강력한 법치국가의 이미지일 것이다. 수많은 벌금체계가 존재하고 있으며, 특히 싱가포르는 세계 최강대국 미국과 마찰을 빚으면서까지 공공기물파손죄를 지은 미국인 소년에게 태형을 집행할 정도로 법 집행이 엄격한 나라이다. 싱가포르를 일명 '파인 시티(Fine City)'라고 부르기도 하는데, 이는 높은 벌금으로 유명한 싱가포르를 표현한 말이다. 껌만 씹어도 1,000싱가포르달러(우리 돈 85만 원 정도)를 내야 할 정도이니 벌금의 나라로 불리기에 충분하다. 하지만 이런 영향에서인지 싱가포르를 여행하면서 도시 어디에서도 길가에 함부로 버려져 있는 쓰레기를 보지 못했으며, 싱가포르 어느 곳을 가도 도시 전체가 깔끔한 인상이다. 그리고 엄격한 법에 눌려 있으리라 예상한 싱가포르의 모습은 그 어느 도시보다 활기차 보였다. 아마 많은 규제와 규칙이 습관화되어 다른 사람들에게 피해를 준다거나 기분 나쁘게 만들 수 있는 일이 일어나지 않기 때문일 것이다. 그래서 싱가포르 어디에 가서도 밝은 모습의 싱가포르인들을 마주할 수 있었다. 창이 공항에서 내리자마자 탄 택시에서 만난 기사의 목소리도, 보

TIP 다양한 싱가포르의 벌금 제도

'파인 시티(Fine City)'로 유명한 싱가포르는 다양한 벌금 제도를 운영하고 있는데, 지하철에서의 음식 섭취 등을 비롯해 흡연이나 심지어 화장실 변기 물을 내리지 않은 것에 대해서도 벌금을 부과하고 있다. 벌금 제도가 워낙 다양하고 유명해서 액세서리나 티셔츠 같은 관광 기념품을 만들어 팔고 있을 정도이니 여행 경비 외에 추가적인 지출을 하고 싶지 않다면 여행 전 싱가포르의 벌금 제도에 대해서 간단하게 알아보고 가는 것이 바람직할 것이다.

싱가포르의 다양한 벌금을 보여 주는 기념 액세서리들

태닉 가든에서 운동하고 있던 젊은 청년도, 차이나타운과 리틀인디아에서 만난 많은 사람들도 모두 활기차고 밝아 보였다.

싱가포르를 여행할 수 있는 다양한 교통수단

싱가포르는 관광대국답게 가장 기본적인 교통수단인 MRT를 비롯하여 관광객이 쉽게 이용할 수 있는 다양한 교통수단을 가지고 있는데, 대표적인 것이 시아홉온 버스(SIA Hop on Bus)와 히포투어 버스(Hippo Tour Bus)이다. 시아홉온 버스는 싱가포르의 대표 항공사인 싱가포르 에어라인을 이용하는 여행자를 위해 저렴한 가격으로 싱가포르 도심을 이동할 수 있는 버스이다. 히포투어 버스는 2층이 오픈된 관광 전용 버스로 오리지널 루트, 헤리티지 루트 등 정해진 노선을 자유롭게 이용할 수 있다. 이 밖에도 싱가포르를 경유하는 사람들을 위해 공항에서 운영하는 투어 버스도 있다.

싱가포르 여행을 하면서 처음 이용한 것이 히포투어 버스였는데, 히포투어 버스의 오픈된 2층 공간도 매력적이지만 히포투어 버스 노선이 싱가포르 대부분의 유명 관광지를 지나기 때문에 계속해서 노선을 찾아보고 환승해야 하는 MRT나 가격이 비싼 택시에 비해 충분히 이점이 있다고 생각되었다. 하지만 처음 투어 버스를 타려고 했을 때부터 문제가 생겼으니 바로 버스 정류장을 쉽게 찾기 어렵다는 것이었다. 한낮의 뜨거운 싱가포르의 햇살을 받으며 버스 정류장을 헤매다 결국 택시를 이용해 이동했었는데, 히포투어 버스를 이용하는 가장 쉬운 방법은 부의 분수가 있는 선텍시티에 가서 인터넷에서 구매한 패스를 보여 주고 티켓을 받아 바로 앞에 있는 정류장에서 버스를 이용하는 것이다. 사전에 이어폰을 챙겨 가면 주요 관광지를 지나면서 한국어를 비롯하여 다양한 언어로 관광지에 대한 소개를 해 주기 때문에 처음 싱가포르를 방문하는 관광객에게는 더욱더 좋은 선택이 될 것이라 생각된다. 히포투어 버스는 버스의 색깔로 쉽게 어느 지역을 돌아다니는 버스인지 구별할 수 있는데, 전체 버스 노선도를 보고 자신이 가고 싶은 지역으로 이동하는 버스를 이용하면 된다. 처음에는 바로 내리지 않고 전체적으로 싱가포르 시내를 한 바퀴 돌

싱가포르의 대표적인 투어 버스인 시아홉온 버스(왼쪽)와 히포투어 버스(오른쪽)

면서 설명을 들은 다음, 가고 싶은 곳으로 향하는 버스로 갈아타서 관광하는 것도 좋은 방법인 듯하다.

싱가포르는 도시 국가이기 때문에 투어 버스만으로도 어느 정도 전체적인 싱가포르의 모습을 볼 수 있지만, 투어 버스는 처음 하루 정도만 1일권을 사서 이용하고 나머지 여행기간 동안은 MRT나 다른 교통수단을 이용하는 것이 더 좋을 듯하다. 투어 버스 자체의 노

줄 서서 대기하는 'Q' 표시

선이 주요 관광지를 순회하는 코스이긴 하지만 매일매일 같은 코스만 보는 것도 지루할 수 있을 뿐더러 투어 버스만으로는 갈 수 없는, 예를 들면 센토사섬이나 나이트 사파리 같은 곳들도 있기 때문이다.

센토사섬은 세계적인 테마파크인 유니버셜스튜디오가 위치해 있다. 이곳을 가기 위해서는 케이블카나 버스 등을 이용할 수 있는데, 아무래도 관광하기에는 버스보다는 케이블카가 더 매력적이다. 케이블카는 싱가포르에서 센토사섬을 왕복해서 운행하며 시간도 오래 걸리지 않으면서 싱가포르 전경을 한눈에 볼 수 있기 때문에 많은 관광객이 이용한다. 나 역시 센토사섬으로 이동할 때 케이블카를 이용했는데, 내 뒤에 있던 관광객이 여기가 'Q'인지 묻는 것이었다. 'Q'라는 것은 물건을 사기 위해 줄을 서거나 혹은 케이블카 등을 이용하기 위해 줄을 서 있는 라인을 의미한다고 한다. 그때는 그것을 잘 몰라서 무슨 의미인지 물어보았는데, 싱가포르에서는 다른 여러 곳에서도 'Q'라고 되어 있는 곳을 자주 볼 수 있었다.

화려한 야경이 아름다운 도시

싱가포르를 지나다 보면 커다란 배 모양의 건축물이 높은 건물들 위에 얹혀 있는 진풍경을 볼 수 있는데, 이 건물이 바로 싱가포르를 대표하는 건축물인 마리나베이샌즈 호텔이다. 마리나베이샌즈 호텔은 굉장히 독특한 외관을 가지고 있는데, 이는 건설 당시 싱가포르 총리의 특별한 부탁 때문이라고 한다. 미국계 샌즈 그룹에 대해 전폭적인 지원을 약속하면서 세상에 하나뿐인 건축물을 만들어 달라고 부탁했는데 이 건물이 바로 마리나베이샌즈 호텔이다. 마리나베이샌즈 호텔은 지을 때부터 세계 건축가들의 주목을 받으며 화제가 되었는데, 두 장의 카드가 서로 기댄 모습에서 착안한 건물의 외형은 피사의 사탑 기울기보다 10배나 더 기울어진 각도로 설계되어 실제 마

마리나베이샌즈 호텔 내에 있는 호텔의 조형물

마리나베이샌즈 호텔에 가면 저녁마다
화려한 분수 쇼를 무료로 관람할 수 있다.

리나베이샌즈 호텔에 들어서면 건물 외벽이 중앙쪽으로 기울어져 있는 모습을 쉽게 확인해 볼 수 있다.

마리나베이샌즈 호텔 자체를 구경하기 위해서는 낮보다는 밤을 추천하는데, 그 이유는 이곳에 오면 한눈에 아름다운 싱가포르 시내 야경을 감상할 수 있기 때문이다. 마리나베이샌즈 호텔에는 스카이파크라는 전망대가 있는데, 요금이 다소 비싸다고 느껴질 수도 있다. 하지만 싱가포르의 가장 높은 곳에서 싱가포르 시내를 여유 있게 감상할 수 있어 숙소를 이곳에 잡지 않았더라도 한 번쯤은 가 볼 만한 장소임에는 분명하다. 또한, 꼭 밤에 가지 않더라도 마리나베이샌즈 호텔 근처에는 '그린&클린 시티'로 불리는 싱가포르 정부가 야심차게 조성한 식물원인 가든스바이더베이와 세계의 다양한 명품 브랜드들이 입점해 있는 쇼핑몰, 입에서 물을 쏘는 머라이언 동상이 있는 머라이언 파크 등이 위치해 있어 낮에도 다양한 싱가포르 관광지를 즐길 수 있다.

마리나베이샌즈 호텔에 가면 빼놓지 말고 보아야 할 구경거리가 있는데, 하나는 옥상에 조성된 수영장과 전망대이고, 다른 하나는 저녁마다 펼쳐지는 레이저 분수 쇼이다. 나는 저녁에 마리나 베이샌즈 호텔을 들어갔기 때문에 바로 분수 쇼를 관람할 수 있었는데, 마리나베이샌즈 호텔에서 쏘아지는 레이저와 웅장한 사운드, 그리고 분수에 투영된 영상이 조화를 이뤄 아름다운 싱가포르 야경과 함께 잊지 못할 추억을 만들어 주었다. 처음 분수 쇼를 보러 갔을 때에는 장소도 시간도 정

자유로운 분위기에 맘껏 취할 수 있는 클락키 주변 풍경.
강가를 따라 많은 펍이 운영되고 있으며, 이곳에서 싱가포르의 대표적인 칵테일인 싱가포르 슬링을 맛볼 수도 있다.

확히 몰라 헤매었는데, 두 번째로 싱가포르에 가서는 분수 쇼가 시작되기 전 미리 도착해서 좋은 자리에서 관람할 수 있었다. 쇼는 공짜이기 때문에 마리나베이샌즈 호텔 쇼핑몰을 지나 강가에서 사람들이 많이 모여 있는 장소를 찾으면 쇼가 펼쳐지는 장소를 쉽게 찾을 수 있을 것이다.

마리나베이샌즈 호텔에서 화려한 싱가포르의 야경과 분수 쇼를 구경하고 나니 싱가포르의 야경 속으로 더 들어가고 싶어졌다. 같이 간 일행들과 함께 싱가포르의 화려한 밤거리를 느끼기 위해 강가의 양옆으로 길게 늘어선 펍(pub)들이 있는 클락키를 향해 택시를 타고 이동하였다. 택시 기사에게 클락키로 가자고 했더니 오늘(수요일)은 '레이디스 나이트(Lady's Night)'라 해서 여성들은 클럽에서 음료를 무료로 맛볼 수 있는 날이라 사람들이 더 붐빌 것이라고 하였다. 항상 싱가포르 하면 무거운 벌금과 강력한 법치국가를 생각했었는데 이곳도 역시 젊은이들의 열정은 똑같다는 생각이 들었다.

클락키에 도착해 가장 먼저 찾은 곳은 칠리크랩으로 유명한 한 해산물 레스토랑이었다. 지난번 싱가포르 여행에서도 이곳을 찾아 칠리크랩을 맛봤었는데 정말로 그 맛이 일품이었다. 예약은 온라인으로 한국에서도 미리 할 수 있으며, 요구사항에 강가 자리를 부탁하면 실내가 아닌 야외에서 맛있는 칠리크랩을 맛볼 수도 있다. 하지만 이번엔 이미 식사를 마친지라 이 레스토랑을 지나쳐 클락키 펍으로 이동하였다. 이곳에 온 가장 큰 이유는 바로 싱가포르의 대표적인 칵테일인 싱가포르 슬링을 맛보기 위함이었다. 클락키 강가를 거닐다 분위기 좋은 펍을 찾아 들어가니 강가에 자리를 마련해 주었다.

자연과 함께 숨 쉴 수 있는 도시

'그린&클린 시티'로 불리는 싱가포르는 그 별명에 걸맞게 도심에서도 쉽게 자연과 어울려 있는 멋진 장소들을 찾아볼 수 있는데 대표적인 장소가 보태닉 가든이다. 싱가포르의 위치가 아열대 지역이다 보니 워낙에 식물들이 잘 자라기도 하지만 보태닉 가든은 이 섬의 무수한 공원들 중에서도 단연 으뜸이다. 보태닉 가든은 싱가포르의 대표적인 쇼핑 거리인 오차드 로드 옆에 위치해 있으며, 히포투어 버스를 이용할 경우 오리지널 버스를 이용하면 쉽게 찾을 수 있다. 혹시 렌터카를 이용할 경우에는 오차드 로드의 면세점 주차장을 이용하면 관광객은 두 시간 정도 무료로 주차가 가능하다. 우리는 버스를 타고 보태닉 가든으로 이동했는데, 더운 날씨에도 불구하고 보태닉 가든에는 피크닉이나 가벼운 운동을 즐기는 현지인들을 많이 볼 수 있었다.

보태닉 가든의 산책로를 따라 가볍게 산책을 하면서 느낀 건 싱가포르의 날씨는 정말 덥다는 사실과 아무 생각없이 풍경만 보며 걷다 보면 길을 잃어버리기 쉽다는 것이다. 물론 처음 공원을 걸으면서 바라본 깨끗한 공원의 풍경은 매우 아름답고 부러운 풍경이다. 하지만 이내 싱가포르의 더운 날씨가 우리를 괴롭혔다. 여유 있게 보태닉 가든을 즐기기 위해서는 뜨거운 태양을 차단할 모자나 양산, 선글라스 등을 챙기는 것이 필수다.

보태닉 가든을 나와 싱가포르의 대표적인 또 다른 공원인 주롱 새 공원으로 이동하였다. 주롱 새 공원 역시 자연 친화적인 싱가포르의 모습을 보여 주는 대표적인 공원인데, 이곳에서는 전 세계 600여 종, 9,000여 마리의 다양한 새들을 볼 수 있다. 원래 이곳은 공업단지였는데, 싱가포르의 장관이 브라질을 방문했다가 그곳의 새장을 보고 착안하여 지금의 자연 공간으로 변화시켰다고 한다. 주롱 새 공원이라고 하면 흔히 주롱새라는 새가 살고 있는 것으로 착각하기 쉬운데, 주롱은 새 이름이 아니라 이 공원이 위치한 지역의 이름이다.

일행과 함께 주롱 새 공원에 도착하여 가장 먼저 본 새는 펭귄이었다. 더운 열대 나라에서 무슨 펭귄인가 싶겠지만 입구에 펭귄 해안이 있어 펭귄들을 구경할 수 있다. 펭귄을 구경하고 공원 안을 들어가 보니 바로 보이는 기차역! 주롱 새 공원을 한 바퀴 돌 수 있고 중간중간 정류장이 있어 내려서 다양한 새들을 구경할 수 있다. 아까 보태닉 가든에서 충분히 싱가포르의 더위를 느낀지라 바로 기차를 향해 달려갔다. 일행 중 대다수도 나와 같은 생각이었는지 기차 시간이 아직 남았음에도 이미 기차는 만원이었다. 처음에는 한 바퀴를 중간에 내리지 않고 돌면서 어떤 장소들이

140년 역사를 자랑하는 보태닉 가든은 싱가포르인들에게 데이트와 피크닉 장소로 사랑받는 공원이다.

세계 최대 규모의 야생 조류 공원인 주롱 새 공원   주롱 새 공원의 공연

있는지 살펴보고, 두 번째 천천히 걸어가면서 공원을 구경했는데 전체적으로 깨끗하게 잘 꾸며져 있다. 주롱 새 공원에서 가장 인기 있는 장소를 뽑으라면 역시 새 공연장이라고 할 수 있을 것이다. 새 공연 시간에 맞춰 공연장에 들어서니 어린아이부터 외국인 관광객까지 순식간에 자리가 다 차서 좋은 자리는 이미 앉을 수도 없다. 공연은 영어로 진행되었는데, 싱가포르 영어 발음 자체가 굉장히 독특하기도 하고 관광객들을 위한 공연 자막이 따로 나오지 않아 좀 아쉬웠지만 공연 내내 관객들과 소통하면서 공연을 즐겁게 관람할 수 있었다.

거대한 테마파크를 꿈꾸다

싱가포르에서 가장 인기 많은 장소를 꼽으라고 하면 누가 뭐라 해도 머라이언 파크에 위치한 머라이언 동상 근처일 것이다. 싱가포르를 대표하는 아이콘이자 마스코트인 머라이언은 싱가포르에서 3곳의 장소에서 찾아볼 수 있는데, 크기가 가장 커서 흔히 '아빠 머라이언'으로 불리는 머라이언은 센토사섬에, 그에 비해 크기가 작아 '엄마 머라이언'과 '아기 머라이언'으로 불리는 머라이

TIP   야간에 즐기는 또 다른 즐거움, 나이트 사파리

나이트 사파리는 싱가포르에 세계 최초로 만들어진 야간 개장 동물원으로 면적은 0.4km²에 이른다. 싱가포르 동물원에 인접한 열대우림 지역에 1994년 5월 정식으로 문을 열어 100여 종 1,200여 마리의 동물들이 서식하고 있다. 트램을 이용하거나 걸어서 관내를 둘러볼 수 있으며, 가까이에서 자유롭게 돌아다니는 다양한 동물들을 볼 수 있다. 야간 개장이라는 특징답게 보다 긴장감 있게 다양한 동물을 볼 수 있다는 점에서 다른 어떤 동물원보다 꼭 찾아가 봐야 할 명소이다.

싱가포르 시내에서 나이트 사파리까지 운행하는 버스가 있으나 시간을 잘 맞추지 못하면 택시를 타고 돌아와야 하는 경우가 있으니 사전 버스 운행 시간표를 확인하고 관람 시간을 맞추는 것이 중요하다.

언은 머라이언 파크에 나란히 위치하고 있다. 이 중에서 가장 인기 많은 머라이언상이 바로 머라이언 파크 안에서 하루 종일 입에서 시원하게 물을 내뿜고 있는 머라이언상이다. 원래 위치는 풀러턴 호텔 앞이었으나 에스플러네이드 다리가 만들어지면서 전망이 가리게 되어 마리나베이샌즈 호텔의 맞은편, 지금의 자리로 옮겼다고 한다.

우리 일행 역시 머라이언상을 배경으로 많은 사진을 찍었는데, 우리뿐만 아니라 많은 사람들이 이곳을 배경으로 이용해 즐거운 모습으로 사진을 찍고 있었다. 싱가포르에는 이처럼 도시 곳곳에 특색 있는 장소를 많이 마련해 놓았다. 머라이언 파크에서도 보이는 에스플러네이드 건물 역시 이러한 특색 있는 장소 중 한 곳인데, '과일의 황제'로 불리는 열대 과일인 두리안을 형상화하여 만든 싱가포르의 문화생활을 위한 국립 극장이다.

싱가포르는 작은 도시 국가이지만 지역이 가진 장점을 극대화하여 도시 전체를 거대한 테마파크로 발전시켰다. 센토사섬에 위치한 유니버설 스튜디오를 비롯한 외국의 유명 산업을 적극적인 지원을 통해 유치시켰고, 아열대성 기후가 가진 지리적 위치를 이용해 보태닉 가든이나 가든스바이더베이와 같은 다양한 식물 테마공원, 주롱 새 공원이나 나이트 사파리와 같은 동물 테마공원을 만들어 냈다. 이러한 싱가포르의 노력이 많은 관광객들을 유치할 수 있는 이유이지 않을까? 지금도 우리를 불러 모을, 끝없는 에너지를 발산하고 있는 싱가포르의 앞으로의 모습을 기대해 본다.

시원하게 입에서 물줄기를 내뿜고 있는 머라이언 파크에 위치한 머라이언상

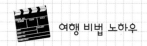 여행 비법 노하우

교통·숙박·음식

☞ 항공...말레이시아나 싱가포르를 가기 위해서는 크게 대한항공이나 아시아나항공과 같은 국적기를 이용하는 방법과 말레이시아항공이나 싱가포르항공 같은 외항기를 이용하는 방법이 있다. 또한 두 나라를 모두 방문하고 싶다면 말레이시아에서 조호바루를 통해 육로로 싱가포르를 방문할 수도 있다. 싱가포르만을 방문할 때는 싱가포르항공을 이용하면 시아홉온 버스를 무료로 이용할 수 있다.

☞ 숙박...말레이시아와 싱가포르는 동남아시아의 관광 대국답게 숙박시설이 굉장히 잘 발달되어 있다. 숙박 예약은 각 호텔 공식 홈페이지나 호텔스닷컴, 아고다 등과 같은 사이트를 이용하여 쉽게 예약할 수 있다. 호텔 숙박 시 두리안과 같은 음식은 반입 자체가 안 되기 때문에 사전 확인이 필요하다.

☞ 음식...말레이시아와 싱가포르는 아열대성 기후에 속하기 때문에 다양한 과일과 해산물을 맛볼 수 있는 나라이다. 또한 토종 인종인 말레이계 사람들을 비롯하여 중국계, 인도계 등 다양한 출신의 사람들이 모여 있기 때문에 다양한 종류의 음식을 맛볼 수 있다. 말레이시아에서는 야시장 같은 곳을 방문하면 다양한 해산물과 과일을 저렴하게 맛볼 수 있다. 싱가포르에서 특히 유명한 것은 칠리크랩 요리인데, 대표적인 식당은 점보 시푸드 레스토랑으로 클락키 근처에만 2곳이 자리 잡고 있다. 그 밖에도 차이나타운의 야쿤카야 토스트, 비첸향 육포나 오차드 로드 니안시티 앞에서 맛볼 수 있는 아이스크림 빵 등도 싱가포르 여행을 더 즐겁게 해 줄 수 있는 별미이다.

주요 체험 명소

1. 버자야 힐: 말레이시아 수도인 쿠알라룸푸르에서 40분 정도 거리에 위치한 곳으로 해발 약 3,000m의 고지대이며 피서지로도 인기 많은 지역이다. 이국적인 형태로 유럽 마을의 분위기가 물씬 풍기며, 특히 일본 특유의 정갈함을 느낄 수 있는 재패니스 빌리지가 유명하다.
2. 바투 동굴: 쿠알라룸푸르 북쪽에 위치한 셀랑고르주에 위치한 바투 동굴은 인도를 제외한 최대 규모의 힌두교 성지이다. 힌두교 축제 기간에는 수없이 많은 힌두교 신자들과 관광객이 모여든다.
3. 유니버설 스튜디오: 나이트 사파리나 주롱 새 공원 등 자연 친화적인 테마파크도 싱가포르에 많지만 유니버설 스튜디오는 매년 어마어마한 관광객 등을 유치하고 있는 효자 장소이다. 다양한 놀이시설을 이곳에서 즐길 수 있으며, 대표적인 기구로는 트랜스포머 더 라이드 등이 있다.
4. 오차드 로드: 오차드라는 말은 과수원이라는 뜻으로, 19세기까지 거대한 농장과 과수원이 있었던 곳인데 지금은 논스톱 쇼핑 스트리트로 변모하였다. 수많은 쇼핑센터들과 음식점, 최고급 호텔 등을 이곳에서 만나 볼 수 있다.

말레이시아와 싱가포르는 말레이계, 중국계, 인도계 등 다양한 인종으로 구성된 다민족 국가이다. 따라서 각각의 민족에 따라 축제가 없는 달이 거의 없어 언제 오더라도 다양한 축제를 만끽할 수 있다. 대표적인 축제로는 이슬람 국가인 말레이시아에서 라마단이 끝나는 날에 실시하는 하리 라야 푸아사가 있는데, 라마단 기간 동안 즐기지 못한 다양한 음식들을 곳곳에서 무료로 제공하기도 하고 친구와 이웃들을 초대하는 오픈 하우스 행사도 한다. 이 밖에도 말레이시아와 싱가포르에는 메카 순례를 기념하는 하리 라야 아이딜 아다, 힌두교 축제인 타이푸삼, 석가탄신일인 베삭데이, 쇼핑하기 좋은 그레이트 싱가포르 세일 등이 있다.

이슬람 문화를 체험할 수 있는 조호바루

조호바루는 말레이시아 지역으로 싱가포르에서 버스를 이용하여 갈 수 있는 곳이다. 말레이시아는 싱가포르와 달리 이슬람 문화권이기 때문에 이곳에서 이슬람 문화를 체험해 볼 수 있으며, 아시아에 단 한 곳뿐인 레고랜드를 방문할 수도 있다.

아름다운 휴양지, 빈탄섬과 바탐섬

싱가포르에서 페리를 이용하면 50분이면 갈 수 있는 가까운 곳으로 인도네시아를 대표하는 휴양지이다. 싱가포르 여행을 하면서 휴양지 분위기를 내고 싶다면 저렴한 비용으로 이곳 빈탄섬과 바탐섬을 방문하면 된다.

 참고문헌

• 허유리, 2013, 싱가포르 100배 즐기기, 알에이치코리아.
• 김이재, 2012, 펑키 동남아시아, 시공사.
• 정상구, 2012, 특별한 해외여행 백서, 나무자전거.

12

시간이 층층이 쌓여 가는 기억을 찾아서

모로코

모로코는 우리에게 익숙한 나라가 아니다. 모로코 하면 무엇이 떠오르냐고 학생들에게 물어본 적이 있다. 학생들은 왕자님이라고 답했다. 물론 모로코에도 왕자가 있다. 하지만 잘생긴 왕자로 유명한 나라는 모로코가 아닌 모나코이다. 모나코는 프랑스 남쪽에 위치한 세계에서 두 번째로 작은 나라이다. 이름이 비슷하여 혼동한 모양이다.

모로코는 아프리카 북쪽 지중해변에서 가장 서쪽에 있는 나라다. 그래서 나라 이름도 아랍어로 는 서쪽을 뜻하는 '알 마그레브'이다. 아랍 세계에서 모로코의 위치를 보여 주는 적절한 이름이다. 국가 면적이 한반도의 약 두 배 크기인 모로코는 지리적으로는 북쪽으로 지브롤터 해협을 경계로 스페인과, 동쪽으로는 알제리, 남쪽으로는 서사하라*와, 서쪽으로는 대서양으로 접하는 남북으로 긴 나라이다. 지브롤터 해협을 경계로 스페인과는 14km밖에 떨어져 있지 않아, 예로부터 유럽과 아프리카를 잇는 관문 역할을 해 오고 있다. 지금도 스페인의 타리파 항과 모로코의 탕헤르 항 사 이에는 정기선이 운항 중이어서, 다른 나라에 넘어가는 것 같지 않게 배 안에서 간단한 수속을 밟 으면 국경을 넘어갈 수 있다.

---

* 서사하라는 독립 선언은 했지만, 복잡한 국제 정세로 인하여 온전한 독립국의 지위를 누리지 못하고 있다. 지도를 보면 모로코 와 서사하라는 점선으로 국경이 구분되어 있다. 모로코가 실효적으로 지배하고 있기 때문에 모로코에서 나오는 지도에서는 점 선 국경선을 표시하지 않고 자국 영토로 인정하고 있다.

TIP 지역의 관점에서 바라 본 모로코: 마그레브(Maghreb, Maghrib)

아프리카 북서부의 모로코, 알제리, 튀니지 등을 통칭하여 아랍어로 '서쪽' 또는 '해가 지는 땅'을 뜻하는 마그레브라고 부른다. 이슬람교의 중심 지역이었던 사우디아라비아, 이라크 등은 마슈리크(Mashriq)라고 부르는데, 이는 아랍어로 '동쪽' 또는 '해가 뜨는 땅'을 말한다. 마그레브와 마슈리크를 나누는 기준은 이집트의 나일강이다.

마그레브 국가들은 과거 프랑스의 식민지였고, 지금은 독립을 했지만 여전히 프랑스의 영향력에서 자유롭지는 않다. 프랑스어는 여전히 마그레브 전역에 걸쳐 널리 사용되고 있다. 세 나라 모두 베르베르인 원주민이 살아가고 있으며, 8세기부터 시작된 모슬렘의 침입으로 이슬람의 영향을 받고 있다.

모로코는 약 3,200만 명이 살아가고 있다. 국왕이 직접 다스리는 입헌 군주제가 실시되는 나라이며, 국왕은 이슬람교의 창시자이자 예언자인 무함마드의 후손이라 주장하고 있다. 국민의 99%가 수니파 이슬람교를 믿는다. 현재 전체 인구 가운데 아라비아 반도에서 이주해 온 아랍족이 65%, 사하라 사막의 원주민인 베르베르족이 35%를 차지한다. 베르베르족은 그들 스스로를 귀족 혈통의 사람이란 의미에서 이마지겐(Imazighen)으로 부른다.

라바트에서 만난 이마지겐족.
과거에는 사하라 사막의 물장수였지만, 지금은 관광객들에게
돈을 받고 물을 팔고 함께 사진을 찍어 준다.

여기서 이마지겐을 무어인이라고도 한다. 무어인은 '이슬람교를 믿는 아프리카 사람들'이라는 뜻으로, 영어권에서는 모로코인을 말한다. 이들은 과거 사하라 사막을 건너며 장사를 했던 대상(大商)으로 유명했다. 현지에서 들어 보니 모로코 사람들은 세계 3대 상인에 해당된다고 한다. 세계 3대 상인은 중국 상인인 화교들과 유대인들, 그리고 아랍인들이다. 아랍인들의 교역 역사는 2,500년이 넘었다. 기원전 5세기 오만과 로마까지 사막을 가로지르는 유향 교역으로 2,000배의 이익을 올렸다. 그래서인지 지금도 그들은 사업 수완이 좋기로 유명하다.

모로코의 역사를 간단히 살펴보자. 8세기 말에 이드리스 왕조가 모로코에 최초로 나라를 세웠다. 이드리스 왕조의 수도였던 페스는 오랫동안 이슬람교의 중심지가 되었다. 이드리스 왕조가 멸망한 뒤에는 알모라비데 왕조, 메리니드 왕조, 사아드 왕조 등 여러 왕조가 모로코를 다스렸다. 지금은 알라위트 왕조로 17세기부터 현재까지 모로코를 지배하고 있다. 유럽 열강의 지배 대상이 되어서 스페인과 프랑스의 지배를 받다가 1956년에 프랑스로부터 독립했다. 공용어는 아랍어이지만, 프랑스어와 베르베르어도 통용된다. 그래서 간판을 보면 프랑스어와 아랍어가 혼용되고 있는 것을 발견할 수 있다.

사막만이 가득한 아프리카?

모로코도 엄연히 아프리카의 일부이다. 그러면 모로코에서는 사자와 코끼리, 낙타를 볼 수 있을까? 물론 모로코 남쪽에는 세계에서 가장 큰 사하라 사막이 있다. 그곳에 가면 낙타를 볼 수 있고, 낙타를 타고 사막을 다니는 낙타 투어도 할 수 있다. 아프리카는 거대한 대륙이기에 그 속에서 다양한 기후대와 지형을 볼 수 있다.

코르크나무 껍질

모로코는 북쪽으로는 지중해, 서쪽으로는 대서양을 끼고 있는 아프리카 북서쪽의 나라다. 모로코 남동부에는 신기조산대에 해당하는 아틀라스산맥이 자리 잡고 있고, 이 아틀라스산맥이 세계 최대의 사막인 사하라 사막과 자연적 경계를 이룬다. 대체로 반건조 지역의 스텝 토양이 나타나며, 기후적으로는 지중해성 기후에 해당된다. 남서부의 사하라 사막 지역은 물론 건조 지역에 속한다. 지중해성 기후는 여름철에 고온건조하고, 겨울철에 온난습윤한 특징을 가진다. 우리나라와는 다르게 겨울철이 여름철에 비해 비가 더 많이 내린다. 대표적인 지중해성 기후의 작물은 올리

탕헤르로 이동 중에 본 토양 침식의 흔적

물 저장탑   관개 수로

브, 코르크, 포도, 오렌지 등이 있다. 모로코 지역에서는 올리브와 코르크와 같은 수목 농업과 해
바라기, 밀, 땅콩 등을 재배하는 곡물 농업이 이루어진다.

모로코 사람들은 대체로 평지를 경지로 이용하고, 구릉지나 경사지에서 집을 짓고 살아간다. 우
리나라는 여름철에 비가 많이 내리기 때문에 경사지에서 농사를 하면 토양이 많이 깎여 내려가게
된다. 이렇게 토양이 깎여 나가는 것을 막으려고 등고선식 경작을 한다. 모로코에서는 우리나라
에 비하여 강수량이 적기 때문에, 경사지에서 등고선과 상관 없는 경작 방식을 취하고 있다. 하지
만 모로코의 겨울철에는 비가 어느 정도 내리기 때문에 토양 침식이 활발하게 나타나는 것을 볼
수 있었다.

한 손에는 칼, 한 손에는 코란?

이슬람에 대한 올바른 이해

흔히 이슬람교라고 하면 '한 손에는 칼, 한 손에는 코란'이라는 구절을 쉽게 떠올린다. 그들의 종
교 전파 방식이 무력과 강압으로 이루어졌다는 뜻이다. 그 말의 진위 여부를 살펴보기 전에 우리
는 먼저 '이슬람, 모슬렘, 아랍'에 대한 정확한 뜻을 먼저 살펴보도록 하자.

'이슬람'은 종교적 범위로 전 세계 13억, 56개국에 달하는 문화권이 이 범주에 든다. '아랍'은 종
족적 개념이다. 아랍어를 모국어로 사용하고 이슬람교를 믿으며(일부 기독교도들도 있다.), 스스
로 자신의 정체성을 아랍인이라고 표현하는 사람들의 집단이다. '아랍'이라는 말은 역사적으로 항
상 같은 곳을 의미하지 않는다. 과거 아라비아 지역을 가리켰으나, 이슬람교의 확대로 중동과 그
주변 지역의 이슬람 문화권을 통틀어 가리키는 말로 바뀐 것이다.

낙타와 이슬람교의 5가지 기둥을 형상화한 열쇠고리　　　　　　　모로코 휴게소에는 기도실이 따로 마련되어 있다.

'모슬렘'은 이슬람교를 믿는 사람들이라는 뜻이다. 이슬람이라고 하면, 단지 이슬람교에 국한되는 것이 아니라, 이슬람 문화 전체를 뜻하는 의미로 사용되기도 한다. 그러면 전 세계에서 모슬렘이 가장 많은 나라는 어디일까? 흔히 서남아시아의 이란이나 이라크를 떠올릴 수 있지만, 현재 단일 국가로는 인도네시아가 모슬렘이 가장 많다. 인도네시아의 인구가 약 2억 5,000만으로 세계 4위이며, 그중 모슬렘은 87%에 해당한다. 과거 이슬람 상인들이 상업 활동을 하러 이 지역에 왔다가 이슬람교가 전파되었다.

모슬렘은 모스크를 중심으로 생활을 한다. 모스크에서 예배를 하며, 공동의 정보를 나누고, 공부를 하기도 한다. 모스크는 이슬람 사원을 뜻하는 영어식 표현으로, 아랍어로 '마스지드'에서 유래하였다. 마스지드는 '이마를 땅에 대고 절하는 곳'이라는 뜻이다. 이슬람교 지역을 가면 도시 한복판에 있는 큰 모스크를 찾을 수 있다.

'이슬람'의 원래의 의미는 '평화'를 뜻한다. 평화는 이슬람의 핵심이자 삶의 궁극적인 목표이다. '이슬람'은 히브리어의 '샬롬'과 뿌리가 같다. 이슬람 사회에서 다양성이 수용된 이유는 중세 기독교 세계에서도 찾아보기 힘든 상대적인 관용성 때문이며, 이 관용성이야말로 이슬람 문화의 가장 큰 특징이다. 모슬렘들은 이교도의 종교를 인정하고 그들의 종교생활을 보장하였다. 다만 모슬렘들은 비모슬렘들에게 세금을 조금 더 많이 부과하였다. 모슬렘들은 비모슬렘들에게 종교적, 경제적, 지적 활동의 자유를 부여하여, 그들이 이슬람 문명 창조에 공헌을 할 수 있는 기회를 만들어

TIP 이슬람교의 5가지 기둥

1. 샤하다(Shahada) – 신앙 고백
2. 살라트(Salat) – 하루 다섯 번의 예배(기도하기)
3. 자카트(Zakat) – 순수익 2.5%를 가난한 사람들을 위해 세금을 냄
4. 사움(Sawm) – 라마단 기간 중 금식
5. 하즈(Hajj) – 메카 순례

호텔 방에 표시된 키블라   메카 방향을 향해 예배드리는 모슬렘

주었다. 이로 인하여 날이 갈수록 이슬람교의 교세는 확장되었다. 확산되는 이교도의 영향력에 유럽 기독교 사회는 속수무책이었다. 급기야 토마스 아퀴나스를 중심으로 하는 유럽 기독교 지성 세계는 '한 손에는 칼, 한 손에는 코란'이란 말로 이슬람의 두려움을 표현하기에 이르렀다. 이슬람을 전파하는 것은 모슬렘의 종교적 의무이다. 하지만 '무력에 의한 이슬람 전파'에 대한 어떤 흔적도 코란에서 발견할 수 없다. 오히려 코란에서는 분명한 단어로 상반되는 원칙을 주장한다. 즉 '종교에는 어떠한 강요도 있을 수 없다.'라는 것이다.

우리에게 이슬람은 테러를 일삼는 호전적이고, 전투적인 이미지가 가득하다. 이것은 우리의 편견과 서양 사람들의 눈을 통한 교육이 얼마나 위험한가를 보여 주는 예이다. 이러한 이야기들은 대부분 서구 기독교 시각에 입각하여 서술된 것이다. 우리에게 지금 필요한 것은 우열을 나누기보다는 서로를 인정해 주는 방식, 즉 문화상대주의 입장이다. 종교의 경우 상대 종교에 대해 '관용'과 '존중'이 우선시되어야 한다. 우리나라도 이미 다문화사회에 진입했다. 그러한 상황 가운데 조화롭게 살아가기 위해서는 상대의 가치를 있는 그대로 이해해야 한다. 이슬람을 이해하기 위해서는 서구 사회가 씌워 놓은 색안경부터 걷어 내야만 그들의 진정한 모습을 알아볼 수 있다.

이슬람교 5대 기둥 중에 하나인 살라는 하루에 메카 방향을 향해 5번 예배를 드려야 한다는 뜻이다. 모슬렘들은 정확한 예배 시간과 예배 방향을 맞추기 위해 천문학과 기하학을 발달시켰다. 이슬람교에서 예배의 방향은 키블라(qiblah)라고 한다. 이 방향은 사우디아라비아 메카의 카바

TIP 여행객들이 조심해야 할 사항

모로코 사람들은 공공장소에서 남성이든 여성이든 반바지를 입는 일이 드물다. 복장은 머리와 손을 제외한 몸 전체를 덮는 편안한 옷차림이 좋을 듯하다. 다른 사람들 얼굴에 손을 대서는 안 되며, 모슬렘이 아니라면 모스크에는 들어가지 않는 것이 좋다. 베일을 쓴 여성에게 악수를 청해서는 안 되지만, 여성이 먼저 악수를 청한다면 악수를 해도 괜찮다.

신전을 향한다. 이 방향을 맞추려고 현재 모슬렘들은 휴대전화에 '이슬람콤파스'라는 나침반 앱을 다운받아서 다닌다. 중국에서 발명된 나침반을 서구 사회로 전한 것도 모슬렘인 것을 보면 모슬렘들은 나침반과 참 밀접한 관련을 가지는 것 같다.

돼지고기를 안 먹는다고?

'할랄(halal)'이란 '허용된'이라는 뜻이다. 이슬람 율법인 '샤리아'에서 모슬렘이 먹어도 되는 것으로 분류한 음식이다. 이슬람 율법에 기초해 도축한 쇠고기, 양고기, 닭고기 등과 함께 야채와 과일, 곡류, 해산물이 할랄 식품에 속한다. 이슬람교도들은 할랄 육류만 섭취하며, 할랄과 반대되는 하람(haram)은 '허용되지 않은'이라는 뜻으로 음식으로 먹지 않는다. 대표적인 하람에는 술과 돼지고기, 피, 개고기 등이 있다. 그래서 과자, 빵, 음료수 등의 가공식품에 돼지고기나 알코올 성분이 없어야 한다.

신석기 시대 이후 서남아시아와 북부아프리카 지역은 지금처럼 사막이 아니었다. 그때는 숲과 물이 풍부해서 돼지를 기를 수 있었다. 그 지역에서는 당연히 그 맛있는 돼지고기를 먹었던 적이 있다. 그런데 왜 지금은 이슬람교에서는 돼지고기를 먹지 않을까?

이슬람교에서만 돼지고기를 먹지 않는 것이 아니다. 이슬람교 외에 유대교에서도 돼지고기를 먹지 않는데, 이는 이슬람교, 유대교는 하나의 뿌리인 종교로 같은 성서를 믿기 때문이다. 돼지고기를 먹지 않는 이유는 성서에서 금하고 있기 때문이다.

종교적인 이유가 아닌 지리적인 이유에는 무엇이 있을까? 이슬람교와 유대교가 처음 시작된 곳은 고대의 유목이 행해졌던 중동 지방의 티그리스강, 유프라테스강, 나일강 유역에 발달한 농경지대 주변이다. 이곳은 건조 기후 지역이다. 정착하여 농사를 짓기 힘든 환경이라면 인간은 유목 생활을 하게 된다. 유목을 하면서 주로 양을 키우게 되는데, 돼지를 기른다는 말은 들어 보지 못했다. 양은 풀을 뜯어 먹지만, 돼지는 잡식성 동물이라 인간이 먹는 것을 똑같이 먹어야 한다. 유목 생활을 하게 되면 인간도 먹을거리가 풍요롭지 못한데, 과연 돼지에게 먹일 음식이 충분할까? 양과 염소에서는 젖을 짜서 인간이 섭취할 수 있으나, 돼지는 젖을 먹기에도 적당하지 않다. 돼지는 가죽도 이용할 수 없고, 털이 성기게 나서 옷으로 만들어 입을 수도 없다. 또한 돼지는 다리가 짧다. 이동하기에 참으로 불편하다. 유목 생활 자체가 정착과 이동을 반복하는 것인데, 유목민들에게 돼지는 귀찮은 존재가 된 것이다. 그리고 돼지는 땀샘이 없어 중동의 기후 환경에 취약하기까지 하다. 그래서 유목민들은 마침내 돼지의 사육을 기피하고 양, 염소, 말, 낙타, 소 등을 가축으로 기르게 되었다. 그 후 돼지고기를 금기로 하는 사회적 관습은 시간이 흐르면서 점차 종교적인 금기로 발전하여 코란에까지 명기된 것으로 본다. 그리고 나중에 사막의 유목민들로부터 이슬람교가 퍼져 나갈 때 돼지고기의 종교적 금기도 함께 전달되었을 것이다.

모로코의 수도, 라바트

모로코의 수도는 카사블랑카?

모로코의 대표적인 도시를 물으면 열 명 중 여덟 이상은 카사블랑카라고 대답한다. 카사블랑카는 '하얀 집'이라는 뜻이다. 하얀 집이라는 이름은 기후 환경과 밀접한 관련이 있다. 그리스 산토리니의 하얀 집과 같은 맥락으로, 이 지역은 지중해성 기후로 여름에 고온건조하다. 여름철 강한 햇빛을 반사시키기 위해 집을 하얀색으로 칠한다.

광장 앞 하얏트 호텔 1층에 '바 카사블랑카'가 있다.

그러면 모로코의 수도가 많은 사람들이 대답했던 카사블랑카일까? 정답을 바로 말하면 아니다! 왜 카사블랑카가 모로코를 대표하는 도시로 유명해지게 되었을까? 1942년에 '카사블랑카'라는 영화가 제작되었기 때문이다. 그 영화는 1943년에 아카데미 감독상, 각본상, 작품상을 수상할 만큼 호평을 받아 전 세계에 알려지게 되어, 그 덕분에 모로코의 수도가 카사블랑카라고 생각하는 사람들이 많아지게 된 듯하다.

카사블랑카의 대표적인 관광지로는 이 영화를 배경으로 꾸며 놓은 릭의 카페, '바 카사블랑카'가 있다. 연중 무휴로 이용되는 이 카페는 당시 영화 포스터, 주연 배우들의 사진들이 전시되어 1960년대의 복고풍 분위기를 한층 돋워 주며 관광객들의 기념 촬영 장소로 유명하다.

하산 타워와 무함마드 5세 영묘

모로코의 수도는 라바트이다. 카사블랑카의 북동쪽에 위치하며, 대서양 연안의 부레그레그강 하구에 위치한 도시이다. 고대 로마의 식민도시로 건설되면서 로마 시대 유적이 지금도 곳곳에 남아 있다. 아랍풍의

카사블랑카의 중심에 있는 무함마드 5세 광장

건축물과 프랑스 식민지 시대에 건축된 유럽풍의 건축물의 조화로 라바트는 북아프리카에서 가장 아름다운 도시로 뽑힌 적이 있다고 한다.

라바트의 대표적인 유적으로는 하산 타워와 무함마드 5세의 무덤이 있다. 이 하산 타워는 1195년에 공사가 시작되어 한 변의 길이가 16m, 높이가 44m까지 올라가다가(원래 목표는 86m), 1199년에 중단되어 300여 개의 돌 기둥과 함께 미완성으로 남아 있다. 완성되었다면 아프리카 최대의 모스크가 되었을 것이다. 입구에 가면 왕의 무덤을 지키기 위해서 근위병들이 배치되어 있다. 무함마드 5세는 1956년 모로코의 독립을 이끈 왕으로, 모로코에서 가장 존경받았던 인물이다. 그는 1961년에 죽었고, 그의 아들인 하산 2세에 의해 이곳에 묻히게 되었다. 영묘 안으로 들어가면 아래층 가운데 하얀 대리석 관이 있는데 이것이 무함마드 5세의 관이며, 그것을 기준으로 4각 꼭짓점에는 무함마드 5세의 아들이었던 하산 2세와 압달라의 관이 있다. 그 옆에는 코란을 읽어 주는 성직자의 자리가 있다. 하산 2세는 1961년에 왕이 되어 1999년에 죽어 이곳에 묻혔으며, 현재는 하산 2세의 아들인 무함마드 6세가 국왕으로 나라를 통치하고 있다.

❶ 무함마드 5세 영묘
❷ 무함마드 5세의 관과 하산 2세의 관
❸ 코란을 읽어 주는 성직자의 자리

이슬람 건축물에는 이슬람 교리에 따라 우상 숭배를 금지하기 때문에 사람이나 동물 모양의 조각상이나 그림으로 장식을 할 수 없어, 기하학적인 디자인으로 구성하든지 아랍어로 이슬람의 교리를 새겨 놓는다.

모스크를 둘러본 후 밖을 살펴보다가 흥미로운 현장을 발견했다. 헤나로 문신을 불법으로 시술하고 있는 현장이었다. 이 문신은 헤나라고 하는 식물을 말린 후 반죽을 만들고, 그것을 주사기에

아랍어로 새겨진 이슬람의 교리.
아랍어로 '가장 자비로우시고 자애로우신 심판의 날의 주관자이신 당신만을 우리는 숭배합니다.'라는 뜻이다.

넣어 피부에 그림을 그리듯 문양을 얹어 염색하는 것이다. 이 염색은 영구적인 것이 아니고 보름 정도 지나면 서서히 지워진다고 한다. 특히 모로코 여성들에게 헤나는 무척 친근한 소재로서 축제 기간이 다가오면 나이를 불문하고 많은 여성들이 손과 발에 정교한 헤나 문신을 새겨 넣는다. 헤나는 피부에 좋은 것뿐만 아니라 부적과 같은 주술적인 의미도 있고, 살균 효과가 있어 피부병 등의 약재로도 사용한다. 또한 오래전부터 모발 염색에도 사용하는데, 머리카락에 윤기를 더하는 효과도 있다고 한다. 최근에는 우리나라에서도 모발 염색에 헤나 성분을 사용한다. 하지만 헤나를 무작정 해서는 안 된다. 왜냐하면 자신의 체질에 따라 알레르기 반응이 나올 수도 있기 때문이다.

모로코의 경주, 페스

페스 개관과 페스 엘제디드
페스라는 이름은 도시를 세울 때 이용하던 괭이를 뜻하는 아랍어에서 유래되었다. 모로코의 경주인 페스는, 경주와 마찬가지로 도시 전체가 1981년에 유네스코 세계문화유산으로 등재되었다. 페스는 8세기에 도시가 건설된 후 천년이 넘는 지금까지 '시간이 멈춰 버린 중세의 도시'라는 별명을 지니고 있는 만큼 옛 이슬람 도시의 역사를 그대로 간직하고 있는 모로코 역사의 중심지이다. 상·하수도와 같은 공동 수도도 천년 전의 것을 그대로 사용한다고 한다. 그래서인지 페스에서는 시간이 흘러가는 것이 아니라, 마치 시간이 층층이 쌓여 있다는 느낌이 든다. 페스는 구시가지인 성안과 그 밖이 다르게 나타나는 도시로 21세기와 8세기가 공존하여, 시간 여행을 할 수 있는 도시이다. 역사가 오래된 만큼 전통적인 이슬람 도시의 모습을 살펴볼 수 있고, 아프리카뿐만 아니라 전 세계에서 가장 유명한 가죽 제품의 생산지로 명성을 지니고 있는지도 모른다.

페스는 크게 세 부분으로 나눌 수 있다. 먼저, 구시가지인 메디나로 불리며 '오래된 페스'라는 뜻

페스 알마크젠 왕궁

의 페스 엘발리, 왕궁이 있으며 '새로운 페스'라는 뜻의 페스 엘제디드, 마지막으로 모로코를 식민 통치하던 프랑스인이 만든 신시가지 빌누벨로 나눌 수 있다. 흔히 페스라고 말하거나 여행자들이 찾는 곳은 구시가지인 메디나를 뜻한다.

먼저 페스 엘제디드로 가 보자. 이곳은 알마크젠 왕궁이 있는 왕궁 지역이다. 알마크젠 왕궁은 '순종'이라는 뜻을 지녔고, 반란군을 제압하기 위하여 군대를 배치했던 곳에 세웠다. 알마크젠 왕궁은 무함마드 6세가 가끔씩 머무는 별궁이다. 이곳에서도 이슬람 건축 양식의 특징을 살펴볼 수 있다. 기하학적 무늬로 장식을 해 놓은 아라베스크 문양이 인상적이다. 그러나 관광객에게는 내부가 공개되지 않아 건물의 외관만을 감상할 수밖에 없어 안타깝다.

9,000여 개의 미로로 둘러싸인 메디나

이제 가장 페스다운 구시가지인 메디나로 불리는 페스 엘발리로 향해 보자. 페스의 구시가지인 메디나에는 미로와 같은 9,000여 개의 골목이 있다. 실제 면적은 2km 정도밖에 되지 않으나, 이 미로를 한 줄로 연결하면 대략 300km 정도나 된다고 하니 얼마나 골목이 꾸불꾸불한지 짐작할 만하다. 관광객뿐만 아니라, 모로코 사람들도 이 골목에 들어가려면 현지 가이드와 함께 다녀야 한다. 그렇지 않으면 아프리카 땅에서 미아가 되기 쉽다. 이렇게 빽빽하고 복잡하게 건물을 짓는 데 대해 서구의 시각에서는 미개하고 문명화되지 않았다고 이야기한다. 그러나 이들이 이렇게 꾸

불꾸불한 골목을 만든 데에는 다 이유가 있다. 먼저, 꾸불꾸불한 길을 만들면 적들이 쳐들어 왔을 때, 길을 찾지 못해 방어에 유리하다. 또한, 건조 기후 환경에서는 햇빛이 굉장히 뜨거운데, 골목 길을 꾸불꾸불하게 만들면 그늘이 만들어진다. 미로와 같은 골목 길을 만드는 데에는 이 지역 사람들만의 지혜가 묻어 있는 것이다.

사람들에게 가장 인상적인 것으로 알려진 가죽 염색 공장으로 가기 전에 모로코 전통 요리를 먹게 되었다. 쿠스쿠스라고 하는 요리는 우리나라로 치면 볶음밥이다. 쿠스쿠스는 아랍어로 '둥그렇게 잘 뭉친 먹거리'라는 뜻이다. 아마 먹을 때 손으로 둥글게 뭉쳐서 먹기 때문에 이름이 그렇게 붙여진 것 같다. 닭고기 볶음밥과 비슷한 맛이라, 우리 입맛에도 제법 먹을 만하다. 과거에 부호들의 저택을 개조하여 레스토랑을 만들어 놓고 장사를 해서, 레스토랑이 규모가 상당히 크고, 여기서도 건조 지역 건축물의 특성도 알아볼 수 있었다. 건조 지역의 건축물들은 강수량이 적어 대체

TIP 사진 촬영 조심!

다른 나라에 가서는 함부로 사진을 찍어서는 안 된다. 사진을 찍으면 영혼이 날아간다고 믿는 사람들도 있기 때문이다. 모로코에서는 경찰이나 공안을 촬영해서는 안 된다. 하지만 관광지를 지키고 있는 근위병은 촬영해도 상관없다. 사람들 사진을 찍고 싶다면, 먼저 그들과 친구가 되어 보는건 어떨까? 사진을 찍은 후 바로 인화를 해서 주거나, 그게 아니라면 이메일 주소를 받은 후, 한국으로 돌아와 보내 주는 게 좋을 것 같다.

부호의 저택을 개조한 레스토랑 내부   모로코 전통 요리 쿠스쿠스

로 지붕이 평평하다. 건조 기후 지역은 낮에는 굉장히 덥다. 이러한 뜨거운 열기를 차단하기 위하여 창문을 작게 만들고, 벽을 두껍게 만든다. 건조한 환경에서는 햇볕을 피해 그늘로만 들어가면 그리 덥지 않다. 그래서 그늘을 만들기 위해서 건물과 건물을 다닥다닥 붙여서 짓게 된다. 또한 대저택에서는 집 안에 분수와 정원을 만들어 습도 유지에도 신경을 기울인다. 이러한 정원을 파티오라고 한다. 그래서 가옥 구조의 형태가 'ㅁ'자형이 많다. 이는 또한 이슬람 사람들의 사생활 보호와도 연관된다고 할 수 있다.

모로코 전통 가죽 슬리퍼 지와니와 가방들

골목길을 따라 지나가다 보면 각종 가죽 제품들을 파는 시장(모로코에서는 '수크'라고 한다.)이 나온다. 사람들에게 페스라고 하면 가장 잘 알려진 것은 신발, 가방과 같은 가죽 제품과 금속 공예로 만든 수공예품이다. 그만큼 전통 장인들이 모여 있다는 의미다. 모로코 사람들은 단 하나의 기술을 익혀 평생 살아간다는 생각에 친숙하다. 이들은 과거와 같은 방식으로, 과거와 같은 장소에서 그 자리를 지키고 있다. 그래서 골목길이 좁아 자동차가 다닐 수가 없어, 주로 짐은 나귀와 사람이 직접 운반하게 된다. 한 노동자가 굉장히 무겁게 손질한 가죽을 등에 메고 걸어간다. 많은 짐은 페스의 세월이 쌓인 것 같이 무겁게 느껴진다.

페스의 미로와 같은 골목을 걷다 보면 갑자기 광장이 나타난다. 광장은 예로부터 만남의 장소로 활용되었다. 지금도 많은 관광객들이 함께하고, 그 관광객들을 대상으로 하는 상인과 가이드로 넘쳐, 항상 많은 사람들이 붐비는 곳이다.

엘사파린 광장을 지나자, 주변에 '지와니'라고 하는 슬리퍼 그리고 가방과 같은 가죽 제품들을 볼 수 있다. 그리고 어디에선가 매캐한 냄새도 나는 듯 하다. 페스를 오는 목적이라고 할 수 있는

❶ 미로 같은 메디나의 거리 ❷ 수공예품을 만들고 있는 장인 ❸ 한 땀 한 땀 작업을 해야 하는 금속 세공

곳! 드디어 슈아라 태너리(Chouara Tannery, 가죽 무두 염색 작업장)에 다다른 것이다.

겨울이어서 상대적으로는 매캐한 정도가 심하지는 않았지만, 여름철에 방문하게 되면 냄새로 인하여 머리가 아플 정도라고 한다. 그래서인지 태너리 앞에서 박하 잎을 한 움큼씩 제공하고 있었다. 그것을 코에 대니 조금은 나은 듯하다. 이 가죽 염색 작업장이 유명하게 된 이유는 프랑스의 사진작가인 얀 아르튀스 베르트랑의 『하늘에서 본 지구』에 이곳의 모습이 아주 멋지게 담겨 있었기 때문이다. 초등학생 때 마치 팔레트에 물감을 풀어 놓은 것처럼 아름답다.

페스의 가죽 염색 작업장은 천년 이상 내려오는 방식을 고수하고 있으며, 이슬람 최대 규모를 자랑한다. 가죽 원단을 부드럽게 하기 위해 석회와 비둘기 배설물에 손과 발을 담가 무두질을 한 후에 염색을 하는 곳이다. 이곳이 바로 과거 '세계 제1의 가죽'을 만들어 낸 모로코 가죽의 생산 공장인 곳이다. 중세 시대 때 성경책의 겉표지도 모로코 가죽을 사용했다고 한다.

암모니아 향이 강하게 나는 이 염색 공장에서 일하는 노동자의 삶의 무게는 얼마나 될 것인가? 그들이 천년 동안 이 일을 하며 살아오게 된 것은 세계 제1의 가죽을 제 손으로 만든다는 자부심은 아닐까 생각해 본다. 아름다운 색의 향연을 보고, 그 아름다운 것들이 제품으로 만들어지기까지를 생각해 본다면 세상의 가치 있는 것들은 다 그만큼의 노력을 해야 얻을 수 있는게 아닌가 싶다.

가죽 염색 공장 주변을 보면 흙으로 만든 건조 지역의 가옥 형태를 쉽게 볼 수 있다. 인상적인 것인 평평한 지붕 위에 달아 놓은 수많은 위성 수신기들이다. 위성 수신기들이 이렇게 많다는 것은 그만큼 공중파가 잘 나오지 않는다는 것을 방증하는 것이다. '접시 도시'라는 별명을 지어 주고

가죽 염색 공장, 태너리   통 안에서 무두질을 하는 노동자

싶다. 이렇게 모로코 각 주택마다 위성 수신기가 많이 설치되어 있는 이유는 두 가지이다. 먼저 생활에 특별한 오락거리가 없는데, 모로코 사람들이 TV 방송 프로그램에 양적·질적으로 만족을 하지 못해서이다. 둘째, 모로코가 유럽과 아프리카를 잇는 결절 지역에 위치하고 있어 인근 스페인 및 프랑스 등 유럽 방송을 시청하려는 사람들이 많기 때문이다. 모로코 시장에 위성 수신기가 선을 보이기 시작한 것은 1990년부터인데, 1992년에 위성 수신기에 부과되던 특별소비세가 폐지되면서 위성 수신기 시장이 활성화되기 시작하였다. 초창기에는 밀수품이 불법으로 유통되다가, 1996년부터는 정규 수입 시장이 활성화되기 시작하면서 유럽, 아시아 등지에서의 위성 수신기 수입이 늘어나고 있는 추세이다.

능숙하게 베를 짜고 있는 장인(위)
수공예 가방과 스카프(아래)

　　가죽 염색 공장을 나와 모로코의 전통 옷감을 파는 곳으로 향했다. 꼬불꼬불한 미로를 따라가다 보면 대상(大商)의 후예답게, 자연스레 상점으로 향하게 된다. 이곳은 전통 옷감을 직접 짜서 각종 스카프, 가방을 비롯한 제품들을 만드는 곳이다. 수공예, 영어로는 핸드메이드라고 하는 제품들인 것이다.

　　이곳에서 쇼핑할 때 유의해야 할 것이 있다. 앞에서도 말했듯이, 이들은 세계 제1의 장사꾼들이다. 밑지는 장사는 절대하지 않는다. 혹시 모로코에서 수공예품을 쇼핑할 경우가 생긴다면, 주인이 요구하는 것에 반을 먼저 깎고, 또 그 반을 깎고, 그 반을 깎아 보라. 옆에서 물건 사는 것을 보니, 뻔히 보이는 곳에서 같은 제품을 사더라도 가격이 다른 것을 볼 수 있다. 그만큼 장사에 능하다는 말이다. 그러니 2천 년 전에도 그 사막을 건너 장사를 하러 다니지 않았을까? 피는 속일 수 없나 보다.

태너리 주변의 가옥 형태

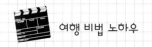 여행 비법 노하우

　모로코 여행을 가기에 기후적으로 가장 적절한 계절은 봄(3월 중반~5월)이 가장 좋으며, 그다음으로 뜨거운 여름이 지나간 9월부터 11월 사이의 가을도 적절하다. 기후 조건 외에도 라마단 기간을 고려해야 하는데, 라마단은 이슬람력으로 아홉 번째 달을 말한다. 이 기간에는 낮에 레스토랑과 카페가 문을 닫기 때문에, 그해에 라마단 기간이 언제인지 반드시 확인해야 한다.

교통·숙박·음식

☞ 항공...여러 항공사 루트가 있다. 인천 국제공항에서 출발하여 두바이를 경유하고, 카사블랑카로 입국이 가능하다. 스페인과 가깝기 때문에 타리파 항에서 페리로 탕헤르로 입국하기도 한다.

☞ 숙박...모로코는 프랑스의 영향으로 다양한 종류의 호텔을 갖추고 있다. 별 4~5개 등급이 매겨진 호텔은 유럽의 동급 호텔과 비슷한 수준이며, 별 3개짜리 호텔에서도 다양한 경험을 할 수 있을 것이다. 호텔스닷컴 사이트를 이용하면, 모로코 대도시의 호텔들을 고객 평가와 함께 찾아볼 수 있다.

☞ 음식...진흙으로 구운 그릇에 고기, 야채, 진한 국물로 요리한 '따진'이라는 음식과 우리나라의 볶음밥과 유사한 모로코 전통 음식 '쿠스쿠스'가 있다. '메슈이'라고 불리는 양고기 통구이도 있는데, 양고기에 향신료를 발라 화덕에서 4시간 동안 통째로 굽는 요리이다. 또한 지중해성 기후의 특산물인 오렌지와 올리브유로 드레싱한 샐러드도 맛있다. 차로는 민트차를 많이 마신다.

주요 체험 명소

1. 사막 투어: 사막 투어는 마라케시(Marrakesh)에서 시작하는 2박 3일 일정이 대표적이다. 낙타를 타고 사막을 가로지르는 기분을 느껴보고 싶거나, 지리 교과서에서만 보던 모래언덕에 직접 올라가 볼 수 있는 기회를 가질 수 있다. 모래 썰매는 덤이다. 한밤중에 사막에서 쏟아지는 별들과 사막의 일출을 볼 수도 있다.
2. 탕헤르에서 페리를 타고 지브롤터 해협 건너기: 유럽과 아프리카를 당일에 밟을 수 있는 곳. 모로코의 탕헤르 항에서 스페인의 타리파 항까지 페리가 운항 중이다. 30여 분이면 지중해를 건널 수 있는 기회이기도 하다. 페리 안에서 출입국 수속이 간단하게 진행된다.

주요 축제

1. 전국 민속 축제(Marrakesh Popular Arts Festival): 마라케시에서 6월에 열리는 전국 민속 축제에는 아랍 세계 밖의 음악가들도 함께 참여한다. 일반적으로 축제에서 행하는 민속음악과 춤, 의상, 음식 등이 함께 한다.
2. 전국 종교음악 축제(Festival of World Sacred Music): 페스에서 6~7월에 열리는 이 축제에서는 대개 고대의 유적지를 배경으로 전 세계 종교음악 연주자들이 모여 연주한다.

 참고문헌

· 남영우, 2010, 이슬람 중세도시 페스의 도시경관 형성과정, 한국도시지리학회지 제13권 제2호.
· 마빈 해리스, 서진영 역, 2012, 음식문화의 수수께끼, 한길사.
· 박삼옥 외, 2012, 지식정보사회의 지리학 탐색, 한울아카데미.
· 오린 하그레이브스, 황남석 역, 2005, 모로코, 휘슬러.
· 이우평, 2011, 모자이크 세계지리, 현암사.
· 이희수, 2011, 이희수 교수의 이슬람, 청아출판사.
· 이희수·이원삼 외, 2008, 이슬람, 청아출판사.
· 테리 조든, 류제헌 역, 2006, 세계문화지리, 살림.

13

고대의 찬란한 문명이 살아 숨 쉬는 나라

이집트

이슬람의 긴 기도 소리가 아침을 깨운다. 잠을 이루기 힘들 정도의 경적 소리가 밤을 밝힌다. 몇 천 년 전의 유적들이 아무렇지 않게 덩그러니 자리 잡고 있다. 우리에게는 낯설게 느껴지지만 이집트라는 나라에서 이 모든 것은 일상적인 풍경이다.

세계사 교과서의 첫머리에 항상 등장하는 이집트. 아프리카의 북동쪽에 자리 잡고 있다. 나라의 북쪽에는 지중해가 있고, 시나이반도라는 곳을 통해 서남아시아와 이어져 있다. 세계에서 가장 긴 강이라는 나일강이 대륙을 가로지르며 흐르고 있고, 그 강을 삶의 터전으로 하여 고대 문명을 꽃피운 사람들이 살던 나라다. 이곳에 문명이라는 것이 싹트기 시작한 시기는 기원전 3000년경부터이다. 즉, 이집트 역사의 발자취를 쫓기 위해서는 무려 5,000년의 시간을 거슬러 올라가야 한다. 단군 할아버지의 고조선 건국 이래로 우리나라의 역사도 반만 년을 자랑한다지만, 그 시간들을 증명할 수 있는 유적이 이집트만큼 많지는 않다. 이집트는 유물과 유적이 '널려 있다'고 표현

TIP 이집트 여행 일정

카이로 공항 도착 ⇨ 룩소르로 이동 ⇨ 룩소르(카르나크 신전, 룩소르 신전) ⇨ 아스완과 아부심벨 ⇨ 바하리야 사막 투어 ⇨ 기자(스핑크스, 피라미드) ⇨ 카이로(타흐리르 광장, 고고학 박물관, 이슬람 지구)

해도 무방할 정도로 조상들이 삶의 흔적을 많이 남긴 나라다.

　대부분의 관광객들이 이집트 여행 전에는 피라미드와 같은 유적 정도만 머릿속에 담고서 여행을 시작한다. 하지만 이집트는 생각보다 다채로운 모습과 과거의 흔적을 지니고 있는 나라다. 피라미드와 함께 떠올리는 사막의 광경이 이집트 경관의 전부라고 생각하면 곤란하다. 뜨거운 사막 기후가 국토의 대부분을 차지하지만, 겨울에도 온난습윤하여 휴양지로 각광받는 지중해성 기후가 나타나는 지역도 있다. 또한 이집트는 몇 년 전 '중동 민주화'의 열기가 타오른 곳이기도 하다. 반정부 시위로 장기 독재 정권을 물리친 경험이 있다. 혁명 뒤의 후유증으로 정치적 혼란이 거듭되어 안타까움을 자아내기도 하지만, 이집트 혁명은 '중동의 봄'이라는 이름으로 21세기 이후 현대 역사의 중요한 한 장을 장식했다.

　이슬람 문화가 지배하는 곳이면서 동시에 기독교의 성지가 남아 있는 곳, 피라미드 외에도 다양한 왕들의 무덤과 신전이 존재하는 곳, 괴상한 호객꾼들과 정 많고 따뜻한 주민들을 동시에 만날 수 있는 곳. 그곳이 바로 이집트라는 나라다.

과거 영광의 도시, 룩소르

아랍어가 적혀 있는 룩소르 국제공항의 모습

　이번 여행은 나일강 중류에 위치한 룩소르에서 시작해 이집트의 수도 카이로에서 끝나는 여정이었다. 내가 이집트에 대해 거의 유일하게 알고 있던 '스핑크스'와 '피라미드'를 먼저 보고 싶었지만 이 유적들은 카이로 근교인 기자라는 곳에 자리하고 있는 관계로 잠시 기대를 미뤄 두었다.

　처음으로 가게 된 룩소르는 과거 '테베'라는 이름으로 불렸던 곳이다. 이곳은 고대 이집트의 역사 중 중왕국과 신왕국 시대의 수도였다. 유명한 신전과 왕가의 무덤이 존재하는 곳이기 때문에 이집트 고대 문명을 엿보기 위해서는 꼭 들러야 할 곳 중 하나이다.

　어떻게 이집트라는 땅에서 찬란한 고대 문명이 발달할 수 있었을까. 사실 이집트는 전 국토의 95% 이상이 사막으로 이루어져 있다. 고대 문명이 발달하려면 사람들이 정착해 살며 도시를 이루고 문화를 만들어 낼 수 있는 환경이 필수조건이다. 이와 같은 정착 생활이 이루어지기 위해서는 먼저 농경이 발달해야 한다. 그런데 농경이 발달하기에 이집트가 자리한 사막은 최악의 조건을 갖추고 있다.

하지만 이집트에는 신의 선물인 나일강이 있었다. 이집트에는 매년 7월 하순이 되면 폭우가 쏟아지며 나일강이 범람하였다. 주기적으로 홍수가 일어난다는 것은 우리에게는 재앙처럼 느껴지지만, 고대 이집트인에게 이것은 단순히 자연재해만이 아닌 하나의 축복이었다. 강이 범람하면서 비옥한 흙이 하류로 함께 떠내려왔기 때문이었다. 덕분에 하류에는 '나일강 삼각주'라고 부르는 비옥한 평야가 형성되었다. 사람들은 이곳에서 농사를 짓고, 정착 생활을 하고, 문명을 꽃피울 수 있었다.

룩소르 국제공항에 도착하자마자 곳곳에 아랍어 간판이 눈에 띄면서 비로소 이슬람 문화권 국가에 도착했음을 느낄 수 있다. 이슬람 국가의 풍경을 더욱 빨리 구경하고 싶은 마음에 숙소 도착 후 짐을 풀자마자 시내 구경을 하기 위해 밖으로 나왔다. 한국의 길거리에서 보기 힘든 말이나 마차가 눈에 꽤 띈다.

시내를 따라 조금 더 걸어가 보니 아름다운 강변의 풍경이 펼쳐진다. 이곳을 흐르는 강이 그 유명한 나일강이라고 한다. 룩소르는 나일강을 기준으로 동안(東岸)과 서안(西岸)으로 나뉘는데, 동안에는 카르나크와 룩소르라는 유명한 신전들이 있다. 서안은 해가 지는 방향에 있어 '영원히 잠드는 곳'으로 여겨져 왕의 무덤이 자리했다. 그래서 이곳에는 왕의 무덤인 '왕가의 계곡'과 하트셉수트 대제전과 같은 유적지들이 있다.

첫날은 동안에 있는 카르나크 신전을 먼저 둘러보기로 했다. 카르나크 신전은 나일 강변에서 멀지 않은 곳에 있다. 멀리서부터 큰 규모의 성벽이 보였다. 현재 이집트에 있는 신전 중 가장 큰 면적을 자랑한다는 말이 무색하지 않았다.

이 카르나크 신전에서 과거 이집트 통치자들은 왕위에 오르는 의식을 거쳤다고 한다. 이집트에서 왕을 부르는 명칭이 '파라오'임을 많은 사람들이 안다. 이 파라오는 단순히 국가의 제1통치자가 아니었다. 신의 대리자로서의 역할을 한다. 그들이 '왕'이자 '신'의 자리에 오르는 의식을 치를 만큼 카르나크 신전은 국가의 핵심적인 공간이었다.

이 카르나크 신전은 중요한 유적지인 만큼 짐 검사를 한 후에 신전에 입장할 수 있었다. 짐 검사를 마친 후 첫 번째 탑문에 들어가는 길에 동물의 형상을 한 석상들이 주욱 늘어서 있다. 이게 뭘까 자세히 보았더니 스핑크스다. 스핑크스는 기자의 피라미드 앞에 있는 거대한 규모의 석상만 알고 있었지 이렇게 다른 유적지에도 자리 잡고 있을 것이라고는 생각지 못해서 놀랐다.

탑문을 지나 신전 안으로 계속 들어가니 갑자기 거대한 기둥들이 좌우 양쪽으로 늘어서 있었다. '기둥 숲'이라고 부를 만큼 놀라운 광경이었다. 우리가 흔히 볼 수 있는 기둥은 아무리 커도 사람

카르나크 신전 앞에서 방문객들을 맞이해 주는 스핑크스들   카르나크 신전에 있는 거대한 크기의 기둥 숲

카르나크 신전에 있는 두 개의 오벨리스크

키보다 조금 더 큰 정도였는데 이 기둥은 정말 어마어마하게 높으면서도 굵다. 들어 보니 둘레는 15m에 높이가 23m, 내 키의 10배를 훌쩍 넘는 높이이다. 이 기둥의 수는 총 134개라고 한다. 이 거대한 134개의 기둥을 만들기 위해 얼마나 많은 바위들이 옮겨진 걸까. 또한 얼마나 많은 인력이 동원되었을까. 그 많은 인원들을 동원할 만큼 파라오의 힘은 그리 거대했던 것일까. 수많은 의문들이 꼬리를 물며 머릿속을 스쳐 지나갔다.

기둥 숲을 지나 성벽의 부조 등을 구경하며 걸어가고 있는데, 뾰족한 형상의 돌기둥이 다시 눈을 사로잡았다. 아까 탑문 앞에도 하나 있었던 것 같은데, 위로 갈수록 좁아지며 머리가 하늘을 향해 솟아 있다. '오벨리스크'라고 불리는 유적이었다. 하늘을 향해 솟아 있는 모양은 태양신을 기리기 위한 것이라고 하는데, 그 표면에는 태양신을 기리거나 오벨리스크를 세운 왕의 업적을 칭송하는 문자가 새겨져 있다.

불현듯 지난 여름에 갔었던 파리 콩코르드 광장이 생각났다. 광장의 한가운데에도 비슷한 모양의 기둥이 서 있었는데, 그저 특이한 장식물이겠거니 하며 무심코 지나치고는 했었다. 나중에 알게 되었지만 파리의 오벨리스크는 원래 이집트에서 만들어진 것으로 룩소르 신전에 있었는데, 프랑스에 기증된 것이라고 한다. 프랑스에만 반출된 것이 아니라 뉴욕, 로마, 터키 등 세계 여러 곳에 이집트에서 반출되어 나간 오벨리스크가 세워져 있다. 정작 이집트에 현재 남아 있는 오벨리스크가 이탈리아에 반출된 오벨리스크의 개수보다 작다는 사실을 들었다. 조금은 쓸쓸해지는 순간이었다.

파라오의 영혼이 잠든 곳, 왕가의 계곡

룩소르의 동안을 보았으니 이제 룩소르의 서안을 찾아가 보았다. 이곳을 가려면 숙소인 동안에서 나일강을 건너가야 한다. 페리를 타고 갈 수도 있고 다리로 갈 수도 있는데, 우리는 미니 버스를 타고 서안으로 향했다.

서안에 도착하고 얼마 지나지 않아, 앉아 있는 사람 모양을 한 두 개의 석상이 눈에 띄었다. 이것이 바로 멤논 거상이다. 너른 들판에 16m에 달하는 이 커다란 동상 두 개만 떡하니 놓여 있어서 처음에는 참으로 뜬금없다는 생각이 들었다. 알고 보니 원래는 이 동상 뒤편에 신왕국 시대의 아멘테호프 3세라는 왕의 장제전이 있었다고 한다. 장제전이라는 것은 고대 이집트에서 왕이 죽은 후 왕의 영혼을 위해 제사하던 곳을 말한다. 멤논 거상 뒤에 있었을 장제전의 모습을 상상해 보니 그 크기가 참으로 엄청났을 것이라는 생각이 들었다.

놀라운 것은 이 거상을 만든 돌은 무려 700km나 떨어진 북쪽 붉은 산의 광산에서 캐 온 것이라는 사실이다. 게다가 이 거상들은 돌 여러 개로 만들어진 것이 아니라 사암 덩어리 하나로 만든 석상이다. 저 커다란 바윗덩어리를 대체 어떻게 옮겨 왔을까? 자동차도 비행기도 없던 고대에 말이다. 내 머리로 아무리 상상을 하여도 답은 나오지 않는다.

이 멤논 거상에 얽힌 이야기가 있다. 과거에는 이 석상들에게서 기묘한 노랫소리가 들렸었다고 한다. 로마가 이집트를 지배하던 기원전 27년에 지진이 일어나면서 동상들에 균열이 생겼다고 한다. 심각한 온도 차이로 인해서 돌에 삐걱거림이 있거나 바람이 동상을 흔들면 동상에서 노랫소리 같은 기묘한 소리가 들렸었다는 것이다. 이 기적 같은 노랫소리를 듣기 위해 이곳을 찾는 로마

TIP 전 세계에 뿔뿔이 흩어져 버린 오벨리스크

오벨리스크는 이집트의 태양신을 상징하는 일종의 기념비였다. 유럽 여행을 하면 오벨리스크를 이탈리아에서도 프랑스에서도 런던에서도 볼 수 있어 그 형상에 곧 익숙해진다. 하지만 정작 오벨리스크가 태어난 고향은 북아프리카의 이집트라는 사실이 아이러니하다.

오벨리스크가 다른 나라에 반출되기 시작한 것은 로마제국 때부터였다. 로마의 초대 황제 아우구스투스는 이집트 여왕 클레오파트라가 죽은 이후 이집트의 왕위에 앉았다. 이후 헬리오폴리스 태양신 라(Ra)의 신전을 지키던 오벨리스크를 로마에 가져와 해시계의 기둥으로 삼았다. 이후 로마제국은 신전이나 전차 경주장 앞을 장식하는 데 오벨리스크를 사용했다. 현재 로마에 남아 있는 오벨리스크만 해도 그 숫자가 11개에 이른다.

오벨리스크는 전리품으로 취급당해 무수히 약탈당하기도 했지만 이집트의 허가를 받고 외국에 옮겨진 것도 있다. 그 예로 파리 콩코르드 광장에 서 있는 오벨리스크와 뉴욕에 자리 잡은 오벨리스크는 이집트 정부가 기증한 것이다.

황제가 있을 정도였다. 하지만 후에 보수공사를 하여서 더 이상 이 노랫소리는 들을 수 없다.

어마어마한 크기의 멤논 거상

하트셉수트 장제전의 전경

멤논 거상과 기념 사진을 찍고 더욱 달려 온 곳은 바로 왕가의 계곡이라는 곳이다. 계곡이라고 하면 마치 물이 흐르는 골짜기가 있을 것 같지만 매우 황량해 보이는 바위산들만 눈에 띈다. 이곳은 신왕국 시대에 파라오들의 무덤들이 모여 있던 유적지다. 바위산에 굴을 파서 무덤으로 사용했기 때문에 무덤들이 이러한 곳에 자리 잡고 있는 것이다. 도굴을 피하기 위해 파라오들은 여기에 무덤을 만들었다. 물론 파라오의 미라만 묻힌 것이 아니라 수많은 부장품들이 같이 묻혔으며, 조금 더 남서쪽에는 왕비의 무덤이 모인 왕비들의 계곡이 만들어지기도 했다. 이 왕들의 계곡에 엄청나게 많은 보물들이 묻혀 있을 것이라는 것은 누구나 예상할 수 있었다. 따라서 이곳은 오래전부터 도굴꾼들의 표적이었다. 도굴을 피하기 위해 깊디깊은 계곡에 무덤을 만든 것인데, 아이러니하게도 이곳에 있는 파라오 대부분의 무덤이 도굴을 당했다. 기원전 1000년 초경에 이미 이곳의 주요한 보물들은 대부분 약탈당해서 없어진 채였다고 한다. 그나마 이러한 도굴꾼들의 손을 피한 곳이 있다. 그것이 유명한 소년왕 투탕카멘의 무덤. 이렇게 해서 투탕카멘은 현대의 우리에게도 이름을 남기게 되었다.

왕가의 계곡을 따라 한참 올라가 보니 돌산에 둘러싸인 곳에 규모가 엄청난 건물이 자리 잡고 있다. 이곳이 여성 파라오였던 하트셉수트의 장제전이다. 특히 석회암 절벽 아래에 같은 색깔로

❶ 왕가의 계곡 전경. 고대 이집트 파라오들의 무덤이 모여 있는 곳이다.
❷ 왕가의 계곡에 있는 무덤의 입구. 대부분의 무덤은 발굴되기 전에 이미 도굴당한 상태였다.

❶

❷

3단으로 우뚝 서 있어 더욱 인상적인 건물이다. 하트셉수트는 원래 파라오의 첫 번째 왕비였다. 남편이 죽고 나서 후궁이 낳은 어린 의붓아들인 투트모세 3세 대신 정치를 하다가 본인이 권력을 잡고 이집트를 통치한 여왕이 되었다. 하지만 투트모세 3세가 30세가 되며 자신의 세력을 키워 나가게 되고, 하트셉수트는 여왕 자리에서 물러나게 되었다. 그리고 얼마 지나지 않아 사망하였다. 우리 역사 속 신라 선덕여왕과 같이 여성 군주가 이집트 역사 속에서도 존재하였다는 사실이 흥미롭게 느껴졌다.

전 세계가 구조한 위대한 유적, 아부심벨

다음 날은 기차를 타고 룩소르에서 남쪽으로 200km 떨어진 아스완이라는 도시까지 움직였다. 이유는 하나다. 이 아스완은 람세스 2세의 유명한 신전인 아부심벨 신전으로 가는 중간 지점이기 때문이다. 아스완이 속해 있는 지역은 나일강 상류의 누비아라는 지방이다. 누비아는 세계에서 일조율이 가장 높다고 할 정도로 비가 오지 않고 햇볕이 쨍쨍한 사막 지역이다. 그렇지만 아스완 지방의 남쪽에 아스완 하이댐이 만들어지면서 이곳의 맑고 건조한 기후도 조금 변해 버렸다. 아스완 하이댐은 나일강 급류를 막아 만들어진 것으로 길이 3,830km에 달하는, 세계에서도 손꼽을 만한 규모를 자랑하는 댐이다. 이 어마어마한 댐의 수면에서 수증기가 상승하며 구름이 만들어지고, 이 구름에 햇빛이 가려지면서 아스완 지방을 내리쬐던 엄청난 햇빛도 옛말이 되었다.

아스완 하이댐은 그 결과뿐 아니라 댐을 만들던 과정에서도 문제가 많았다. 댐의 규모가 큰 만큼 건설로 인한 수몰 지구 역시 어마어마했던 것. 이 때문에 9만 명에 이르는 누비아 사람들을 다른 곳으로 이주시켜야 했다.

더욱 큰 문제는 댐이 건설되면 생길 수몰 지역에 고대 유적인 아부심벨이 자리 잡고 있었다는 사실이었다. 이 세계적인 고대 유적을 어떻게 할 것이냐는 전 세계적으로 중요한 이슈였다. 당시 이집트의 나세르 대통령은 전 세계를 향해 선언하였다. 댐은 지을 수밖에 없으니 물에 잠길 아부심벨 문제를 해결할 돈을 지원해 달라는 것. 세계의 문화유산 관리 기구인 유네스코는 결국 국제적인 캠페인을 벌여 아부심벨 구하기에 나섰다. 캠페인을 통해 모은 돈으로 아부심벨을 1,036개의 블록으로 조각조각 내어서 원래의 위치에서 60m 위로 옮겼다. 이 공사만 해도 1964년부터 1968년까지 약 5년이 걸렸다고 한다. 국제사회가 돈을 모아 구제할 정도의 문화유산이라. 바로 그 아부심벨을 본다고 하니 가슴이 두근거렸다.

아부심벨은 거대한 암굴신전이라 할 수 있다. 고대 이집트 중에서도 신왕국 시대의 람세스 2세가 만든 신전이다. 람세스 2세는 그의 이름을 딴 크리스티앙 자크의 '람세스'라는 소설이 있을 정

아부심벨 소신전의 모습. 대신전에서 90m 떨어진 곳에 위치해 있다.

도로 후세에 이름을 남긴 유명한 파라오다. 카르나크 신전이나 룩소르 신전에도 역시 람세스 2세의 거상이 남아 있다. 그만큼 역사에 길이 남은 왕이기도 했지만 한편으로는 자신의 이름을 후대에 남기고 싶은 욕심이 그 누구보다 컸던 왕이기도 했다.

아부심벨에 도착하자마자 정면에 보이는 것은 람세스 2세를 조각한 4개의 동상이다. 20m의 높이라니. 사람의 키가 무안해질 정도로 거대한 동상이다. 가장 안쪽에 위치한 지성소 앞에도 4개의 동상이 자리 잡고 있다. 가장 안쪽에 자리 잡아 햇빛을 보기 힘들지만 1년에 딱 두 번, 2월 22일과 10월 22일에는 아침 햇살이 입구에서 들어와 3개의 동상들을 차례로 비춘다고 한다. 그런데 왜 서 있는 네 개의 동상이 아니고 세 개일까. 그 이유는 간단하다. 동상의 가장 왼쪽에 있는 동상이 어둠의 신 '프타'인데, 어둠의 신답게 이 동상에만 햇빛이 들어오지 않게 교묘하게 위치를 잡았다는 것이다.

지금으로부터 3,300년 전에 바위를 깎아 이처럼 거대한 신전을 어떻게 만들 수 있었던 것인지 궁금해지는 순간이다. 햇빛이 들어오는 위치와 각도까지 계산하여 장소를 잡고 신전을 설계한 이집트인들의 지혜도 놀랄 만하지만, 이러한 신전을 만들게 할 만큼 강력한 권력을 가진 람세스 2세는 과연 실제로 어떤 인물이었을지, 절로 궁금해졌다.

아부심벨의 규모에 혀를 내두르며 아스완으로 돌아와 걸어다닐 때 누군가 우리에게 접근해 온다. 보통 타 지역에 사는 이집트 사람들과는 다르게 검은색의 곱슬곱슬한 머리카락을 지닌 사람이다. 이들은 '펠루카'라는 것을 타 보지 않겠냐며 우리를 향해 이야기한다.

펠루카는 동력 없이 바람만으로 움직이는 돛단배를 말한다. 배를 타고 이집트의 젖줄인 나일강을 건널 수 있다니 낭만적일 것 같아 승낙했다. 이 펠루카의 노를 젓는 뱃사공 역시 검은색의 곱슬머리를 지닌 인물이다. 이들이 바로 누비아의 사람들인 누비아인이다. 아랍인의 풍모를 지닌 이집트 사람들과는 원래 쓰는 말과 문화 자체가 다르다고 한다. 이집트 사람들이 외지인들을 보면 활기차게 계속 말을 걸어오는 것과 다르게 누비아 사람들은 조금 더 조용하고 온화한 느낌이 든다. 누비아 뱃사공은 배에 올라타자 손님들에게 인심 좋게 노래를 불러 주기도 했다. 그의 노랫소리와 나

나일 강변에 서 있는 펠루카. 펠루카 투어를 즐기며 나일강 주변의 아름다운 풍경을 감상할 수 있다.

일강이 유유히 흐르는 모습이 어우러져 기막힌 풍경을 만들어 내었다.

TIP 아부심벨 축제

아부심벨은 매년 2월 22일과 10월 22일에 가장 깊숙한 곳까지 햇빛이 들어온다. 내부 깊숙한 곳에 지은 지성소에 있는 동상까지 햇빛이 들어오는데, 특이하게도 신을 한 명씩 비추고 사라지는 현상이 일어난다. 원래는 2월 21일과 10월 21일에 이러한 현상이 벌어지도록 신전을 설계하였다. 그 이유는 2월 21일은 람세스 2세의 생일, 10월 21일은 대관식이었기 때문이다. 하지만 아스완 하이댐의 건설 때문에 아부심벨의 위치가 옮겨지면서 하루씩 날짜가 늦춰지게 되었다.

이처럼 아부심벨의 특별한 날을 기념하기 위하여 이 기간에 축제가 벌어지는데 이것이 아부심벨 축제다. 특히 해돋이부터 구경하기 위하여 새벽부터 많은 인파가 몰린다. 축제일은 일출 전후로 신전 앞에서 민속춤과 문화체험 행사 등을 볼 수 있다. 또한 밤에는 음악 속에서 화려한 조명이 아부심벨을 비추는 '빛과 소리의 쇼'가 벌어지기 때문에 야경 또한 놓치지 않는 것이 좋다.

아름다운 사막의 밤

사막 기후가 나타나는 이집트에 왔으니 본격적인 사막과 오아시스를 체험하지 않고 간다면 매우 서운한 일이다. 그래서 우리가 찾은 곳은 바하리야 오아시스라는 지역이었다. 이집트의 수도인 카이로에서 그리 멀지 않은 곳에 위치해 있어 사막 체험을 하며 오아시스를 보고 싶은 관광객들이 많이 찾는 곳이다.

바하리야 사막 투어는 지프차와 함께 한다. 이곳의 오아시스를 구경하고, 원주민들의 안내로 지프차를 타고 사막에 들어가서 하룻밤을 지내는 일정이다. 사막 체험을 언제 또 해 볼 수 있겠는가. 평생 기억에 남을 만한 소중한 경험을 할 수 있을 것 같은 기대감에 두근두근했다.

지프차를 타고 계속 달려도 메마른 사막인 것 같아 지칠 때쯤, 눈앞에 거대한 호수가 펼쳐졌다. 이것이 바로 오아시스다. 평소에 상상하던 오아시스보다 규모가 훨씬 커서 깜짝 놀랐다. 이 오아시스 주변에 대추야자 나무가 자리 잡고 마을도 위치한다. 역시 물을 이용할 수 있는 곳에 사람들이, 그리고 마을이 자리 잡는다는 사실을 새삼 깨달았다. 시원한 오아시스에 발을 담가 보고 싶었지만, 오늘 잠을 청할 곳으로 빨리 이동해야 했기 때문에 길을 재촉했다.

다시 지프차를 타고 사막을 향해 달렸다. 밖을 보니 사막에는 특이하게 생긴 바위가 자리 잡고 있다. 바위 윗부분은 동그랗고 두꺼운 데 비해 아래쪽은 손잡이처럼 좁고 길게 생겼다. 마치 버섯처럼 생겨서 버섯바위라고 부르는데, 사막 기후에 많이 나타나는 바위의 모양이다. 사막은 바람이 강하기 때문에 모래가 많이 날린다. 이 모래가 날아들며 바위의 아래쪽을 침식하기 때문에 생기는 것이 버섯바위이다.

사막의 각종 지형을 구경하면서 드디어 오늘 잘 곳에 도착했다. 우리를 이와 같이 사막으로 안내하는 이들은 베두인이라고 불리는 민족이다. 이들은 북아프리카와 서남아시아의 사막에 거주하는 사람들로서, 오래전부터 사막에 익숙한 삶을 살아왔다. 우리를 안내한 베두인족은 오늘 하

❶ 바하리야 사막의 모습. 이집트에는 이 밖에도 다양한 오아시스와 사막이 있어 건조 기후의 특징을 실제로 보고 체험할 수 있다.
❷ 바하리야 오아시스의 모습. 규모가 커서 오아시스라기보다는 하나의 큰 호수처럼 보인다.

룻밤을 잘 수 있는 터를 마련하고 불을 피웠다. 그들은 노래부르며 손님들을 즐겁게 해 주고, 맛있는 저녁도 대접하였다. 사막 한가운데에서 캠프파이어를 하면서 노래와 춤을 즐기는 낭만적인 저녁이다. 저녁을 다 먹고 나서 베두인들은 음식을 담았던 접시들을 설거지하기 시작했다. 물로 헹구는 설거지가 아니라, 모래에 헹구어 내는 특별한 설거지였다. 물이 없는 이곳에서 세수나 샤워도 사치이기 때문에 나 역시 물티슈로 얼굴을 대충 닦아 낸 다음, 미리 가져 온 생수로 양치질만 하였다.

밤이 가까워 오자 낮에 느꼈던 사막의 뜨거움은 온데간데없이 사라지고 갑자기 추위가 몰려오기 시작했다. 사막의 가장 큰 특징 중 하나는 일교차가 40도에서 50도에 이를 만큼 큰 것이다. 다행히 오늘은 다른 날에 비해 그렇게 추운 날은 아닌 것 같지만, 그럼에도 불구하고 땅에서 한기가 몰려왔다. 담요를 덮고, 오리털 점퍼를 입고, 등에는 핫팩을 붙이고 잠을 청해 보아도 쉽사리 잠이 오지 않는다. 문득 하늘을 쳐다 보니 사막의 별이 총총히 빛나고 있었다.

사막의 대표적인 지형인 버섯바위. 사람의 키를 훌쩍 넘는 높이이다.

사막 투어를 하면 베두인족의 생활을 체험하고 그들이 불러 주는 춤과 노래를 즐겨 볼 수도 있다.

세계에서 가장 유명한 역사 유적, 스핑크스와 피라미드

오늘은 드디어 스핑크스와 피라미드를 구경하는 날이다. 역사책에서나 사진으로 구경할 수 있던 스핑크스와 피라미드를 직접 내 눈으로 볼 수 있다니, 상상만 해도 기분이 좋았다. 스핑크스와 피라미드는 기자라는 지역에 위치한다. 기자는 이집트의 수도 카이로에 가까운 곳으로 피라미드가 여러 개 모여 있다. 카이로에서 버스를 타고 당일치기로 방문하여도 큰 무리가 없다.

피라미드는 기자의 언덕에 자리 잡고 있다. 언덕을 향해 올라가면 거대한 피라미드 세 개가 눈에 띈다. 가장 먼저 보이는 것이 쿠푸왕의 피라미드이다. 높이가 130m가 넘으며, 입이 떡 벌어질 만큼의 규모를 자랑하고 있었다. 쿠푸왕의 피라미드처럼 큰 규모의 피라미드에 사용된 돌은 석회암으로서 나일강 주변에서 가지고 왔다고 한다. 이러한 석회암을 230만 개에서 270만 개 가까이 써야 대피라미드가 만들어진다고 한다. 게다가 이 석회암 하나의 무게는 무려 2.5톤에 달한다고 한다.

도대체 이 웅장한 규모의 건축물이 어떻게 만들어졌는지 명확하지가 않다. 피라미드는 약 4,500년 전인 고왕국 시대에 만들어진 것이라고 한다. 그와 같이 멀고 먼 과거에 어떻게 사람들이 거대한 돌들을 자르고 옮기고 쌓았는지 그 건축 방법은 미스테리로 남아 있다. 심지어 현대의 건축 기술을 동원하여도 이 거대한 피라미드를 만드는 것은 쉽지 않은 일이라고 한다.

피라미드를 만든 목적이 무엇인지도 현대 사람들이 밝혀 내지 못한 커다란 의문점 중 하나다. 왕의 유체가 피라미드 안에 존재하는 것이 아니었기 때문에 왕의 무덤이라고 정확히 단정 지을 수도 없고, 그렇다고 해서 무덤이 아니라고 딱 잘라 말하기에도 명확한 근거는 없다.

피라미드에 대한 여러 가지 설명을 들으며 걸어가고 있는데, 호객꾼이 낙타를 끌고 와 말을 건다. 피라미드 근처에는 이처럼 낙타 호객꾼이 유난히 많다. 이들은 공짜로 낙타를 태워 줄 것처럼 하다가 돈을 요구하는 일이 많다. 낙타 호객꾼뿐 아니라 물을 파는 사람, 물건을 파는 사람 등 관광객에게 말을 거는 사람들은 다양하다.

세 개의 피라미드를 모두 구경하고 언덕을 따라 내려가다 보니 그 유명한 스핑크스가 자리 잡고 있다. 높이가 20m 정도라고 한다. 내가 상상했던 것에 비해서 아주 큰 몸집은 아니다. 이 스핑크스는 사자의 몸통에 인간의 얼굴을 한 기이한 모양이다. 인간의 지혜로움과 함께 사자의 용맹을 지니고 있다는 뜻이라고 한다. 하지만 사람의 얼굴에 코가 깨져서 없는 모양새라 조금 더 기이하게 보이기는 했다.

스핑크스의 코가 깨진 이유에 대해 여러 가지 설이 분분하다. 나폴레옹이 이집트에 원정을 왔을 당시 프랑스 군대와 이집트 군대가 싸우면서 쏜 대포에 맞아 코가 떨어져 나갔다는 이야기가 가장 유명하다. 그러나 아랍 통치 기간 동안 성상을 싫어하는 인물들이 스핑크스의 코를 부숴 버렸다는 이야기, 오스만투르크라는 터키의 민족이 이집트를 지배했을 때 스핑크스의 코를 향해 사격 연습을 했기 때문이라는 이야기가 더욱 신빙성 있다고 한다. 원래는 스핑크스의 얼굴에 수염도 있어야 하지만 이 수염 역시 코와 마찬가지로 원래 얼굴에서 떨어져, 엉뚱하게도 영국의 대영 박물관에 자리 잡고 있다. 어쩐지 서글픈 얼굴을 가진 유적이다.

피라미드를 멀리서 본 모습

코와 수염이 없는 상태인 스핑크스

TIP 관광객들이 혀를 내두르는 이집트의 팁 문화, 바쿠시시

관광객들이 이집트 사람들을 만나게 될 때 매우 당황하게 되는 것 중 하나가 그들이 요구하는 '바쿠시시'라는 것이다. 바쿠시시는 서비스를 받고 지불하는 팁과 비슷한 개념이다. 하지만 엄밀히 말하자면 이슬람의 가르침에서 온 것으로 '희사'한다는 의미가 크다. '희사'라는 것은 즐거운 마음으로 자기의 재물을 내놓는다는 의미로 이슬람에서는 종교적으로 인정되는 행위이다. 따라서 이집트인들에게는 당연하게 여겨지는 것이기도 하다.

이집트에서 관광객들이 마주친 바쿠시시에 대한 경험은 다양하다. 관광지에서 사진을 찍으려고 할 때 먼저 찍어 주면서 바쿠시시를 요구하기도 하고, 길 안내를 해 준 현지인이 바쿠시시를 달라고 하기도 한다. 억지로 사진을 찍어 준 후에, 혹은 피라미드 근처에서 낙타 타기가 공짜인 것처럼 꾀어내서 바쿠시시를 요구하기도 한다. 이집트에서는 경찰이나 어린이 등이 관광객들에게 도움을 주고서 바쿠시시를 요구하는 것도 그렇게 낯선 일은 아니다.

이와 같이 이집트인들의 지나친 바쿠시시 요구에 넌더리를 내는 외국인 관광객들도 많다. 특히 팁이라는 문화조차 존재하지 않는 한국인 관광객들은 더욱 불쾌감을 표하기도 한다. 그러나 이집트에서는 바쿠시시가 인간관계를 원활하게 만들어 주는 윤활유 같은 것으로 인식되어 있기 때문에 지나친 거부감을 가질 필요는 없다. 비교적 화폐 단위가 작은 이집트 돈을 들고 다니면서 도움을 받고 적당한 바쿠시시를 주는 것도 하나의 요령이다.

이집트의 심장, 카이로

이집트의 수도 카이로가 지닌 첫인상은 '혼란'이다. 수많은 인구가 사는 도시인 만큼 자동차 매연이 가득하고 각종 소음들이 난무한다. 나일강 하류의 서안에 위치하는 카이로는 북아프리카 최대의 도시라고 해도 과언이 아닐 정도로 많은 사람들이 몰려드는 중심지다.

이집트의 중심지 카이로에서도 가장 중심에 위치한 곳이 바로 '타흐리르 광장'이다. 타흐리르 광장은 특히 2011년에 전 세계의 주목을 받게 되었는데 이는 당시 반정부 시위가 벌어진 주요 장소였기 때문이다. 이집트 국민들이 이 광장에 뛰쳐 나와 민주화를 외치는 모습을 우리는 TV를 통해 볼 수 있었다.

이집트는 사실 '무바라크'라는 군인 출신의 인물이 30년 이상 장기 독재를 해 온 국가였다. 그는 국가 안보를 명분으로 오랜 기간 이집트의 대통령으로 군림하였다. 그러나 그의 통치 아래에서 이집트의 경제난과 실업난은 해결되지 않았고, 민주화에 목마른 시민들은 2011년 1월 25일, 처음으로 타흐리르 광장에 몰려들었다. 이후 2월 11일, 타흐리르 광장 및 이집트 전역에서 18일 동안 이어진 대규모 시위를 통해서 드디어 무바라크 대통령이 퇴진하였다. 이집트의 혁명은 이후 독재 속에 있던 예멘, 리비아 등의 국가들에게도 영향을 미쳐, 중동에서 차례로 민주화 시위가 벌어지

❶ 2011년에 벌어진 이집트 민주화 운동의 시작점이 되었던 타흐리르 광장
❷ 이집트 고고학 박물관 외부 모습. 내부에서는 사진 촬영이 금지된다.

는 계기가 되었다.

타흐리르 광장은 혁명 이전에는 그저 카이로 사람들이 만남을 가지는 곳, 지하철 노선두 개가 통과하는 중심지였다고 한다. 그러나 2011년의 혁명 이후 이 광장은 중동 민주화 혁명을 상징하는 장소가 되었다. 역사적인 사건으로 한 장소의 이미지가 어떻게 변화하는지 보여 주는 대표적인 사례라고 볼 수 있다.

박물관 내부 미라실의 특별 입장권.
이곳에서 파라오와 왕족의 미라를 감상할 수 있다.

타흐리르 광장에서 조금만 걸으면 이집트 고고학 박물관이 나온다. 고고학적으로 엄청난 성과물들이 있는 이집트이기에 박물관이 얼마나 클까 생각했는데 생각보다 크지는 않은 2층 건물이다. 하지만 내부 전시실은 100여 개 이상이라고 한다.

고고학 박물관에 들어서니 어쩐지 '전시'라고 하기보다는 '진열'이라는 표현이 더욱 어울릴 정도로 지나치게 많은 유물이 켜켜이 쌓여 있는 느낌이다. 박물관 규모를 조금 더 넓히고 제대로 구경할 수 있는 공간을 많이 만들어 주는 것이 좋겠다는 생각이 들었다. 파라오들의 동상과 그들의 무덤 안에 있었던 보물들, 과거의 미술품들이 참으로 많이 자리 잡고 있었다. 어디에 먼저 눈을 돌려야 할지 모를 지경이다. 하지만 이렇게 많은 유물들 중에서도 사람들에게 가장 인기 있는 유물이 몰려 있는 곳은 아무래도 2층에 자리한 투탕카멘 전시실이다.

투탕카멘 전시실은 '황금의 방'이라고 해도 과언이 아니다. 너무도 유명한 황금 마스크, 황금으로 빛나는 목걸이 장식 등이 눈에 띈다. 황금 속에 둘러싸여 발굴된 투탕카멘은 어떤 인물이었을까. 그는 이집트에서 가장 유명한 파라오지만 사실은 매우 어린 나이의 왕이었다. 고작 아홉 살의 나이에 왕이 되어 17세라는 젊은 나이에 사망하였기 때문에 '소년왕'이라고도 부른다. 이처럼 짧은 생을 살았기에 그의 무덤도 그리 큰 규모는 아니었을 것으로 추정한다. 하지만, 도굴꾼의 손을 거치지 않았기에 투탕카멘의 무덤은 가장 유명한 파라오의 무덤이 되었다.

투탕카멘 전시실을 모두 구경하고 나서 2층 구석에 있는 미라실에 들어갔다. 이곳은 말 그대로 미라들을 전시해 놓은 곳이다. 람세스 2세를 비롯해 11구의 미라가 있는데, 구경하기 힘든 것인 만큼 따로 요금을 더 내야 들어갈 수 있다. 가장 중심이 되는 곳에 람세스 2세의 미라가 위치해 있다. 이집트 여행을 통해 룩소르, 아부심벨 등 수많은 지역에서 람세스 2세의 동상을 가장 많이 만났는데, 마지막으로 미라로 만나니 기분이 묘했다.

이곳은 미라가 변질되는 것을 막기 위해서 습도나 조명 관리를 치밀하게 하고 있다고 한다. 미라를 만드는 방법을 알 수 있는 최초의 기록은 그리스의 역사가 헤로도토스가 기원전 5세기경에 이집트를 방문하면서 쓴 책에 나와 있다. 고대 이집트 사람들은 시신을 일단 죽음과 관련이 있다고 여겨진 곳, 나일강 서안으로 보냈다. 이곳에서 시신을 나일강의 물로 씻은 다음, 향료 등을 발

라 방부 처리를 한다. 방부 처리 후에는 뇌와 심장을 제외한 장기를 분리해 낸다. 이 분리해 낸 장기는 따로 방부 처리한 후 작은 함에 담에 보관하고, 그 후 자연산 방부염을 헝겊에 싸서 장기를 꺼낸 시신 안에 넣고 작은 구멍을 통해 시신에서 체액이 밖으로 나오도록 했다. 이렇게 건조된 시체는 다시 강물에 씻고 향신료를 발라 붕대로 감아야 비로소 미라가 되는 것이다. 이와 같이 복잡한 과정을 모두 거쳐야 미라가 만들어질 수 있었다. 투탕카멘의 황금 마스크와 같은 가면은 고인의 생전 얼굴을 알아볼 수 있게 하기 위해 만들어진 것이었다. 참으로 길고 꼼꼼한 작업이다.

고대 이집트인들은 왜 이와 같이 긴 과정을 거쳐 미라를 만들었을까. 그 이유는 고대 이집트 사람들의 생각과 관련이 있다. 이집트인들은 사람의 육체가 죽어도 그 영혼은 죽지 않는다는, 영혼 불멸 사상을 가지고 있었다. 따라서 시신에는 죽은 사람의 혼이 여전히 깃들어 있다. 이 혼을 잘 보존하여야 내세에도 평안히 살 수 있다고 생각한 것이다.

고대 이집트인들의 이러한 믿음과 생각은 엄청난 결과를 가져왔다. 수천 년이 지난 후에 살고 있는 우리가 고대 이집트의 갖가지 유물과 유적, 미라를 통해 그들의 삶을 엿볼 수 있는 기회를 제공한 것이다.

모스크 사원을 살펴볼 수 있는 카이로 이슬람 지구

사람들은 이집트라는 국가의 이름을 들으면 주로 고대 문화 유산을 떠올리지만 현재의 이집트를 규정하는 가장 중요한 키워드는 이슬람교이다. 이집트는 642년 아랍군의 점령 이후부터 오랜 기간 동안 이슬람교의 영향을 받아 왔다. 카이로에도 수많은 이슬람 유적이 존재해 있는데 그 수는 300개 이상이 된다. 이와 같이 이슬람 유적이 모여 있는 이슬람 지구가 현재의 카이로에도 존재한다.

이슬람 지구에 있는 많은 유적 중에서도 오늘은 무함마드 알리 모스크와 이븐 툴룬 모스크 등을 방문하였다. 모스크의 가장 특징적인 양식을 꼽으라면 뾰족한 첨탑인 '미나렛'과 둥근 지붕의 모양인 '돔'을 들 수 있다. 돔의 둥근 모양은 평화를 상징하며, 미나렛은 하루에 다섯 번씩 기도 시간마다 사람이 이곳에 들어가 외치면서 예배 시간을 알려 주는 장소라고 한다.

처음 들른 무함마드 알리 모스크 역시 이와 같은 돔과 미나렛 양식을 갖추고 있었다. 이 모스크는 과거 이집트의 통치자 무함마드 알리가 만든 것이다. 그는 근대 이집트 왕조의 창건자이기도 하며, 행정이나 교육제도의 창설을 통해 이집트가 현대 국가로서의 면모를 갖추는 데 기여하기도 하였다. 모스크 내부에 들어서니 샹들리에와 램프 등으로 장식되어 있어 화려하다는 느낌을 준다. 그러나 이러한 화려함에 감탄하는 관광객들 사이에서도 고요하게 기도를 하는 이슬람교도들

무함마드 알리 모스크의 모습.
외부에서 돔과 미나렛 양식을 확인할 수 있고, 내부는 화려한 상들리에로 장식되어 있다.

이 있어 자연히 정숙한 분위기가 만들어졌다. 창문은 갖가지 기하학적 무늬로 아름답게 꾸며져 있었는데, 이와 같은 이슬람 특유의 무늬를 아라베스크라고 한다.

다음으로 들른 곳은 카이로에 현재 존재하는 사원 중에서 가장 오래된 이븐 툴룬 모스크였다. 이븐 툴룬 모스크는 관광객이 많은 편인 무함마드 알리 모스크보다 사람이 적어 매우 고요한 분위기를 자아내는 곳이다. 특히 사원 안으로 들어가면 안뜰의 주위가 회랑으로 둘러싸여 있어서 고즈넉한 분위기를 더한다. 이슬람 사원만이 가지고 있는 매력을 충분히 느낄 수 있는 장소였다.

아라베스크 무늬

물론 이슬람 지구를 군이 돌아다니지 않더라도 이집트가 이슬람 국가라는 것을 느낄 수 있는 기회는 곳곳에 있다. 예를 들어 아침 기도 모습은 이슬람 국가에서 일상적으로 볼 수 있는 풍경이다. 나 역시 이집트에 도착한 바로 다음 날 새벽, 오묘한 소리에 잠을 깨었다. 사람의 소리인지 정확하지 않은 그 소리에 놀라 숙소 베란다로 나가 보았다. 밖에는 놀라운 광경이 펼쳐지고 있었다. 수많은 사람들이 길거리에 무릎을 꿇으며 절을 하고 있는 것이 아닌가. 이슬람교도들은 그들의 의무 중 하나로 하루 다섯 번식 메카를 향해 기도를 올려야 하는데, 내가 본 광경은 그중 하나였다. 이집트에서 이슬람교는 단순한 종교가 아니었다. 다른 서남아시아나 북부아프리카 국가와 마찬가지로 이슬람교가 국가 통치, 일상생활의 전반에 영향을 미치고 있었다. 평소 우리가 이슬람교에 대해 가지는 낯선 느낌과 달리, 이집트 사람들에게 이슬람교는 자연스러운 생활의 하나로서 자리 잡고 있었다.

이븐 툴룬 모스크의 모습. 안뜰을 회랑이 둘러싸고 있으며 고요한 아름다움을 지닌 사원이다.

고대 문화유산과 이슬람교가 공존하는 국가, 이집트

　이집트의 공식 국명은 이집트 아랍 공화국이다. 인구는 약 9,000만 명(2016년 기준)이고 면적은 약 100만 1,450km²로 남한 면적의 약 10배 가까이 된다. 이집트 대부분의 인종을 구성하는 것은 고대 이집트의 피를 이어받은 이집트인들이지만 베르베르인이나 누비아인들도 존재하고 있다. 인구의 90% 이상이 이슬람교에 속하며, 초기 그리스도 교회의 전통을 이어받은 콥트교를 믿는 사람들도 6%가량 존재한다. 이슬람교 문화권인 만큼 사람들이 쓰는 언어도 대부분 아랍어이다.

　사회문화적으로 이슬람교의 영향권이라고 볼 수 있지만, 1798년 프랑스 나폴레옹의 침략을 받은 이후부터 실질적으로 서구 지배권에 들어서게 되었다. 1882년부터 1921년에는 영국의 지배를 받는 등 많은 고난이 있었다. 무함마드 알리 왕조 시대를 지나 공화국 시대가 열리며 새로운 국가가 탄생되었지만, 1981년부터 이어진 무바라크 대통령의 독재가 이어지기도 했다. 무바라크 정권 시대에 나타난 경제 문제나 빈부 격차 등에 대한 국민들의 불만이 2011년 반정부 시위로 분출되면서 새로운 정권이 들어섰지만 여전히 정치적 혼란은 계속되고 있다.

　이집트의 국기는 1922년 이집트가 영국에게서 독립할 때 만들어진 것이다. 빨간색은 투쟁을 위해 흘린 피를 의미하는 것이고, 하얀색은 밝은 미래를 상징하는 것이다. 검은색은 식민지 시대의 암흑을 의미하는 것이다. 가운데 하얀색에는 '살라딘의 독수리'라고 하는 문양이 새겨져 있다. 오래전부터 독수리는 중동 지방에서 신적인 동물로 생각되어 왔다. 특히 이슬람과 유럽 기독교도들이 벌인 십자군전쟁에서 활약한 영웅인 살라딘을 상징하며 만들어진 문양이 살라딘의 독수리이다. 이 독수리 문양은 이집트 외에도 시리아, 이라크, 아랍에미리트 등의 국기에서도 찾아볼 수 있다.

이집트의 음식

이집트는 이슬람 국가이기 때문에 돼지고기가 잘 유통되지 않는다. 대신 양이나 소, 닭고기 등을 이용하여 고기 요리를 만든다. 또한 지중해 근처에 자리 잡고 있기 때문에 남부 유럽과 같이 토마토를 이용한 음식이 발달하였다. 진한 향신료를 많이 쓰는 편이며, 콩 요리나 이슬람의 영향을 받은 진한 커피 등을 사람들이 선호한다.

코샤리

이집트에서 꼭 먹어 보아야 할 음식 중 하나는 코샤리이다. 코샤리는 쌀밥을 볶은 뒤, 그 위에 마카로니를 얹고 양파튀김, 땅콩, 삶은 팥 등을 더한 뒤에 토마토 소스를 넣어 비벼 먹는 음식이다. 이집트는 쌀도 많이 생산되기 때문에 이와 같이 쌀을 이용한 음식도 발달하였다. 코샤리는 그 중에서도 대표적인 서민 음식으로, 이집트에 가면 거리마다 많이 팔고 있다. 테이크아웃도 가능하기 때문에 여행자들도 즐겨 찾는 음식이다.

아에시

이집트 사람들이 갖가지 요리에 곁들여 먹는 빵 아에시도 반드시 맛보아야 한다. 이집트 사람들은 아에시를 주식으로 먹는데, 인도에서 카레에 찍어 먹는 난과 비슷하게 생겼다. 소스를 찍어 먹거나 구운 생선을 아에시 사이에 넣어서 샌

코프타

드위치처럼 먹을 수도 있다. 여러모로 활용도가 높은 빵이라고 볼 수 있다.

따메야

이집트에서 고기로 만든 전통 음식을 즐기고 싶다면 코프타를 맛보는 것이 좋다. 코프타는 양고기나 소고기 등을 간 다음 길죽하게 반죽하여 만드는데, 이때 향신료를 함께 넣는다. 이 반죽을 구우면 완성된다. 구운 토마토나 양파 등이 곁들여져 나오며, 향신료 맛이 강하기 때문에 사람들의 호불호가 갈리는 음식이기도 하다.

따메야라고 불리는 음식 역시 인기가 많다. 콩을 갈아서 밀가루를 살짝 섞고 향신료를 조금 첨가해 반죽을 만든 뒤, 기름에 튀겨 내어 만든다. 이 따메야를 아에시 빵 안에 넣어서 소스와 함께 먹으면 매우 맛있다.

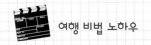 여행 비법 노하우

교통 · 숙박 · 음식

☞ 항공...원래 대한항공에 카이로행 직항편이 있었으나 현재는 운항을 하지 않는 상태이다. 주로 아랍계 항공이나 유럽계 항공을 통해 두바이, 도하, 유럽의 도시 등에서 경유를 하고 가는 경우가 많다.

☞ 숙박...지역마다 호텔, 게스트하우스, 유스호스텔 등이 다양하게 존재하고 있다. 한두 달 전에 숙소 예약 대행 사이트에서 미리 예매를 해 두면 저렴한 가격에 시설 좋은 숙소를 구할 수 있다.

☞ 음식...이집트 음식은 지중해의 요리와 중동의 요리에 담긴 요소들이 혼합되어 있다. 특히 토마토 소스를 다양하게 이용하며 콩이나 쌀, 비둘기, 양고기 등을 이용한 음식들이 있다. 이슬람교를 믿는 국가라 보통 돼지고기는 팔지 않으며, 주식으로 쓰이는 빵 아에시 외에도 코프타, 코샤리, 케밥 등 다양한 음식을 맛볼 수 있다.

주요 체험 명소

1. 고대 파라오들의 무덤이 위치한 룩소르: 거대한 규모의 룩소르 신전과 카르나크 신전, 멤논 거상, 파라오의 암굴묘가 위치한 왕가의 계곡, 하트셉수트 여왕 장제전
2. 독특한 문화를 자랑하는 누비아 지방: 람세스 2세가 만든 세계적 문화유산 아부심벨 대신전, 아름다운 나일강을 즐길 수 있는 펠루카 투어
3. 세계에서 가장 유명한 유적이 위치한 기자: 피라미드, 스핑크스
4. 오랜 역사를 지닌 수도 카이로: 수많은 고대 유물이 전시되어 있는 고고학 박물관, 무하마드 알리 모스크, 이븐 툴룬 모스크 등 수많은 이슬람 유적이 있는 이슬람 지구

주요 축제

대표적인 축제로 아부심벨 축제와 라마단 등불 축제가 있다. 매년 2월 22일과 10월 22일에는 아부심벨에 가장 깊숙이 햇빛이 들어오는데, 이를 기념하며 열리는 축제이다. 신전 앞에서 빛과 레이저로 이루어진 쇼도 감상할 수 있다. 라마단 등불 축제는 아랍권 최대의 축제로 8월 중순경 카이로와 알렉산드리아 등의 주요 광장에서 볼 수 있다. 특히 라마단 전날 나일강 위에서 펼쳐지는 펠루카의 퍼레이드가 가장 볼만하다.

지중해 문화를 느낄 수 있는 휴양 도시, 알렉산드리아

알렉산드리아는 지중해 근처에 위치한 이집트 제2의 도시이다. 지중해성 기후가 나타나기 때문에 강렬한 햇빛과 온화한 기후, 해안가의 풍경을 즐길 수 있는 관광 도시이기도 하다.

기원전 4세기경에 알렉산더 대왕에 의해 건설되었으며, 그 이후 프톨레마이오스 왕조 시대에 수도가 되었고 이 왕조의 마지막 여왕 클레오파트라가 살던 도시이기도 하다.

이곳에서는 세계에서 가장 오래된 알렉산드리아 도서관, 로마 원형 극장, 로마 황제가 세운 폼페이 기둥 등을 볼 수 있다.

다이버들의 인기 지역, 후르가다

후르가다는 홍해의 아름다운 모습을 볼 수 있는 지역으로 전 세계 다이버들에게 인기가 많은 곳이다.

1년 내내 따뜻한 기후를 보여 추위나 비 걱정이 없어 유럽 사람들이 많이 찾는 리조트 지역이다. 홍해의 아름다운 어종들을 볼 수 있는 수족관이나 수영을 즐길 수 있는 퍼블릭 비치 등이 있다. 특히 이곳은 스노클링과 다이빙 등 물놀이를 즐길 수 있는 대표적인 명소다.

 참고문헌

· 세계를간다 편집부, 2006, 세계를 간다 이집트, 랜덤하우스코리아.
· 이주형·이석우, 2011, 산자의 도시 사자의 도시 이집트, 보성각.
· 정규영, 2004, 문명의 안식처, 이집트로 가는길, 르네상스.
· 조이스 타일드 슬레이, 김훈 역, 2001, 람세스, 이집트의 가장 위대한 파라오, 가람기획.
· 크리스티앙 자크, 김병욱 역, 2006, 크리스티앙 자크와 함께 하는 이집트 여행, 문학세계사.

낮설지만 아름다운 나라

남아프리카 공화국

남아프리카 공화국은 아프리카 대륙의 최남단에 위치해 있는 나라이다. 북쪽으로는 나미비아·보츠와나·짐바브웨, 동쪽으로는 모잠비크·스와질란드와 접해 있다. 또한 영토 내에 독립국 레소토가 있다. 17세기 네덜란드인의 이주 후 백인이 유입되었으며, 1815년 영국의 식민지가 되었다가 1961년 5월 남아프리카 공화국으로 독립했다. 기름진 목초지와 삼림지가 많아 야생동물들이 많이 서식한다. 수도는 행정수도(프리토리아), 입법수도(케이프타운), 사법수도(블룸폰테인)으로 분리되어 있다.

남아프리카 공화국은 남반구에 있어 북반구에 있는 우리나라와는 계절이 정반대이다. 남아프리카 공화국을 여행하려면 계절과 기온에 맞는 옷 준비가 중요하다. 남아프리카 공화국의 여름은 11월~2월로 습하지 않고 온도도 많이 올라가지 않아 그늘에 있으면 시원한 정도의 온도이므로 얇은 긴팔 옷을 준비하는 것이 좋다. 겨울은 6~9월로 기온이 영하로 내려가지는 않지만 체감온도는 낮은 편이다.

대표적인 관광 도시, 케이프타운

케이프타운은 산과 에메랄드빛 바다로 둘러싸인 남아프리카 공화국의 대표적인 관광 도시로,

크기는 서울보다 조금 작으며 인구는 약 400만 명이다. 1652년 네덜란드의 동인도 회사가 아시아로 항해하는 선박의 보급 기지로 만든 도시로, 1910년에 영국 자치령이 되면서 유럽 문화와 영어를 사용하는 백인 문화의 도시로 자리 잡고 있다. 그래서 케이프타운을 방문하는 관광객들은 케이프타운이 여느 아프리카 도시와는 다르게 유럽의 도시에 온 것 같다고 말한다.

인천 국제공항에서 싱가포르를 경유하여 비행기로 약 12시간 날아가 케이프타운에 도착하였다. 케이프타운 공항은 케이프타운 시내에서 차로 약 30분가량 떨어져 있다. 대중교통은 없으므로 셔틀버스를 이용하거나 택시를 타고 이동해야 한다. 우리는 한국에서 미리 게스트하우스를 통해 셔틀버스를 예약해 두었기에 셔틀버스를 타고 케이프타운 시내로 들어가기로 하였다. 셔틀버스를 기다리면서 꿈꾸어 왔던 아프리카의 드넓은 평원과 뛰어다니는 동물들을 상상하였다. 하지만 시내로 들어오며 보이는 광경은 "여기가 정말 아프리카 맞아?"라는 생각뿐이었다. 케이프타운의 역사를 책으로 살펴보니 당연할 수밖에 없다는 생각이 들었다. 아쉬운 마음을 뒤로하고, 우리의 첫 번째 목적지인 테이블산으로 향했다.

대부분의 관광 도시에서 하늘을 찌를 듯한 높이의 전망대가 있어서 그 도시를 조망할 수 있는 것처럼, 케이프타운에도 자연과 도시를 한꺼번에 조망할 수 있는 특별한 전망대가 있다. 그곳이 바로 테이블산이다. 테이블산은 '마더 시티'라고 불리는 케이프타운의 상징이다. 케이프타운에서는 어디서나 보이는 산인 테이블산은 이름을 보면 알 수 있듯이 테이블 모양이다. 도저히 걸어서는 올라가지 못할 것 같은 절벽으로 둘러싸여 있는데, 산 위에는 약 3km가 넘는 평지가 펼쳐져

있다.

"나는 일반적인 산을 생각해서 가파르고 오르기 어렵다고만 생각했는데 산위가 평지라니, 말도 안 돼!"

"그러게. 나도 참 높고 험준한 산인 줄 알았는데, 이름이 괜히 테이블산이 아니었어."

해발 1,086m라고 하니 그렇게 높은 산은 아니지만 바다쪽은 절벽이라 300m 지점까

테이블산 정상의 모습

지 버스나 차로 이동한 후에 케이블카를 타고 올라가야 한다. 케이블카에는 한 번에 약 50명 정도가 탑승하며, 유명 관광지라 그런지 항상 기다리는 사람으로 북적인다. 케이블카를 타고 가는 내내 나는 사진기의 셔터를 멈출 수가 없었다. 깎아진 절벽의 모습은 장관이었다. 또한 케이블카가 한 방향으로만 올라가는 것이 아니라 360도 회전하면서 올라가기 때문에 주변 경치를 보는 것도 아주 즐거운 일이었다.

드디어 정상에 도착했다. 정상에는 각종 약도를 보며 관광하는 사람들이 많았다. 케이블카 역 주변은 조경이나 산책로 등을 잘 만들어 놓아서 아주 편리하게 구경을 할 수 있도록 되어 있다. 다른 쪽 길에는 여러 종류의 트레킹 코스도 보인다. 우리는 여기저기 왔다갔다 하면서 케이프타운을 조망하고 신선한 공기를 마셨다.

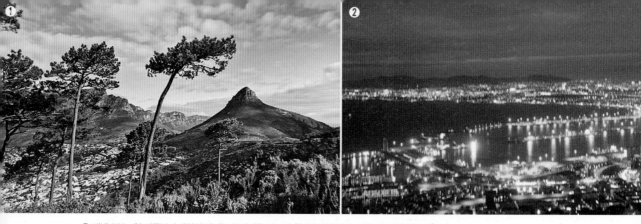

❶ 해발 350m인 이곳부터 해안이 만나는 곳까지를 시그널 힐의 그린포인트 지역으로 지정하고 있다.
❷ 해가 질 즈음에 시그널 힐을 찾는 이들이 많다. 그 이유는 대서양에서 지는 석양이 경이로울 정도로 아주 아름답기 때문이다.

테이블산에서 시그널 힐 로드를 향해 걸어서 이동하기 위해 라이언스 헤드를 향해 갔다. 테이블산과 시그널 힐 중앙에 위치한 라이언스 헤드는 사자 혹은 스핑크스를 닮았다 하여 붙여진 이름이다. 혹자는 라이언스 헤드에서 바라본 케이프타운의 정경이 테이블산에서 본 것보다 더 멋있다고 한다. 라이언스 헤드는 해발 669m에 있어 그리 높지 않으나 케이프타운을 조망하기에 좋은 것은 사실이다. 우리는 테이블산에서 바로 라이언스 헤드를 갔지만 오랫동안 케이프타운에 머무는 사람들은 일정에 간격을 두고 테이블산과 라이언스 헤드를 여유 있게 즐기곤 한다.

내려가는 길이라 생각보다 금방 도착하여 라이언스 헤드 경관을 둘러보았다. 뜨거운 햇살 아래 솔솔 부는 바람이 땀을 씻겨 주고 케이프타운의 도심지를 더 가까이 볼 수 있어 테이블산과는 또 다른 느낌이다.

테이블산과 마주하고 있는 시그널 힐과 라이언스 헤드는 멀리서 바라보면 사자가 엎드려 있는 듯한 착각을 일으킬 정도로 닮아 있다. 머리 부분을 라이언스 헤드, 엉덩이 쪽을 시그널 힐이라 부른다. 테이블산과 라이언스 헤드에서 바라보는 시내의 전경은 상당히 황홀하다. 특히 해 질 무렵 이곳에 올라 와인 한잔을 하며 전경을 감상한다면 그야말로 금상첨화이다.

어느덧 저녁이 왔고 시그널 힐에 가서 케이프타운의 야경을 감상해 보기로 하였다. 시그널 힐로 가는 길은 조금은 복잡해서 굽이굽이 커브 길을 따라 가야 하고, 차량으로 가는 것이 편하다. 마침 주변에 차를 가지고 온 관광객들이 있었기에 부탁을 하여 그들의 차를 타고 이동했다. 시그널 힐은 테이블산의 능선이 서쪽 대서양과 인접하며 북으로 이어진 곳의 맨 끝부분에 위치한 언덕이다. 시그널 힐이라는 이름이 흥미로운 이유는 매일 정오에 지금까지 사용된 대포 중 가장 오래된 대포를 발포해 얻게 되었다는 데서 착안해서 지어졌다고 한다. 시그널 힐에 도착하여 만난 석양은 정말 놀랍고 장엄하다고까지 생각이 든다.

석양을 보고 간단히 저녁을 먹은 후, 케이프타운 시내 인근 워터프런트로 향했다. 워터프런트는 쉽게 말하면 현대적 분위기가 물씬 나는 쇼핑센터이다. 유럽 인들이 케이프타운에서 가장 먼저 세운 항구로, 시내와 외곽을 둘러 볼 수 있는 보트도 있고 수족관, 해양사 박물관 등 볼거리와 먹거리가 풍부하여 케이프타운의 최대 상업 지역으로 통한다. 또한, 로벤섬으로 가기 위해서는 반드시 거쳐야 할 관문이기에 항상 많은 관광객들로 붐빈다. 케이프타운에서 유럽을 가장 닮은 곳이라는 워터프런트는 남아프리카 공화국에 있으면서 생각보다 자주 가게 된 곳이다. 숙소 근처 산책 가듯이 뚜렷한 목적 없이 야경 보러, 쇼핑 하러 등 여러 번 방문했다. 워터프런트의 볼거리는 실내 공예품 시장, 남아프리카 공화국 출신들의 노벨상 수상자들 동상, 공연 등 다양하다.

아프리카의 주요 허브, 요하네스버그

요하네스버그에는 하늘을 찌를 듯한 고층 건물이 많다. 다른 대도시와 비슷하다는 생각이 드는 곳이지만 이곳은 남아프리카 공화국의 전통 부족 중의 하나인 은데벨레 사람들이 모여 살고 있다는 점에서 독특하다. 요하네스버그는 1886년 금이 발견되면서 형성된 도시인데, 갑작스런 금의 발견으로 수많은 이민자와 광산업자 그리고 일을 찾아 온 사람들이 모여 살고 있다. 참 독특한 곳이다. 이후 남아프리카 공화국 상공업의 중심지로 성장하게 되었다. 현재 남아프리카 공화국 최대의 도시로 일컬어지며 아프리카에서 가장 번영한 상공업 도시이다. 인류의 기원이 되는 화석의 발굴지이자 과거와 현대 그리고 문명과 원시의 모습을 두루두루 느낄 수 있는 매력적인 곳이 바로 요하네스버그이다.

요하네스버그에서 예전부터 오고 싶은 곳이 있었으니, 바로 '인류의 요람'이란 곳이다. 1997년 유네스코 세계유산으로 등록된 인류의 요람은 요하네스버그에서 차를 타고 북서쪽으로 1시간 정도 가면 있다. 약 300만 년 전의 원시인인 '미시즈 플레스'의 두개골과 고대 인류 화석의 반 이상이 발견된 스터크폰테인 동굴을 비롯해 수많은 중요 유적지를 갖고 있다. 세계 원시 인류 화석의 30%가 이곳에서 발견되었다니 놀라울 따름이다.

인류의 요람을 모두 관람한 후에, 우리는 현대 시설의 문명을 느껴볼 수 있는 곳을 찾았다. 골드리프시티라 불리는 이곳은 남아프리카 공화국의 과거와 현재, 그리고 미래의 문명까지 모두 함께

스터크폰테인 동굴에 있는 화석 　　　　　　　　　　　　　　　골드리프시티의 외관

느낄 수 있는 곳이다. 조벽의 남서쪽 교외에 있는 유명한 관광 명소인 골드리프시티 테마파크는 요하네스버그의 황금시대를 체험할 수 있는 곳이다. 1967년 폐광된 크라운 마인스 금광산 자리에 금광촌을 재현한 모습인데, 1890년대 골드러시로 번성하던 당시의 모습을 잘 만들어 놓아 많은 관광객들이 찾는 테마파크라 할 수 있다. 그렇다고 해서 골드리프시티에서 단순히 금광촌 또는 채광촌만을 볼 수 있다고 생각하면 오산이다. 골드리프시티에는 금광 박물관을 비롯해서 카지노, 호텔, 레스토랑, 놀이공원, 대회의장, 기념품점 등 각종 레저 시설이 있다. 이만하면 요하네스버그 조벽의 디즈니랜드라고 불러도 과언이 아니다.

TIP 레소토와 스와질란드

레소토와 스와질란드의 위치

남아프리카 공화국 안에는 레소토(Lesotho)와 스와질란드(Swaziland)라는 두 개의 독립된 국가가 있다. 남아프리카 공화국과 이 두 나라는 지리적 특성상 서로 교류가 활발하고 화폐도 통용된다. 한국인은 비자나 기타 허가 없이 이 두 나라를 자유롭게 관광할 수 있다.

레소토는 세계에서 유일한, 한 나라에 완벽히 둘러싸인 독립 국가이다. 드라켄즈버그라는 산에 둘러싸인 고지대에 있어 가장 낮은 곳이 1,400m이고, 대부분이 1,800m 높이에 있다. 독립 국가이지만, 지리적으로 고립되어 있어 남아프리카 공화국에 경제적, 정치적으로 도움을 받는 나라이다. 스와질란드는 남아프리카 공화국에 접해 있는 나라로, 크기는 작지만 역사와 문화에 대한 자부심이 깊은 왕족 국가이다. 산악을 배경으로 한 아름다운 풍경을 자랑하여 '아프리카의 스위스'라는 별칭을 가지고 있다.

레소토 국기

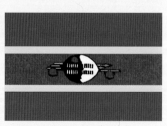
스와질란드 국기

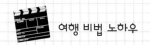 여행 비법 노하우

교통·숙박·음식

☞ 교통...남아프리카 공화국의 교통수단은 특히 철도가 발달하였다. 다른 대중교통은 우리나라처럼 발달되지 않아 불편함이 없지 않다. 또한 남아프리카 공화국 사람들은 주로 자전거를 이용하는 경우를 많이 볼 수 있다.

☞ 숙박...남아프리카 공화국의 케이프타운 주변 도시는 관광 도시인 만큼 호텔을 손쉽게 구할 수 있다. 한두 달 전에 숙소 예약 대행 사이트에서 미리 예매를 해 두면 저렴한 가격에 시설 좋은 숙소를 구할 수 있다. 하지만 도시 이외의 지역에는 숙소가 많지 않고 치안이 위험할 수 있으니, 관광지 주변 숙소를 이용하는 것이 안전하다.

주요 체험 명소

1. 남아프리카 공화국의 대표적인 관광 도시, 케이프타운: 케이프타운이 자랑하는 자연 전망대 테이블산, 라이언스 헤드, 시그널 힐 등
2. 사파리 투어의 기점, 넬스푸르트: 야생동물의 왕국인 크루거 국립 공원 탐방 등
3. 아프리카의 허브, 요하네스버그: 골드리프시티, 요하네스버그 동물원, 넬슨 만델라 국립 박물관 등

주요 축제

1. 5월 31일: 공화국의 날
2. 9월 7일: 정착민의 날
3. 10월 10일: 크루거 기념일
4. 12월 16일: 코베난트의 날

치치카마 국립 공원

치치카마 국립 공원은 세계에서 가장 아름다운 해안선으로 알려진 가든루트를 따라 바다(인도양)와 치치카마산 사이로 뻗어 있다. 아프리카에서 가장 먼저 해상 공원으로 지정되었고, 세계에서 가장 높은 번지점프대가 블로크란스강 다리에 있다. 캐노피 투어는 울창한 거목들 사이를 연결해 놓은 케이블 사이로 안전 장치를 하고서 매달려 숲을 건너는 체험이다. 10개의 구간을 3시간가량 이동하며 최대 100m길이의 슬로프를 타고 미끄러진다. 울창한 숲에서 스릴과 재미를 느낄 수 있다.

로벤섬

케이프타운의 워터프런트 항구에서는 로벤섬을 오가는 페리가 출발한다. 로벤섬은 1961년부터 넬슨 만델라를 포함한 남아프리카 공화국의 정치범을 가두었던 정치범 수용소로 악명을 날리다가, 지금은 섬 전체가 박물관으로 지정되어 일반인에게 공개되고 있으며, 1999년 유네스코 세계문화유산으로 등록되었다. 아파르트헤이트라는 백인 우월주의의 인종 분리 정책의 철폐 투쟁을 벌이다 체포되었던 넬슨 만델라가 27년간의 투옥 생활 중 18년을 보낸 곳이 바로 로벤섬이다.

로벤 아일랜드

로벤 아일랜드 교도소

 참고문헌

- 박영진, 2010, Smile 남아공, 혜지원.
- 이기중, 2010, 남아공 무지개 나라를 가다, 즐거운상상.
- 진윤석, 노매드 미디어&트래블, 2010, 남아공 내비게이션, 그리고책.

남태평양의 대표 항구를 가슴에 품다

시드니

천혜의 자원과 쾌적한 기후를 자랑하는 호주. 다문화 정책으로 인해 많은 인종의 장점을 충분히 가지고 있어 융합적인 문화가 발달한 호주는 한국과도 많은 분야에서 교역을 이루고 있는 나라이다. 인구 약 2,477만 명(2018년 추계)으로 6개 주와 2개의 자치령으로 구성된 연방 국가이며, 수도는 캔버라로 인구는 31만 명 정도이다. 수도인 캔버라의 인구가 적은 이유는 행정수도의 목적

호주를 대표하는 시드니 항 전경

으로 신설된 도시이기 때문이다. 호주의 국토는 한반도의 약 35배 정도로 어마어마하지만, 총면적의 90% 이상이 사막이나 고원으로 이루어져 있어 심각한 문제로 대두되고 있다. 주요 도시들은 해변가의 수목지대를 중심으로 형성되어 있는 편이다.

시드니는 호주에서 가장 오랜 역사를 가진 도시로 뉴사우스웨일스주의 주도이다. 세계에서 아름답기로 손꼽히는 항구에 세워진 시드니는 전 세계 도시평가에서도 연속 3년간 최고의 도시로 평가받고 있다. 호주의 경제·문화의 중심지로 남위 34°에 위치하며, 남쪽으로는 캔버라, 북쪽으로는 포트스테판과 이어진다.

남태평양의 대표 항구, 시드니의 바다를 느끼다

호주로 향하는 발걸음

호주는 대개 직항과 경유의 방법으로 찾아갈 수 있다. 평균적으로 한국에서 호주까지 약 10시간의 적지 않은 비행 시간을 견뎌야 하나, 인고의 시간을 겪고 난 후 펼쳐지게 되는 호주의 자연, 문화, 유적지, 생물자원을 상상한다면 그 정도는 충분히 견딜 수 있을 것이다.

호주는 우리와 정반대의 남반구에 위치한 세상에서 가장 큰 섬나라이자 세계에서 6번째로 넓은 나라이기도 하다. 수려한 자연환경뿐만 아니라 도심지의 곳곳에서 역사와 문화를 느낄 수 있는 최적의 관광지로 다양한 기후대를 가진 나라이긴 하나, 우리가 여행할 시드니는 남부 지역으로 연중 온화한 봄의 날씨를 유지하는 곳이다. 크리스마스도 다가오는 해를 넘기기 위한 카운트다운도 바닷가에서 수영복 차림으로 맞이한다고 하니 관광객으로서의 그 쾌적함은 이루 말할 수 없다. 또한 연중 이곳저곳에서 연이어 이루어지는 축제는 샘이 날 정도로 다채롭다. 원시 부족인 애버리진이 거주하는 황무지에서 유럽에 거듭 발견되어 가며 영국의 유배지이자 식민지, 골드러시, 인종 문제 등의 격변기를 지나온 호주. 그 안에서 눈부시게 발전해 온 호주의 위대한 자연유산과 문화유산 그리고 역사유산을 온몸으로 느낄 수 있는 요충지인 시드니에서 진정한 아름다움을 마음에 담아 보자.

시드니 항의 핫스폿, 하버브리지와 오페라하우스

거대하고도 아찔한 다리, 하버브리지

하버브리지는 시드니 도심에 위치한 철제 아치교로, 세계에서 4번째로 긴 아치교이다. 시드니 중심 상업 지구와 북쪽 해변 사이의 시드니 항을 가로질러 철도, 차량, 자전거와 보행자의 통행을

하버브리지   파일런 전망대에서 바라본 탁 트인 전경

담당하는 주 교량이다. 다리의 모습 때문에 '옷걸이(The Coat Hanger)'라는 별명으로 불리기도 한다. 1923년부터 8년간 건설한 높이 134m, 폭 49m, 길이 1,149m 규모의 하버브리지는 어쩌면 시드니를 방문하는 관광객의 마음을 연결해 주는 커다란 교량의 역할을 하는 듯하다.

파일론 전망대는 하버브리지 4개의 교각 중에 오페라하우스와 가장 가까운 남동쪽 교각에 위치하여 오페라하우스의 아기자기한 모습과 넓은 바다가 한데 어우러지는 절경을 볼 수 있는 곳이다. 전망대까지는 200여 개의 계단을 올라가야 하지만 중간에 있는 전시관에서 하버브리지의 역사와 당시 쓰였던 측량기 등을 전시한 공간을 만날 수 있으므로 지루할 틈은 없을 것이다. 파일론 전망대에서는 앞을 가리는 유리도 없어 360도의 조망을 관찰할 수 있는 다소 아찔한 경험도 할 수 있다.

재미있는 탄생 이야기를 가진 오페라하우스

세계에서 가장 아름다운 건축물로 손꼽히고 있는 오페라하우스는 조가비 모양의 지붕이 바다와 신비로운 조화를 이루는 시드니의 대표적인 공연장이다. 1955년 공모전을 통해 선정된 지금의 디자인은 당선자가 부인이 들고 있는 쟁반 위의 오렌지 조각을 보고 아이디어를 얻었다는 설이 있고, 바람을 받은 요트 또는 조가비를 보고 영감을 얻었다는 설도 있다. 하지만 쓰레기통에 버려졌던 설계도를 꺼내어 당선작으로 선정하였다니 행운이 깃든 건물일 수도 있겠다. 어찌 되었든

❶ 몽환적인 분위기를 자아내는 오페라하우스의 일출 광경
❷ 6,000여 개의 파이프오르간이 있는 오페라하우스의 콘서트홀

105만 6,006개의 세라믹 타일, 총 공사기간 16년, 애초 예산의 10배가 되는 비용 등 모양을 구현하는 것부터가 쉽지 않은 모험이자 혁신이었지만 그 구조와 설계 면에서 창의성과 독특함을 인정받아 2007년에는 유네스코 세계문화유산에 등재된 우수한 건축물이다. 설계의 독특함을 더 하는 것은 벽, 바닥 등의 조립 방식이 레고와 비슷하여 파손이 되었을 때 하나씩 교체가 가능하다고 한다.

오페라하우스에는 한국인 투어라는 반가운 시스템이 있다. 한국어에 능통한 가이드가 30분 정도 곳곳을 안내하는 서비스이다. 이왕 오페라하우스를 방문했다면 투어 앤 테이스팅 플레이트에서 밀리 하버브리지를 보며 여유 있는 호주식 식사를 하는 것도 좋다. 아니면 무대 뒷면, 분장실, 연습실을 구경할 수 있는 백스테이지 투어(매일 10명만 접수)의 행운아가 되거나 콘서트홀을 비롯한 여러 극장에서 펼쳐지는 연중 1,600여 개의 공연의 관람객이 되어 보는 것도 여행의 묘미를 살리는 길이라고 본다.

시드니의 활기를 느낄 수 있는 곳, 서큘러 키

시드니의 활기와 멋진 야경이 보고 싶다면 들러야 하는 곳이 서큘러 키이다. 이곳은 시드니 중심부와 북부를 연결하는 페리 선착장으로 시드니의 모든 페리가 이곳에서 출발한다. 만리 비치나 시드니 하버 유람선들이 항상 드나드는 관문으로 6개의 선착장이 있다. 서큘러 키는 바다도 볼 수 있고, 호주의 명소를 담은 그림엽서에 나올 법한 아름다운 광경이 펼쳐져 관광객의 대부분이 찾는다고 해도 지나치지 않을 정도로 유명한 관광 명소이다. 시드니만에 펼쳐진 서큘러 키는 최초의 영국 이민선단이 도착한 역사적인 장소로, 오른쪽으로는 오페라하우스를, 왼쪽으로는 하버브리지를 볼 수 있는 곳이다. 또한 시드니 항을 횡단하는 페리 승강장, 버스 터미널, 기차역이 설치되어 있기 때문에 시드니의 교통 중심지이기도 하다. 길 따라 펼쳐지는 행위예술가의 공연을 보고 있으면 시간 가는 줄 모르는 곳이기도 하다.

달링하버에서 떠나는 해양 여행

낭만의 항구 달링하버는 예전에 발전소와 조선소가 있던 어수선한 곳이었다. 그랬던 곳이 1988년 호주 건국 200주년을 맞아 대대적인 보수를 거듭하였고, 그 결과 박물관, 쇼핑센터, 세계 최대의 아이맥스 극장 등이 들어서서 인기 있는 명소가 되었다. 특히 파이어몬트브리지는 정해진 시간에 큰 배가 드나들 수 있도록 90도로 회전하여 길을 열어 주는 역할을 해서 그 광경을 구경하기 위하여 시간을 체크해 보는 것도 좋다.

달링하버 주변에는 호주 국립 해양 박물관과 와일드라이프 동물원, 시드니 수족관이 있어 해양

연인들을 감성에 젖게 하는 달링하버의 정경   90도 회전으로 길을 여는 파이어몬트브리지

생태계 및 해양 생물, 호주와 관련한 육지 동물을 직접 체험하고 관람할 수 있다.

호주 국립 해양 박물관은 호주의 바다에 관한 문화와 항해의 역사를 소개하기 위하여 1991년에 문을 연 10층 높이의 거대한 해양 박물관이다. 1920년대 사용한 선박과 무인 등대선은 물론이고 호주 원주민 애버리진과 유럽 첫 이주민들의 물건, 해군함정과 잠수함, 대형 요트 등이 실물 크기 그대로 전시되어 있는 대형 해양 박물관이다. 관람은 갤러리만 볼 수 있는 프로그램과 모든 전시회와 선박을 관람할 수 있는 빅티켓으로 구분하여 구매할 수 있다.

와일드라이프 동물원은 호주의 대표 동물 코알라와 캥거루를 만날 수 있는 곳으로, 예약제로 운영하여 동물들과의 교감, 사육사와의 대화, 동물 먹이 등을 체험할 수 있다. 특히 매일 오전 11시부터 10분~15분 간격으로 코알라의 먹이를 주는 시간이므로 시간 계획을 잘해야 좋은 추억을 만들 수 있다. 한국에서는 볼 수 없는 에뮤, 뱀, 딩고를 비롯해 카카두 협곡에 사는 길이 5m의 대형 악어도 구경할 수 있다.

시드니 수족관은 깊이 15m, 길이 140m의 세계 최대 규모로 5,000여 종이 넘는 어종을 소유한 기네스북에 오른 수족관이다. 세계에서 가장 큰 그레이널스 상어와 대형 가오리, 악어, 50여 종의 화려한 색상의 산호초 등이 정말 환상적인 분위기를 연출한다. 특히 수중 유리터널을 따라 움직이는 바닷속을 탐험할 수 있다.

시드니 시내의 여기저기 도보 체험

하이드파크와 세인트메리스 성당

뉴욕의 중심에 센트럴파크가 있다면, 시드니의 중심에는 런던 중심 공원과 이름이 같은 하이드파크가 있다. 시드니 하이드파크는 이전에는 군사 훈련장 및 경마장으로 사용되었으나, 주지사

센트럴 타워에서 내려다본 하이드파크와 안작 전쟁 기념관의 전경   세인트메리스 성당

매쿼리의 주문으로 1810년에 설립된 시드니에 있는 가장 큰 도시 공원이다. 아마 시드니의 도심 여행자라면 한 번은 꼭 지나쳐 갈 곳이기도 한 이 공원은 정말 어마어마하게 크고 푸릇푸릇하며 시드니 사람들의 여유를 엿볼 수 있는 곳이기도 하다.

하이드파크에서는 호주 연합군의 1차 세계대전 프랑스 참전을 기리기 위한 아치볼드 분수와 거대한 체스판이 그려져 있는 나고야 가든, 안작(ANZAC) 전쟁 기념관 등을 찾아볼 수 있다.

하이드파크의 동쪽으로 이동하다 보면 관광객의 눈을 사로잡는 건축물 하나가 눈에 들어올 것이다. 바로 세인트메리스 성당으로 고딕 양식의 로마 가톨릭 대성당이다. 이 건물은 프랑스 파리의 노트르담 대성당을 모델로 해서 건축한 것이라고 한다. 햇빛을 받으면 노란빛으로 빛나는 성당의 비결은 바로 호주산 사암으로 이루어졌기 때문이라고 한다. 성당 안으로 들어가 내부의 스테인드글라스를 보면 웅장함에 입을 다물지 못할 것이다. 성당의 내부와 외부 모습이 수려해서 시드니에서는 낭만적인 결혼식장으로 인기 만점이라고 한다.

시드니타워와 퀸빅토리아 빌딩

호주의 아름다운 정경을 가장 높은 위치에서 관망하고 싶다면 놓치면 안 되는 곳이다. 바로 시드니타워로 무려 해발 305m의 높이를 경험할 수 있으며, 가장 높은 자립 구조물로 볼 때 시드니에서는 1등, 호주 전체로는 2등의 높이를 자랑하고 있다. 최고층인 80층까지 엘리베이터로 40초 만에 돌파한다니 놀랄 만한 속도이다. 또한 시드니 타워에는 스카이워크라는 프로그램이 있다. 안전 장비를 갖추고 1시간 30분 동안 시드니 타워 바깥을 걸어 다니는 체험이다.

시드니타워에서 스카이워크를 체험하는 사람들

현지 사람들이 'QVB'라고 부르는 퀸빅토리아 빌딩은 프랑스의 피에르 가르뎅이 세상에서 가장 아름다운 쇼핑몰이라고 극찬을 했다는 곳이다. 퀸빅토리아 빌딩은 로마네스크 양식과 비잔틴 양식을 혼합하여 디자인되었다. 현재는 명품 브랜드 상점이 들어서 영업을 하고 있지만 건물의 곳곳에서 원주민 애버리진의 전통 무늬와 돔 형태의 멋드러진 지붕과 천장, 그리고 눈을 뗄 수 없을 정도로 화려한 스테인드글라스와 고풍스러운 계단에서 내부의 멋을 찾을 수 있다. 바깥에서는 빅토리아 여왕의 동상과 소원을 비는 우물을 찾아볼 수 있다.

퀸빅토리아 빌딩 내부의 화려한 스테인드글라스

퀸빅토리아 빌딩 외부 빅토리아 여왕 동상

시드니 근교에서 만나는 자연의 아름다움

서퍼들의 천국, 본다이 비치

시드니에서 7km 떨어진 본다이 비치는 남태평양과 맞닿아 있고, 파도가 높은 해변이다. 이 해변의 이름은 호주 원주민 언어로 '바위에 부딪혀 부서지는 파도'라는 의미를 담고 있다. 이름처럼 파도가 높아 서핑을 하기에 적합하여 세계 여러 나라의 서퍼들이 이곳을 찾고 있다.

본다이 비치의 매력은 넓게 펼쳐진 해안가를 산책할 수 있는 산책로가 있다는 점이다. 본다이 비치에서 타마라마 비치를 거쳐서 브론테 비치까지 도보로 이동이 가능하기 때문에 3개의 해변을 모두 돌아볼 수 있다는 장점도 있다. 청명하고 높은 하늘과 부서지는 하얀 파도, 그리고 넓게

본다이 비치의 풍광   타롱가 동물원 입구

드리운 모랫길을 걷는 기분은 본다이 비치에서 절정이 될 것이다.

호주의 생태계가 담겨 있는 타롱가 동물원

시드니 근교에 위치한 타롱가 동물원은 지금까지의 동물원에 대한 어떠한 상상보다 그 이상을 안겨 줄 것이다. 타롱가는 호주 원주민 말로 '아름다운 물의 모습'을 뜻하는데, 노아의 방주처럼 호주의 생물을 그대로 담아 놓은 듯 규모가 방대하다. 21만 m^2의 면적에 호주, 남태평양, 남아메리카, 아프리카, 아시아 등에서 온 725여 종 4,000여 마리의 동물이 전시되고 있다고 하니 타롱가 동물원의 동물들은 만나려면 마음의 각오가 되어 있어야 할 것이다. 타롱가 동물원의 가장 큰 매력은 바로 동물을 울타리 없이 가장 가까이에서 체험할 수 있다는 것이다. 물론 안전은 보장된 상태이다.

푸른 산의 유혹, 블루마운틴

블루마운틴은 시드니에서 약 60km 떨어진 곳에 위치한 산악 국립 공원으로 온대성 유칼립투스가 울창한 해발 1,100m의 사암 고원이다. 유칼립투스에서 분비되는 수액 때문에 내리쬐는 강한 햇빛으로 산 전체가 푸른빛으로 반사되어 보인다고 하여 블루마운틴이라 불린다. 공기 중에 떠돌아다니는 물방울과 태양광선이 접촉할 때 광선 속에서도 가장 짧은 빛의 파동을 갖고 있는 파란색이 발산하기 때문이다. 2000년 유네스코 세계자연유산으로도 등재된 이곳은 총 8곳의 보호 지역으로 구성되어 있다. 블루마운틴 국립 공원에는 유칼립투스 분류군에 속하는 91종의 나무들뿐만 아니라 희귀한 생물들이 살고 있어 호주의 다양한 생물들을 만날 수 있다. 또한 이곳은 무려 5억 년 전에 형성된 지역으로, 호주 원주민인 애버리진들이 약 1,400여 년 동안 살았던 흔적을 여기저기에서 찾아볼 수 있다.

블루마운틴 전체를 감싸고 있는 푸른빛   슬픈 전설을 담고 있는 세자매봉

블루마운틴에서 빼놓을 수 없는 곳이 바로 에코포인트이다. 에코포인트는 아름다운 푸른빛을 내뿜는 블루마운틴 전경과 세자매봉을 가장 잘 볼 수 있는 곳이다. 비슷한 세 개의 바위가 융기한 사암바위인 세자매봉에는 슬픈 전설이 있다. 주술사인 아버지가 사악한 마왕으로 부터 딸들을 보호하기 위해 잠시 바위로 만들었다가 그만 마술 지팡이를 잃어버려서 자매들이 바위가 된 채 살아가고 있다는 전설이다. 그 아픔을 호소하고 싶었던 것일까? 호주의 대부분의 산에는 메아리가 들리지 않지만 유일하게 블루마운틴에서만 메아리가 들린다고 한다.

TIP 호주의 다문화 정책

수만 년 동안 호주에는 애버리진이라는 원주민이 살았다. 사실상 호주는 수백 개의 독특한 지리적 영역에 다양한 부족국가로 구성되어 있어 독특한 문화적 정체성과 언어를 오랫동안 지녔던 다문화 국가였다. 1788년 대영제국의 식민지가 된 이래, 호주의 주민은 세계 각지에서 온 사람들로 구성되었다. 먼저 영어가 호주의 공용어가 되었고, 영국식 제도가 호주의 정부와 민주주의의 모델이 되었다. 이어진 이민의 물결 속에 모든 대륙의 사람들이 호주로 건너왔고, 이들과 함께 매우 다양한 언어와 민족, 종교, 문화유산이 호주에 전해지게 되었다.

1970년대 후반과 1980년대 초반에 걸쳐 다문화 정책의 필요성을 인식한 호주 연방정부에서는 다문화 정책을 도입했으며, 그 결과 1989년 마침내 '호주 다문화 국가 의제'가 채택되었다. 다문화 정책은 문화적 다양성 증진을 통해 사회적 통합과 융합을 보존하기 위한 목적이다. 그 이후 다양한 민족들의 이민을 받아들이게 되었다.

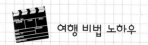 여행 비법 노하우

여행 계획·일정 세우기

　　시드니 여행은 패키지 여행을 통해 일정을 편하게 소화하는 방법도 있지만 대중교통이 잘 발달되어 있기 때문에 4~5일의 여유를 두고 자유 여행을 떠나는 것도 좋다. 시드니 국제공항에서 시내까지는 버스로 20분 정도로 그리 멀지 않다. 시드니의 관광 상품은 온라인으로 예약을 하면 할인을 받는 경우가 많기 때문에 방문할 관광지에 대한 정보는 필수로 확인하고 가야 한다. 시드니의 경우 공중전화, 와이파이, 유심을 사용한 휴대전화 사용 등 통신 서비스가 비교적 수월하기 때문에 방법을 숙지하고 가는 것도 현명한 여행객이 될 수 있는 비결이라 할 수 있다.

　　여행 일정의 경우, 대개 시드니 항을 중심으로 시작하여 시내 워킹 코스를 거쳐 블루마운틴 등의 근교를 여행하는 일정으로 계획하게 된다. 시내 투어에서는 먹거리와 볼거리가 많으므로 평이 좋은 식당과 놓치면 안 되는 곳을 지도에 표시하여 꼼꼼하게 일정을 수립하는 것이 바람직하다.

교통·숙박·음식

☞ 교통...시드니의 보편적인 대중교통 수단은 버스와 페리, 전철 등으로 시드니 패스를 구입하면 이 시내 교통수단을 자유롭게 이용할 수 있으며 이용기간과 거리별로 다양한 티켓을 판매하고 있다.

☞ 숙박...시드니는 전반적으로 물가가 비싼 편이다. 숙박비도 저렴하지 않은 편이다. 대개 11~18만 원이면 깔끔한 3~4성급의 호텔에 투숙할 수 있다. 또 3~5만 원 사이에 저렴하면서 깔끔한 호스텔 게스트하우스 숙박 형태를 고려해 보는 것도 좋다.

☞ 음식
1. 댐퍼 빵과 빌리 티(Damper Bread & Billy Tea): 야외 화로 위에 커다란 통 '빌리'를 얹어서 차를 끓여 마시던 데서 유래된 빌리 티와 소다를 넣어 반죽한 밀가루를 깊은 냄비에 담고, 불이 꺼진 모닥불 위에서 은근한 온기로 부풀려 만드는 댐퍼 빵은 호주 전통 음식이다.
2. 피시 앤 칩스(Fish & Chips): 흰 살 생선을 바삭하게 튀겨 감자튀김과 함께 곁들여 먹는 음식이다.
3. 래밍턴(Lamington): 네모난 스펀지케이크에 초콜릿을 바르고 코코넛 가루를 뿌려서 완성하는 호주의 전통 케이크이다.

다음과 같은 축제 이외에도 시드니에서는 연중 내내 곳곳에서 매우 다채로운 축제가 열린다.

1. 1월 26일: 빅 데이 아웃(Big Day Out)
2. 3월 둘째 주: 시드니 하버 축제(Sydney Harbour Week)
3. 5월: 호주 패션 위크(Australian Fashion Week)
4. 5월 마지막 주~6월 초: 비비드 라이트 페스티벌(Vivid Light Festival)
5. 6월 말: 시드니 비엔날레(Sydney Biennale)
6. 7월 마지막 일요일: 더 록스 아로마 페스티벌(The Rocks Aroma Festival)
7. 6월 말~7월 초: 시드니 굿 푸드&와인 쇼 (Sydney Good food & Wine show)
8. 9월 둘째 주 일요일: 바람 축제(Festival of The Wind)
9. 11월: 해변 조각 전시회(Sculpture by The Sea)
10. 12월: 크리스마스 축제(Christmas Day)

이곳도 함께 방문해 보세요

1. 울런공: 시드니에서 남쪽으로 80km가량 떨어진, 뉴사우스웨일스주 제3의 도시이다. 호주 원주민어로 '바다의 소리'라는 의미의 이곳은 낡은 등대가 있는 평화로운 해변과 바다 위에 한가로이 떠 있는 낚싯배들의 아름다움이 매력적인 항구 도시이다.
2. 일라와라 플라이 트리탑 워크: 아름답기로 소문난 일라와라 숲과 해안선의 절경을 상공 25m 높이, 500m 길이의 철제 산책로에서 즐길 수 있는 곳이다. 울런공 지역에 새로 생겨 각광받는 어트랙션으로서, 1억 8,000만 년 전 공룡들이 살았던 숲에 자연을 사랑하는 호주인들이 현대적이자 환경친화적으로 지은 산책로이다.
3. 키아마: 울런공에서 남쪽으로 40km 거리에 위치해 있는 인구 1만 명의 해변 도시이다. 바위 틈 사이로 바닷물이 엄청난 소리를 내며 분수처럼 무려 60m 높이로 솟구치는 블로홀(Blowhole)로 유명한 곳이다. 또한 키아마 해변은 주위에 펼쳐진 아름다운 경관과 서핑을 즐기기에 적당한 파도로 전 세계의 서퍼들에게 많은 사랑을 받고 있다.

 참고문헌

- 박선영·김상훈, 2016, 호주 100배 즐기기, 알에이치코리아.
- 빌 브라이슨, 이미숙 역, 2012, 빌 브라이슨의 대단한 호주 여행기, 알에이치코리아.
- 시공사 편집부, 2015, 저스트고 호주, 시공사.
- 윤도영, 2014, 자신만만 세계여행 호주, 삼성출판사.
- 일사 샤프, 김은지 역, 2014, 세계를 읽다 호주, 가지.
- 정태관·정양희, 2014, ENJOY 호주, 넥서스BOOKS.

이중적인 분위기를 간직한 도시

멜버른

호주 하면 떠오르는 것은 바로 '자연'이다. 그 위대한 자연의 모습을 보기 위해 길고 긴 비행의 시간을 거쳐서라도 호주, 그리고 멜버른에 가기만 한다면야 이것은 신이 주신 축복이다. 조용하고 운치 있는 멜버른의 도심 풍경을 시작으로 하여 희귀한 동물들의 서식지인 필립섬과 위대한 자연경관을 볼 수 있는 그레이트 오션 로드까지! 멜버른에서의 여행은 놀라움 그 자체이다. 인간이 만든 어느 건축물보다 자연이 만들어 낸 하나의 경관이 더 아름답다는 사실을 멜버른에서 느낄 수 있다.

TIP **살기 좋은 도시 1위인 멜버른**

영국의 경제 주간지 이코노미스트의 계열사 EIU에서 2015년 세계에서 가장 살기 좋은 도시와 가장 살기 나쁜 도시를 조사하였다. 총 140개의 도시가 후보에 올랐는데, 세계에서 가장 살기 좋은 도시로 뽑힌 곳은 바로 호주의 멜버른이다. 호주의 멜버른은 100점 만점에 무려 97.5점을 기록해 만점에 가까운 점수를 얻었다. 점수 산정 기준은 범죄 발생률, 테러 위협 등 안정성, 문화와 환경, 의료 서비스, 인프라, 교육 등의 5개 분야이다. 혼잡하고 인구밀도가 높은 런던, 뉴욕 등 거대도시에 비해 인구 밀도가 낮으며 아름다운 자연환경, 탄탄한 복지, 높은 수준의 문화와 환경 등으로 호주의 멜버른이 살기 좋은 곳으로 꼽힌 듯하다.

멜버른의 기본 정보

드디어 멜버른에 도착하였다. 우리가 탄 항공은 시드니를 경유하여 멜버른으로 오게 되었다. 시드니에서 멜버른까지 1시간 반 정도가 걸린다. 인천으로부터 시드니를 거쳐 멜버른까지, 꽤 긴 시간에 걸쳐 온 만큼 기대가 큰 도시인 멜버른! 멜버른은 호주 지도에서 보면 동쪽에서도 가장 남쪽에 위치한다. 인구는 약 485만 명(2017년 기준)이다. 멜버른은 호주의 역사를 함께 하는 도시이다. 캔버라가 수도가 되기 전, 약 20여 년간 호주의 수도로서 큰 역할을 담당했기 때문이다. 현재는 시드니에 이어 호주 제2의 도시인 멜버른은 여행하는 각도에 따라 다양한 분위기를 느낄 수 있다. 우선, 멜버른은 영국 빅토리아 시대의 모습이 많이 남아 있다. 그래서 영국에 온 것 같은 착각이 든다. 다음으로는 여러 나라의 문화가 많이 혼합된 느낌이 난다. 이민자의 도시이다 보니, 여기저기서 다인종인을 볼 수 있을 뿐만 아니라 함께 어우러져 독특한 문화가 형성됨을 느낄 수 있다.

멜버른의 도심 여행

드디어 본격적인 멜버른 탐방이 시작되었다. 멜버른은 도보, 버스, 메트로를 이용하면 간단하게 여행을 할 수 있다. 대중교통이 워낙 잘 발달되어 있어 초행길이라 하더라도 많이 헤매지 않을 수 있다.

멜버른은 관광지가 굉장히 밀집되어 있다. 도심에 있는 관광지를 모두 둘러보아도 일주일 이상이 소요될 것 같다. 공공기관부터 미술관, 공원, 식물원 등 다양한 기관이 몰려 있다. 우리가 먼저 간 곳은 멜버른 주 의사당이다. 주 의사당은 과거에는 연방 의사당이었으나 현재는 주 의사당으로 이동되고 있다. 멜버른 주 의사당이 유명한 이유는 건축 양식이 독특하기 때문이다. 1856년에

코린트 양식의 주 의사당   고딕 양식의 세인트패트릭 대성당

건설된 주 의사당은 코린트 양식으로 지어진 건물이다. 코린트 양식은 굉장히 화려하고 우아하며 장엄한 것이 특징이다. 이러한 건축 양식을 감상하기 위해 전 세계 많은 미술가, 관광객들이 찾는다. 많이 들어본 고딕 양식이 아닌 독특한 양식의 건물을 본다는 것은 참 흥미롭다. 멜버른에서는 코린트 양식의 건물들을 많이 볼 수 있는데, 길거리를 걷다 보면 딱 봐도 코린트 양식의 건물이구나 할 정도의 건물들이 많다. 주 의사당을 멀리서 살펴보면 뭔가 체계적인 모형이 반복되면서도 그 모형이 단순하지 않고 웅장하고 거대함을 한눈에 느낄 수 있다.

　다음으로 간 곳은 세인트패트릭 대성당이다. 세인트패트릭 대성당은 예전부터 교과서에 많이

멜버른의 대표적인 공원인 피츠로이 가든

실린 장소인데 호주 최대의 고딕 양식의 건축물로 유명하다. 멀리서도 잘 보일 정도로 첨탑의 높이가 무려 103m이다. 뾰족한 첨탑이 장관이다. 또한, 성당 내부 역시 굉장히 넓고 거대하며 천장과 벽면에는 스테인드글라스가 화려하게 장식되어 있다. 밤에는 이 성당 자체적으로 조명이 켜져 야경이 아름답다.

대성당과 의사당을 둘러보니 잠시 쉬어 가고 싶다. 길을 걷다 보니 저기에 아기자기한 정원이 보인다. 멜버른의 공원은 어떨까? 벌써 궁금해 발걸음이 빨라진다.

멜버른은 시티 곳곳에서 어느 곳으로 가든 공원으로 연결되어 쉽게 공원에 다다를 수 있는 구조로 되어 있다. 대표적인 공원은 보태닉 가든, 피츠로이 가든, 칼튼 가든인데 우리가 도착한 공원은 피츠로이 가든이다. 이 공원에 들어선 첫 느낌은 바로 '한적하다, 푸르다, 아기자기하다'이다. 이 공원은 옛날에 채석장이었는데 지금은 공원으로 조성되었다. 공원 곳곳에는 조각, 분수, 나무, 꽃, 벤치 등이 하나의 풍경으로 잘 이루어져 있다. 벤치에 앉아 여행을 되돌아보고 남은 여행 시간의 기대감을 마음껏 느껴 보니 더 기운이 난다.

다음으로 향한 곳은 멜버른 전망대이다. 멜버른 전망대의 이름은 '유레카 스카이데크 88'이다. 대한민국에 남산타워, 타이완에 101빌딩, 프랑스에 에펠탑, 도쿄에 도쿄타워, 미국에 타임스스퀘어가 있다면 멜버른에는 유레카 스카이데크가 있다. 높이는 253m로 사실 다른 나라에 있는 빌딩에 비하면 그렇게 엄청 높다는 느낌은 들지 않는다. 다만, 남반구에는 이렇게 높은 빌딩이 많이 없다는 점을 감안하면 참 높다는 것을 실감할 수 있다. 초고속 엘리베이터를 타고 88층에 내린다. 전망대에 내리면 바닥이 LED 전광판으로 빛이 난다. 유리창을 넘어 멜버른의 전경을 한눈에 볼 수 있다. 특히, 해가 질 무렵 전망대에 오른다면 해가 지는 노을에 비친 멜버른의 모습이 참으로 아름답다.

희귀한 동물들의 서식지, 필립섬

멜버른에서 차로 약 1시간 30분간 이동하면 필립섬이 나온다. 대부분의 관광객들은 멜버른에서 출발하는 필립섬 투어 프로그램을 이용한다. 투어 프로그램을 이용하면 정해진 시간에 맞추어 나가기만 하면 스케줄이 짜여 있어 편하게 여행할 수 있다. 다만, 시간에 얽매이게 되고 단체 투어 프로그램인 만큼 지켜야 할 규칙이 있다는 점은 아쉽다. 필립섬에서 유명한 것은 바로 페어리 펭귄이다. 페어리 펭귄은 세계에서 가장 작은 펭귄이다. 펭귄 자체가 그리 크지 않은 동물인데, 얼마나 작을까 생각만 해도 귀엽다. 호주 하면 떠오르는 동물이 캥거루, 코알라 등이지만 이 필립섬에는 펭귄이 가장 유명하다. 물론, 코알라 보호 구역에서 코알라와 바다표범도 볼 수 있다. 하지만

희귀한 동물들이 많이 서식하고 있는 필립섬

필립섬에만 2만 마리 정도의 펭귄이 살고 있다고 하니 가히 펭귄의 섬이라고 해도 과언이 아니다. 산, 다리 등 긴 거리를 지나다 보면 드디어 필립섬에 도착한다. 여기는 동물원도 아니고 따로 펭귄이 관리되어 있는 것도 아니므로 펭귄이 나올 때까지 기다려야 한다. 대부분 해가 질 무렵 무리를 지어 나갔다 온 펭귄이 돌아온다고 하니 기다림의 연속이다. 필립섬에서의 대부분의 여행 일정은 낮에는 코알라 보호센터에서 코알라를 보고 저녁에 해질 무렵 펭귄 퍼레이드를 보는 것으로 마무리하면 딱 좋다. 바다표범도 서식하기는 하나, 해안에서 헤엄치는 바다표범을 볼 수 있는 것은 어쩌면 운이다. 그래서 딱히 기대를 하지 않는 것이 좋다.

우리는 먼저 코알라 센터로 갔다. 코알라는 우리에게 굉장히 친숙하고 귀여운 동물이지만 코알라는 사실 전 세계에서 호주에서만 살고 있는 아주 희귀한 동물이다. 하루 20시간 이상 잠을 잔다고 하니, 생각만 해도 귀여워 웃음이 절로 나온다. 코알라 센터에는 코알라가 밖으로 나가지 못하게 구역을 나눠 놓고, 나무로 만든 다리를 이어 관찰로를 마련해 사람들이 편리하게 구경할 수 있도록 조성해 놓았다. 필립섬의 풍경과 여기저기서 희귀한 동물들을 구경하고 나니 어느덧 해가 저물어 가고 있다.

드디어 펭귄이 하나둘 모습을 드러내기 시작하였다. 한두 마리씩 나오더니 어느덧 5마리 이상이 되어 모여 있다. 다른 동물들로부터 자신들을 보호하기 위해 무리를 지어 다닌다는 펭귄들. 페어리 펭귄들은 길이가 30cm 정도로, 이렇게 작은 펭귄을 볼 수 있다니 신기할 따름이다. 필립섬은 사실 동물들이 온전하게 서식해야 하는 곳인 만큼 관광객들의 매너가 참으로 중요하다. 펭귄들이 놀라지 않도록 소리를 지른다거나 먹을거리를 던져 주는 것은 삼가야 하고, 카메라 플래시 셔터를 눌러서도 안 된다. 카메라 조명에 펭귄들이 시력을 잃을 수도 있기 때문이다. 이러한 자연 보호 구역에 와서 희귀한 생물들을 보는 것만으로도 만족해야 한다. 큰 축복이 아닐 수 없다. 그래서 필립섬에서 동물들을 찍은 사진이 없다.

자연이 준 선물, 그레이트 오션 로드

그레이트 오션 로드는 멜버른의 남서쪽에 있는 토키를 시작으로 하여 워넘불까지이어지는 약 300km의 도로인데 드라이브코스로 굉장히 유명하다. 도로 옆에는 배스 해협이 이어진다. 직접 차를 렌트해서이곳을 둘러봐도 되지만 타지에서의 운전이 부담스럽다면 투어 프로그램을 이용하면 된다. 아직 운전이 미숙한 우리는 투어프로그램을 이용했다. 오전 7~8시경 멜버른 시내에서 출발하여 저녁 5~6시경 다시 시내로 돌아오는 일정이다. 한화로 약9~10만 원이면 이 투어를 이용할 수 있다.투어를 이용하는 사람들은 투어 버스에서의 자리 선정을 잘 해야 한다. 자연환경이잘 보이도록 창가 쪽 자리를 선점해야 기억에 남는 투어를 할 수 있다.

그레이트 오션 로드 안내판

자연이 만든 위대한 경관, 12사도상

토키, 론, 아폴로 베이, 포트 캠벨, 워넘불, 포트 페어리, 포틀랜드까지 각각의 지점마다 색다른느낌이다. 중간중간에 유명한 곳에 내려서 보고 다시 버스를 타고 가다가 또 내려서 보고 하는 식으로 투어가 운영되는 것이 꼭 학창 시절에 수학여행 온 것 같은 기분이 든다.

가장 인기 있고 유명한 곳은 프린스타운과 포트 캠벨 사이에 있는 12사도상이다. 12사도상은포트 캠벨 국립 공원에 위치한다. 12사도상은 바다 위에 우뚝 솟은 바위와 깎아진 단애가 어울려만들어 낸 절경인데, 여기에 노을까지 더해지면 더 없이 멋있는 장관을 연출한다. 12사도상은 그냥 사진으로 보는 것보다 실제로 보아야 한다. 이름에서처럼 예수님의 열두 제자의 위엄이 느껴진다. 이렇게 멀리까지 온 것이 전혀 아깝지 않다는 생각이 든다. 인간이 지은 그 어떤 건축물보다도 아름다워 자연의 위대함을 느껴볼 수 있는 곳이다. 바람의 침식과 해수의 작용이 얼마나 대단한지, 연신 놀란다. 12사도상은 현재는 12개 중 7개밖에 남아 있지 않다. 바람, 파도에 의해서 다깎여 없어질지도 모른다는 생각을 하니 자연의 위대함에 대해 생각해 보게 된다.

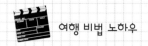 여행 비법 노하우

☞ 항공과 교통...멜버른은 도시 자체가 관광지이므로 주요 도심지에 관광지가 몰려 있다. 중심부에서 3일, 멜버른 근교에서 2일 정도로 일정을 잡아 여행을 한다면 여유 있게 여행을 즐길 수 있다. 대부분의 여행객들이 시드니를 경유하여 멜버른으로 들어오므로 시드니 여행 후에 멜버른을 여행하고 간다면 금상첨화이다. 멜버른의 주요 교통수단은 트램, 지하철, 택시 등이며, 주요 중심지는 대중교통만으로도 편리하게 여행할 수 있다. 다른 근교 지역을 가기 위해서는 렌터카나 버스 등을 이용하면 된다.

☞ 숙박...멜버른의 주요 관광지에 호텔, 게스트하우스, 유스호스텔 등이 다양하게 있다. 한두 달 전에 숙소 예약 대행 사이트에서 미리 예매를 해 두면 저렴한 가격에 시설 좋은 숙소를 구할 수 있다.

☞ 음식...호주는 남태평양에 인접해 있어 해산물이 풍부하다. 또한, 목축업이 발달하여 쇠고기, 양고기 등 육류도 인기이다. 스테이크, 바비큐는 물론이며 해산물을 이용해 만든 로브스터, 록 오이스터, 머드 크랩 등이 유명하다.

주요 체험 명소

1. 멜버른 중심부: 세인트패트릭 대성당, 피츠로이 정원, 주 의사당, 멜버른 전망대, 빅토리안 아트 센터 등
2. 멜버른 근교: 필립섬, 그레이트 오션 로드 등

주요 축제

멜버른의 대표적인 축제로는 화이트나이트(White Night)라 불리는 멜버른 백야 축제가 있다. 백야 축제는 프랑스 파리의 백야 축제에서 기원하였으며, 아침부터 밤까지 하루 종일 길거리 공연, 전시, 패션쇼 등이 다양하게 펼쳐진다. 다양한 장르가 한자리에 모여 축제의 장을 펼치니 축제와 여행 일정이 겹친다면 꼭 한번 참여해 보는 것이 좋다.

TIP 다양한 생물의 서식지, 필립섬

필립섬은 호주에서뿐만 아니라 전 세계적으로 유명한 동물들의 서식지이다. 대표적인 동물로는 펭귄, 코알라, 바다표범 등이 있다. 검은색 현무암으로 이루어진 해변과 모래사장으로 이루어져 있는 필립섬은 그리 크지 않은 섬이므로 하루면 충분히 자연경관과 동물들을 만나볼 수 있다. 코알라 센터에서 코알라를 볼 수 있으며, 해가 질 무렵이면 볼 수 있는 지구상 가장 작은 펭귄인 페어리 펭귄은 이곳이 동물들의 서식지로서 얼마나 귀중한 환경을 가진 곳인지 느낄 수 있게 해 준다. 또한 해안을 따라 수영하고 있는 바다표범을 보며 지구상에서 동물들의 서식지가 가지는 의미, 이러한 서식지를 보존하기 위해 우리가 할 수 있는 일을 생각해 보는 것은 값진 경험이 될 것이다.

과거와 현재를 넘나드는 도시, 브리즈번

브리즈번은 호주 퀸즐랜드주의 주도로 호주에서 3번째로 큰 도시로 알려져 있다. 브리즈번 시내 중심에는 해변이 있어 휴양지에 온 것 같은 착각이 들기도 한다. 호주 해변의 색다른 분위기와 함께 강 주변에 있는 고층 빌딩들은 브리즈번이 대도시로 성장함을 한눈에 알 수 있게 해 준다. 제1차 세계대전에서 죽은 자들을 기리기 위한 안작 광장, 브리즈번에서 가장 오래된 건물인 올드윈드밀, 레저파크인 사우스 뱅크 파크랜드까지 볼거리가 다양하다.

활기찬 리조트 세상, 골드 코스트 아웃라인

해변에서 즐기는 해양 스포츠, 편안함과 부유함을 갖춘 리조트, 활기찬 행글라이딩과 승마. 호주의 청정 자연 속에서 진정한 레포츠를 즐기고 싶다면? 바로 골드 코스트 아웃라인으로 떠나면 된다. 해안선을 따라서 산책, 수영, 일광욕을 즐기는 사람들을 보면 이곳이 지상 낙원이 아닐까 하는 생각이 든다. 휴양 후에 쇼핑과 오락을 즐길 수 있는 센터, 빌딩, 타워들이 근처에 있어 여행의 흥미를 더해 준다.

 참고 문헌

· 빌 브라이슨, 이미숙 역, 2012, 빌 브라이슨의 대단한 호주 여행기, 알에이치코리아.
· 시공사 편집부, 2015, 저스트고 호주, 시공사.
· 윤도영, 2014, 자신만만 세계여행 호주, 삼성출판사.
· 정태관·정양희, 2014, ENJOY 호주, 넥서스BOOKS.
· 주은총, 2014, 호주 멜버른 자유여행, 유페이퍼.

지구 최고의 지상 낙원

뉴질랜드

아름다운 자연조건과 기후, 그리고 관광자원을 바탕으로 천혜의 관광국이 된 나라 뉴질랜드는 북섬과 남섬으로 이루어져 있는 섬나라로, 각각의 섬마다 특징 있는 여행을 즐길 수 있는 곳이다. 복잡한 도시 속 여행보다는 한가롭고 깨끗하고 맑은 여행을 즐기며 진정한 휴식을 위한 곳을 찾는다면 뉴질랜드로 떠나는 것이 좋다. 천혜의 자연을 사랑하고 보존했던 마오리족의 자취와 경관을 맛볼 수 있는 아름다운 자연 천국, 바로 뉴질랜드이다.

오클랜드의 전경

뉴질랜드 알아보기

뉴질랜드는 남반구에 위치한 나라이다. 북섬과 남섬, 2개의 섬으로 이루어져 있으며 모양은 길쭉하다. 남반구에 위치했기 때문에 우리나라와는 계절이 정반대이다. 우리나라가 겨울일 때 뉴질랜드는 여름이며, 우리나라가 여름일 때 뉴질랜드는 겨울이다. 한여름의 크리스마스를 경험하고 싶다면 뉴질랜드로 떠나라는 말처럼 북반구에 살고 있는 우리에게는 재미있는 경험을 할 수 있는 곳이 바로 뉴질랜드이다.

뉴질랜드 북섬 알기

뉴질랜드의 북섬에는 수도 웰링턴을 포함하여 오클랜드 등 주요 도시 대부분이 위치하고 있다. 남섬이 빙하와 얼음으로 잘 알려져 있는 반면 북섬은 화산으로 굉장히 유명하다. 지금도 분출 중인 화산이 있으며 이런 장면까지 놓치지 않고 볼 수 있다. 관광지가 많이 위치한 북섬은 자연과 함께 하는 도시의 삶뿐만 아니라 정적인 체험과 해변에서의 물놀이와 섬 투어 등을 경험할 수 있다.

요트와 문화의 도시, 오클랜드 여행

"북섬은 확실히 남섬과 느낌이 다르구나."
"그러게, 보통 한 나라라고 하면 일반적으로 거의 비슷한데 뉴질랜드는 확실히 달라."
여행을 하는 내내 친구와 나는 쑥덕거렸다.
오클랜드는 우리나라로 치면 대전광역시, 부산광역시 같은 광역시이다. 노스쇼어, 마누카우, 와이타케레, 오클랜드를 합쳐 대도시 오클랜드로 분류할 수 있는데, 뉴질랜드 전체 인구의 3분의 1 이상이 사는 곳이라고 하니 뉴질랜드의 핵심 지구라고 해도 과언이 아니다. 우리는 한국에서 바로 오클랜드 국제공항으로 이동하였기에 오클랜드를 여행하기에 아주 좋았다. 에어버스(Air Bus) 라고 쓰인 버스를 타고 공항에서 시내까지 쉽게 나갈 수 있다. 본격적인 오클랜드 여행이 시작된다고 하니 너무 떨리고 설렌다. 오클랜드에는 지하철이 없으므로 버스를 이용해 여행을 하는 것이 좋다. 버스 노선이 잘 발달되어 있어 지하철이 없어도 여행하는 데 불편함은 없으나 처음에는 조금 헤맸다. 오클랜드 여행은 중심지라 할 수 있는 비아덕트 하버와 브리토마트 기차역 앞에서 모든 것이 시작된다. 한눈에 봐도 오클랜드에는 고층 빌딩이 많다. 우리는 시내 중심가 여행을 시작하기로 하였다. 오클랜드 시내로 이동하면서 먼저 지나게 된 곳은 하버브리지이다. 하버브리지

스카이타워

는 오클랜드 시내와 북쪽의 노스쇼어 도시를 연결하는 다리인데 도시의 상징과 같은 존재다. 차를 타고 하버브리지를 건너면서 느끼는 오클랜드 도시는 정말 아름답다. 특히, 여기저기 서 있는 요트들의 모습이 매우 색다르다. 한국에서는 자주 볼 수 없는 풍경이다. 하버브리지에서 바라보는 시티의 모습이 얼마나 아름다운지, 심지어 이 부근에서 번지점프 액티비티까지 하며 전경을 감상하는 관람객이 많으니 얼마나 그 풍경이 아름다운지 알 수 있다.

하버브리지를 지나 우리가 도착한 곳은 스카이타워이다. 어느 중심지든 그 도시에서 가장 높은 타워가 있다.

"우아 정말 높다."

"맨 위층에 전망대가 있나 봐. 모양은 원 모양이네."

들뜬 우리는 타워를 보고 더 설레었다. 스카이타워의 높이는 무려 328m이다. 호주의 시드니타워보다도 더 높으며 남반구에서는 가장 높은 건축물이라고 한다. 220m쯤 위치하는 스카이데크 전망대에는 유리창으로 오클랜드의 전망을 감상할 수 있다. 저 멀리 랑기토토섬, 와이헤케섬까지 다 보이는 게 정말 자연의 천국에 온 것 같은 기분이 든다. 항상 느끼지만 자연은 위대하고 아름답다. 스카이타워 190m 정도의 높이에서는 시속 85km 이상의 속도로 낙하하는 스카이점프가 있는데 이것 또한 굉장히 인기라고 한다. 액티비티를 즐기는 사람이라면 한 번쯤 해 봐도 좋을 것 같다.

"날씨도 선선하니 드라이브를 하고 싶어."

"차를 렌트하기를 잘한 것 같아."

"다른 데로 이동해 보자."

어디로 갈지 두리번거리다 책을 뒤적여서 목적지로 정한 곳은 바로 이든산이다. 렌트를 한 우리는 자동차를 타고 이든산으로 향했다. 이든산은 오클랜드를 오는 여행객이라면 모두들 들리는 필수 코스이다. 이든산은 시내 한가운데에 솟아 있는 196m 높이의 언덕이다. 약 2만 년 전에 폭발했던 화산이라고 한다. 이든산과 관련된 전설이 있다. 1500년경 이곳에 마오리족이 살고 있었는데, 다른 부족의 추장이 방문하자 이곳에 있던 부족민들이 그 추장을 살해하고, 그쪽의 부족민들이 화가 나서 복수를 하기 위해 이곳을 포위하고 공격하였다. 하지만 그 당시에 날씨가 굉장히 무덥고 식량이 부족해 이든산의 부족민들이 항복하게 되었고, 그때부터 이곳에서 끊임없이 크고 작은 분쟁이 벌어졌다. 이후 1840년경 백인들에게 매각된 곳이 바로 이든산이다. 산책로를 따라 정

상까지 올라가도 좋고 힘이 들면 자동차로도 올라갈 수 있다. 정상에서 오클랜드의 시내와 항구를 바라보면 참 시원하고 좋다. 곳곳이 장관이며 노을 지는 시기, 해가 뜨는 시기, 낮 등 언제 둘러봐도 멋진 곳이다. 연인끼리는 데이트 장소로 가족끼리는 친목의 시간, 혼자서는 사색을 하기에 아주 좋은 곳이 아닐까 싶다.

목가적인 풍요로움을 느낄 수 있는 콘웰 파크

다음 여행 방문지는 콘웰 파크이다. 콘웰 파크는 오클랜드 시내를 지나면 나타난다. 도심에 이런 곳이 있다니, 신기함이 절로 든다. 콘웰 파크의 넓은 공원에는 가로수 길, 산책로가 잘 정비되어 있어 자연을 느끼며 휴식하기에 좋다. 또한 양떼들과 말이 방목되어 있는 것을 볼 수 있어 자연과 인간이 하나되는 곳이란 생각이 든다. 이 공원 안에는 원트리 힐과 스타돔 천문대가 있다. 또한, 정상에 존 로건 캠벨 경의 기념비가 서 있다. 이곳에도 관련된 전설이 있다. 산 정상에는 나무 한 그루가 우뚝 서 있었는데, 뉴질랜드의 원주민이었던 마오리족은 이 나무가 그들의 영혼을 상징한다고 믿으며 살고 있었다. 하지만 이후 누군가가 전기톱으로 이 나무를 베어 버려서 나무 둥지만 남아 있다는 슬픈 전설이 전해진다.

뉴질랜드 남섬 알기

뉴질랜드 남섬은 북섬과는 완전히 다른 여행의 맛을 느낄 수 있다. 뉴질랜드 남섬의 여행은 크라이스트처치 공항으로부터 시작된다. 대표적인 관광지로는 밀퍼드 사운드, 다웃플 사운드, 뉴질랜드에서 가장 높은 산인 쿡산, 빙하가 아직도 남아 있는 프란츠요제프, 데카포 호수, 푸카키 호수 등 빙하 지형이 있는 곳들이 유명하다. 또한, 남섬의 중심이자 액티비티 천국인 퀸스타운이 뉴질랜드 관광의 메카로 볼 수 있다. 이곳에서 와카티푸 호수를 조망하며 급류 타기, 제트보팅 등 신나고 스릴 넘치는 스포츠를 즐길 수 있다.

레포츠 천국, 퀸스타운 여행

퀸스타운은 젊음과 활기가 넘치는 도시로 알려져 있다. 남섬의 대표적인 관광지이므로 퀸스타운을 가지 않고서는 뉴질랜드 여행을 했다고 할 수 없을 정도이다. 퀸스타운으로 향하는 길마저 동화 속에 온 것 같은 상상을 불러일으킨다. 와카티푸 호수를 따라 깊숙이 들어가 보면 나오는 도시가 바로 퀸스타운이다. 퀸스타운 이름만 들어도 여왕이 떠오른다. 그렇다. 퀸스타운을 해석하면 여왕의 도시이다. 여왕이 살아도 될 만큼 교양 있고 아름다운 도시라는 뜻을 가진 퀸스타운에 도착하는 순간 내가 여왕이 된 것 같은 착각이 든다. 퀸스타운과 관련된 전설이 있다. 퀸스타운은 불과 150여 년 전까지만 해도 양떼로 가득했던 목초지였다고 한다. 그런데 지금은 건물과 사람들로 북적이는 도시가 되었다. 1860년 초반 즈음, 근처에 위치한 숏오버강에서 금이 발견되면서 골드러시를 타고 많은 사람들이 모여들었다고 한다. 이때부터 이 도시는 복잡해졌다고 한다. 하지만 실망할 필요는 없다. 퀸스타운에는 천혜의 자연을 활용한 다양한 레포츠가 발달되어 있다. 자연과 어우러지는 진정한 레포츠를 즐길 수 있는 곳이 바로 퀸스타운이다. 여름에는 호수를 따라 제트스키, 래프팅을 즐길 수 있고 겨울에는 스키, 스노보드, 썰매 등을 즐길 수 있다.

우리가 먼저 간 곳은 퀸스타운 가든이다. 퀸스타운 번화가를 지나다 보면 나오는 정원이다. 와카티푸 호수를 향한 작은 반도 전체를 공원으로 조성해 놓은 곳인데, 가든 내부를 산책하는 게 정말 기가 막힐 듯 아름답다. 와카티푸 호수는 평온하고 잔잔한 호수로 특유의 반짝이고 투명한 물빛 때문에 뉴질랜드 원주민인 마오리족은 옛날부터 이곳을 비취 호수라고 불렀다고 전해진다. 단

TIP 뉴질랜드의 원주민, 마오리족

뉴질랜드의 원주민은 폴리네시아계의 마오리족이다. 마오리족은 타히티 방면의 기지로부터 여러 차례에 걸쳐서 뉴질랜드에 이동해 온 것으로 추정된다. 마오리족의 대부분은 북섬에 거주하는데, 원래는 '태평양의 바이킹'이라고 하던 항해 민족이었으나, 이주 후로는 농경에 종사하여 타로감자, 얌감자, 고구마 등을 재배하며 살고 있다. 지금은 원주민 자체 수가 감소되어 많이 없지만 아직도 일부 지역에서는 마오리족을 만나볼 수 있다. 마오리족과 관련된 전설은 예로부터 많이 있다. 마오리족의 창조설에는 하늘의 아버지로 여겨지는 랑기누이와 대지의 어머니로 여겨지는 파파투아누쿠 사이의 자식들에 의한 분열에 의해 형성되었다는 설이 있다.

순히 식물원 같다는 느낌보다는 평화롭고 따뜻한 느낌
이 드는 동화 속 마을에 온 것 같은 착각이 든다. 중간중
간에 인공 연못도 볼 수 있고 여유를 즐길 수 있는 놀이
터, 스케이트장 등이 있다. 이곳에서 가족, 친구들과 행
복한 시간을 보내는 뉴질랜드 현지인들과 관광객들의
표정을 보니 행복함이 절로 묻어난다.

뉴질랜드 국조인 키위와
야생조류들을 보호하기 위해 만든 곳

　다음으로는 퀸스타운의 풍경을 느끼기 위해 스카이
라인 콤플렉스로 향했다. 곤돌라를 타고 해발 790m의
언덕을 향하면 전망대에서 산맥, 호수 등 퀸스타운 일
대를 조망할 수 있다. 퀸스타운을 제대로 즐기려면 스
카이라인에 올라야 한다는 말이 괜히 있는 말이 아니
다. 스카이라인 뷔페에서 식사도 하며 멋진 시간을 보
낸다면 평생 기억에 남을 것이다.

　다음으로 향한 곳은 브레콘 거리에 위치한 키위&야생조류 공원이다. 스카이라인 근처에 위치
해 있어 쉽게 갈 수 있다. 특히, 입구 앞에는 원통 모양의 특이한 조형물이 있어 찾기가 아주 쉽다.
이곳은 멸종 위기에 처한 야생조류와 뉴질랜드 국조인 키위를 보호하기 위해 만든 공원이라고 한
다. 키위는 알이 너무 커서 새끼를 낳다가 죽는 경우가 많아 멸종 위기에 처해졌다는 이야기가 있
다. 학창 시절, 교과서에서나 보던 생물들을 직접 눈으로 볼 수 있다니 감회가 새로웠다. 키위는
야행성 동물이기 때문에 이곳의 실내는 암실처럼 어둡게 유지되고 있다. 사진 촬영은 금지이며,
자세히 보면 웅크리고 있는 키위를 볼 수 있다. 키위 우리를 본 후에는 야생공원에서 올빼미, 브라
운 틸, 블랙 스틸트 등 희귀한 새들을 볼 수 있다.

곤돌라를 타고 스카이라인 전망대에 올라
퀸스타운 일대를 감상할 수 있다.

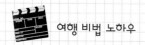 여행 비법 노하우

교통·숙박·음식

☞ 교통...뉴질랜드는 시내를 중심으로 교통이 발달되어 있다. 무료 순환 버스부터 링크 버스, 익스플로러 버스, 스테이 지코치 버스 등이 잘 발달되어 있다. 메트로가 없는 지역도 있으므로 도보나 버스, 택시를 이용하는 것이 좋다. 렌터 카 비용이 저렴한 편이므로 차를 렌트하면 편안한 여행을 즐길 수 있다.

☞ 숙박...관광객들이 많은 관광지를 따라서 홈스테이, 호텔 등이 즐비해 있다. 사전에 이동 경로를 따라 숙박 시설을 예약하면 편리하다.

☞ 음식...뉴질랜드는 적극적인 이민 정책으로 인해 다민족 국가를 이루고 있다. 이에 다양한 인종과 국적의 사람들의 입맛에 맞는 음식들이 발달되어 있다. 어디서든 원하는 취향의 음식을 모두 맛볼 수 있다.

주요 체험 명소

1. 오클랜드: 북섬 관광의 중심지로서 이든산, 콘웰 파크, 타카푸나 등이 있다.
2. 퀸스타운: 와카티푸 호수를 따라 산책로를 즐길 수 있고 신나는 액티비티를 즐길 수 있다.

주요 축제

　뉴질랜드에는 최대의 관광지인 퀸스타운에서 벌어지는 축제인 퀸스타운 윈터 페스티벌, 정원 축제인 기즈번 페스티 벌 등이 있다. 또한 뉴질랜드 원주민인 마오리족과 관련된 축제와 행사도 자주 열린다.

볼거리가 가득한 관광 도시, 로토루아

로토루아는 뉴질랜드 전역에서 가장 볼거리가 많다고 알려진 관광 도시이다. 북섬의 중심부에서 약간 북쪽에 위치해 있다. 아름다운 호수와 울창한 숲, 살아 있는 온천과 마오리족의 흥얼거리는 노랫소리까지 들을 수 있는 공간이다. 또한, 누구나 한 번쯤은 해 보고 싶은 양털 깎기 체험과 여러 가지 액티비티 체험 장소가 가득하다. 지구상에서 느끼는 유황의 냄새와 자연을 즐기고 싶다면 로토루아로 떠나 보는 것도 좋다.

남섬에서 가장 큰 도시, 크라이스트처치

크라이스트처치는 남섬을 대표하는 국제적인 통로로 볼 수 있다. 남섬의 경제를 책임지는 것은 물론이며 정치, 경제, 문화, 관광의 중심지 구실을 하고 있는 도시로, 영국 옥스퍼드 출신들이 건립한 도시라는 자부심마저 느껴지는 곳이다. 도시 한가운데를 흐르는 에이번강부터 여기저기 펼쳐져 있는 아기자기한 공원과 고딕풍의 건축물 등 도시적인 매력과 자연의 편안함을 고루 느낄 수 있는 도시이다.

 참고문헌

• 박선영, 2007, 핵심 100배 즐기기 오세아니아, 랜덤하우스코리아.

모두가 꿈꾸는 휴양지

하와이

모두가 꿈꾸는 휴양지, 허니문 여행의 넘버원이자 신혼부부가 꼽는 최고의 파라다이스인 하와이. 하와이는 미국의 50개 주 가운데 가장 남쪽에 위치하며 '알로하 스테이트'라고도 불린다. 하지만 하와이는 미국의 섬의 일부라는 인식보다는 하와이 그 자체로 많이 불리며 독자적인 섬으로 인식될 만큼 인기가 굉장하다.

하와이는 크게 6개의 섬으로 이루어져 있다. 마우이, 오아후, 카우아이, 몰로카이, 빅아일랜드, 라나이가 그것이다. 이 밖에도 120여 개의 작은 섬들로 이루어져 있으니 하와이 그 자체가 얼마

와이키키 해변을 중심으로 관광객들이 많이 찾는 오아후의 모습

나 큰 섬인지 짐작할 만하다.

하와이의 기본 정보

하와이 인구의 약 80%는 오아후섬에 사는데 그중의 절반이 호놀룰루에 거주한다. 하와이의 인구 구성원은 원주민이 9~10%를 이루며, 이주민이 90%를 차지할 정도로 외지에서 들어온 사람이 대부분이다. 하와이의 대표적인 문화로는 하와이안 음악과 훌라 댄스가 있다. 소라 등의 피리와 통나무를 도려낸 북 등을 이용하는 음악에, 포르투갈인들이 들여온 기타계의 우쿨렐레가 조화를 이루어 이국적인 정서를 자아내는 관광자원이 된 지 오래다.

하와이가 관광지로 연중 인기 있는 이유는 아무래도 기후 영향이기도 하다. 하와이는 아열대성 기후이다. 연중 온난다습하여 파인애플 등 다양한 열대 작물이 자란다. 하와이 주요 소득의 25%를 차지하는 관광업은 오늘날 하와이의 가장 크고 중요한 수입이다.

6개의 섬으로 이루어진 하와이

하와이는 6개의 섬으로 이루어져 있는데 각 섬마다 뚜렷한 개성을 지니고 있으며, 독특한 어드벤처와 관광 명소로서 방문객의 마음을 사로잡고 있다. 먼저, 하와이의 대표적인 섬으로는 오아후를 가장 먼저 꼽을 수 있다. 아름다운 자연경관과 연중 온화한 기후로 많은 관광객들이 찾는 휴양지인 오아후섬은 와이키키 해변을 중심으로 이루어져 있으며, 전 세계 여행객들이 찾는 최고의 휴양지로 찬사받고 있다. 오아후에는 특히 많은 신혼부부들이 허니문을 즐기며, 서핑보드에 몸을 싣고 파도와 해변을 즐기는 서퍼 등 발길 닿는 곳마다 자연 속 액티비티를 즐길 수 있는 다양한 체

때묻지 않은 자연경관으로 조용한 휴양지를 찾는 사람들에게 인기 만점인 카우아이

드라이브하기 좋은 마우이

조용한 섬 라나이

험이 가득하다. 하얀 모래와 푸르른 해변을 어디에서든 느낄 수 있는 곳이다.

카우아이는 한국인에게는 많이 알려지지는 않았지만 하와이의 섬들 중에서는 가장 먼저 형성된, 가장 오래된 섬이다. 또한 맑고 깨끗한 하날레이 해변 등 오아후 못지않은 자연경관이 있어 영화 촬영지로도 유명하다. 하와이 제도의 가장 북쪽에 위치하며 깊은 계곡, 울창한 숲, 무성한 나무와 꽃으로 인해 '정원의 섬'이라고도 불린다.

다음으로는 그냥 드라이브만으로도 행복을 느낄 수 있게 하는 마우이가 있다. 드라이브를 하면서 보이는 마우이의 노을과 전경은 굉장히 아름답다. 또한, 마우이에는 할레아칼라산이 있어 오아후 다음으로 많은 관광객들이 찾는 섬이라 할 수 있다.

라나이는 하와이에서 가장 인구가 적은 한적한 섬이다. 하지만 그만큼 여유롭고 평화로운 것은 당연지사이다. 이곳에는 세계에서 내로라할 수 있는 정상급 호텔과 리조트들이 있어 조용히 휴가를 즐기고 싶은 부유한 사람들이 많이 찾는다.

몰로카이는 옛날에 한센병 환자들을 모아서 살게 했다고 알려져 있다. 지금은 그저 한적하고 조용한 섬이다. 관광객들이 그리 많지는 않지만 한 번쯤 가 볼 만한 조용한 섬임에는 틀림없다. 자연의 깊은 맛을 느낄 수 있는 곳이다.

마지막은 바로 빅아일랜드이다. 이름에서 '빅'이라 표현될 만큼 굉장히 크다는 것을 실감할 수 있다. 빅아일랜드는 본래 하와이라는 명칭을 가지고 있었던 섬인데 지금은 빅아일랜드로 불리운다. 하와이에서 검은 땅의 매력을 느낄 수 있는 섬이다. 또한 현재도 활동 중인 화산이 있어 자연의 신비를 체험할 수 있으며, 유명한 코나 커피의 생산지로 이름을 날리고 있다.

호놀룰루 한 바퀴 투어

하와이에서 가장 인구밀도가 높고 주에서 세 번째로 큰 섬 오아후에 도착했다. 호놀룰루 국제공항에 도착하자마자 더운 열기가 확 느껴진다. 하지만 그렇게 무덥지는 않다. 선선한 바람이 살짝

TIP 하와이 전통 의상 살펴보기

하와이 전통 의상은 무무이다. 이름이 참 특이하다. 허리 부분을 꽉 조이지 않고 드레스식으로 만든 개방적인 옷이다. 길이는 종아리를 덮는 것과 짧은 것, 긴 것 등 다양하게 있다. 화려한 원색의 무명 프린트 천으로 만들며, 남성의 알로하 셔츠나 레이와 함께 하와이의 명물 중 하나이다. 입기 편하고 시원하여 1960년대부터 한국에서도 여성용 리조트웨어나 홈웨어로서 애용되고 있다.

부는 것이 왜 지상 낙원이라 불리는지 알겠다.

오아후의 수도인 호놀룰루에는 굉장히 많은 관광지가 있다. 와이키키 해변, 다이아몬드 헤드, 하나우마 베이, 진주만, 파인애플 농장, 폴리네시안 민속촌, 선셋 비치 등이다. 여유 있게 이 모든 곳을 돌아보면 좋지만, 대부분의 관광객들은 하루 일정으로 이 모든 곳을 둘러보곤 한다. 거리가 생각보다 꽤 멀기 때문에 차는 필수적이다.

하와이, 오아후의 시작은 역시 와이키키이다. 그러면 편안하고 여유로운 마음으로 해변을 걸어볼까? 하와이 최고의 관광지답게 해변을 따라 하얏트, 힐튼, 메리어트 등 초호화 호텔들이 즐비하다. 와이키키 해변을 걷다 보면 스노클링, 서핑 등 다양한 해양스포츠를 즐기는 사람들을 자주 볼 수 있다. 해변에 몸을 맡긴 채 단순히 헤엄치고 모래를 만지고, 모래사장을 걷는 것만으로도 참 여유롭다는 것을 느낄 수 있는 곳이다. 또한 와이키키 해변에는 중간중간에 쇼핑센터들도 많다. 대

와이키키 해변의 모습. 와이키키 해변을 둘러싸고 있는 호텔과 리조트들이 해변을 더 빛나게 한다.

파인애플 농장 안의 돌 플랜테이션　　　　　　　　　　　원주민의 문화를 느낄 수 있는 폴리네시안 문화 센터

표적인 쇼핑센터로는 와이켈레 프리미엄 아울렛과 알라모아나 센터가 있는데, 와이켈레 프리미엄 아울렛은 와이키키 해변에서 차로 약 30분 이상 가야 할 정도로 거리가 가깝지는 않지만 유명 브랜드들이 매우 저렴한 가격으로 관광객들의 마음을 사로잡고 있다.

　호놀룰루를 한 바퀴 돌다 보면 어느새 허기가 진다. 금강산도 식후경! 호놀룰루의 대표적인 관광지로 떠오른 돌 파인애플 농장으로 가 보자. 파인애플 농장 안에 세워진 인기 관광 명소인 돌 플랜테이션에 가면 파인애플이 어떻게 심어져서 자라고 있는지 한눈에 볼 수 있다. 농장을 한 바퀴 둘러보고 나면 기념품 가게에서 아기자기한 파인애플 기념품과 파인애플을 이용한 간단한 디저트들을 만날 수 있다. 그중 단연 돋보이는 것은 바로 파인애플 아이스크림이다. 아이스크림임에도 불구하고 파인애플을 통째로 먹는 것 같은 느낌이다.

　이제 하와이 원주민들의 역사와 문화를 느낄 수 있는 폴리네시안 문화 센터가 눈앞에 있다. 하와이의 민속촌이라 할 수 있으며 줄여서 'PPC'라고도 불린다.

　"우아, 여기는 또 하나의 마을인 것 같아."

　"단순히 관광지인 줄 알았는데, 진짜 마을처럼 원주민들이 사는 것 같아."

　친구와 나는 폴리네시안 문화 센터에 완전히 반했다. 하와이, 사모아 등의 폴리네시아 제도의 문화를 다양한 쇼, 놀이, 체험으로 느껴 볼 수 있는 곳이다. 사전에 원하는 프로그램을 예약하여

<u>TIP</u>　하와이 전통 악기, 우쿨렐레

　하와이 전통 악기는 우쿨렐레이다. 작은 기타로 볼 수 있다. 우쿨렐레는 맑고 깔끔한 소리가 나는 것이 특징이다. 하와이에 간다면 전통의상을 입고 우쿨렐레를 연주하는 사람들을 많이 볼 수 있다.

다이아몬드 헤드로 가는 발걸음은 힘들지만, 정상에 도착하면 이러한 고통이 씻은 듯이 없어진다.

관광할 수 도 있고, 하루종일 폴리네시안 문화 센터에만 있어도 아주 재미있다. 하와이, 타히티, 아오테아로아, 통가, 피지, 사모아 등 여러 가지 섬을 테마로 하여 꾸며져 있는데 다양한 볼거리와 체험거리가 많다.

하와이에 오면 꼭 들러야 할 곳 중 하나가 바로 다이아몬드 헤드이다. 다이아몬드 헤드는 아름다운 일출을 볼 수 있는 장소로 이른 아침에 사람들이 굉장히 붐빈다. 다이아몬드 헤드로 가는 방법은 버스, 트롤리, 렌터카 등이 있으며, 와이키키 해변에서 그리 멀지 않은 곳에 있어 접근 가능성이 좋다. 단, 트롤리나 렌터카를 이용하면 내부로 들어가 주차할 수 있지만 버스를 타면 입구까지 약 20분간 걸어야 한다.

"아, 덥다 더워."

"아침인데도 정말 덥네. 조금만 더 힘내자. 고지가 눈앞에 보여."

다이아몬드 헤드를 향하는 길이 쉽지만은 않다. 다이아몬드 헤드, 이름만 들어도 참 신비롭다. 분화구 꼭대기에 있는 암석들이 햇빛을 받아 반짝이는 것이 다이아몬드 같다고 하여 붙여진 이름이다. 다이아몬드 헤드 정상에 오르기까지는 용암동굴을 지나 높은 계단을 올라야 하지만 꼭대기에서 바라보는 와이키키의 전경과 오아후의 모습은 송글송글 맺힌 땀을 씻어 준다.

하와이에서 즐기는 먹거리

쇼핑거리, 즐길거리 못지않게 하와이는 먹거리마저 풍부하다. 하와이의 음식 문화는 현지 원주민들의 음식 문화와 더불어 스페인, 포르투갈 등 유럽 대륙을 포함한 각지에서 온 이민자들의 영향을 받아 다양한 음식 문화를 자랑한다. 특히 사탕수수 농장에서 일하기 위해서 한국, 중국, 일본, 필리핀 등 아시아에서 온 이민자들이 이 섬으로 들여온 음식 문화가 하와이의 음식 문화의 큰 부분을 차지하게 되면서 하와이는 미국 본토와는 다르게 밥, 면으로 된 음식들도 많다.

하와이의 먹거리는 먼저, 간단하게 먹을 수 있는 스팸 무스비가 있다. 스팸은 우리나라 사람이라면 누구나 아는 그 햄이다. 스팸 무스비는 간이 된 주먹밥 위에 구운 스팸을 올리고 김으로 싸서 먹는 하와이식 간편 음식이다. 하와이의 편의점이라 할 수 있는 ABC마트나 인근 마켓에서 쉽게 접할 수 있으며 많은 사람들이 식사 대용으로 즐긴다.

길거리에서 흔히 볼 수 있는
하와이안 스팸 무스비

다음으로 하와이에는 코나 커피가 있다. 코나 커피는 빅아일랜드의 코나 지역에서 재배되는 커피를 통칭하는 말이다. 하와이의 어떤 섬에서든지 만나 볼 수 있는 코나 커피는 어느새 하와이를 상징하는 대표적인 먹거리가 되었다. 한국에서 코나 커피의 원두를 맛본 사람들은 그 맛이 얼마나 부드럽고 매력적인지 알 수 있다. 이러한 원두가 하와이에서는 쉽게 접할 수 있다니, 디저트로 코나 커피 한잔 마셔 보는 것도 좋을 것이다.

세계 3대 커피 중 하나인
하와이 코나 커피

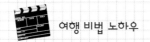 여행 비법 노하우

교통 · 숙박 · 음식

☞ 항공과 교통...한국에서 호놀룰루 국제공항으로 가는 항공은 하와이안항공, 아시아나항공 등이 있다. 항공사별로 주내선을 1회 무료로 하거나 저렴한 가격에 이용할 수 있게 해 주는 프로모션이 있기도 하므로 잘 알아보면 저렴하게 여러 섬을 여행할 수 있다. 주요 관광지인 오아후 내 교통은 버스, 트롤리, 렌터카를 많이 이용한다.

☞ 숙박...관광 도시인 만큼 주요 관광지 근처에 호텔, 리조트 등이 다양하게 있다. 한두 달 전에 숙소 예약 대행 사이트에서 미리 예매를 해 두면 저렴한 가격에 시설 좋은 숙소를 구할 수 있다. 특히, 하와이는 풀빌라로 구성되어 호텔이나 리조트 안에서 액티비티나 수영을 즐길 수 있는 곳도 많으니 참고하길 바란다.

☞ 음식...미국인 만큼 미국식 요리인 피자, 햄버거, 스테이크, 빵 등이 많다. 관광지인 만큼 대부분의 식당이 맛있는 편이나 짜고 칼로리가 높은 음식이 많다.

주요 체험 명소

1. 와이키키 해변: 맑고 푸른 바다 와이키키 해변에서 다양한 해양 레포츠에 도전하며 바다를 즐길 수 있다.
2. 폴리네시안 문화 센터: 하와이 원주민들의 역사와 문화를 느낄 수 있는 곳으로 다양한 체험을 할 수 있다.
3. 다이아몬드 헤드: 30만 년 전에 생긴 거대한 분화구의 외륜산으로 오아후의 상징이다.

이곳도 함께 방문해 보세요

우주에 가장 가까운 산, 마우나케아

마우나케아산에서는 별 관찰 투어가 인기이다. 표준 고도 4,205m인 이곳에서는 천문대가 모여 있는 4,200m 지점까지 올라가 별을 관찰할 수 있다. 구름이 펼쳐지는 산꼭대기에서 바라보는 석양은 굉장히 아름답다. 이곳은 마우나케아 천체 관측 단지로 불리며, 산의 정상에 있는 천문학 연구 시설들을 운영하는 독립기구가 설립되어 있다.

 참고문헌

· 시공사 편집부, 2013, 저스트고 하와이, 시공사.
· 오다나, 2011, ENJOY 하와이, 넥서스BOOKS.

국제 정치와 외교의 중심

워싱턴

워싱턴은 미국의 수도이다. 미국에는 워낙 많은 도시가 있고 도시마다 유명한 곳들이 많지만 미국에 여행을 간다면 꼭 가 봐야 하는 곳이 바로 수도인 워싱턴이 아닐까 싶다. 워싱턴은 1790년 미국의 초대 대통령이었던 조지 워싱턴에 의해 수도로 건설되기 시작하였다. 이후, 1800년부터 미국의 수도로 자리 잡기 시작하였다. 세계의 정치와 경제의 중심이 되는 미국의 백악관, 국회의 사당부터 시작하여 각종 기념관, 박물관, 미술관까지 다양한 볼거리가 가득한 워싱턴 여행은 미국을 방문하는 관광객들의 마음을 사로잡는다.

워싱턴 투어 기본 정보

정치, 사회문화, 경제를 공부하다 보면 언제나 등장하는 곳, 바로 워싱턴이다. 워싱턴이 국제 정치와 외교, 경제의 중심지이며 메카라는 것은 전 세계인들에게 알려진 사실이다. 이러한 별칭에 걸맞게 워싱턴에는 각 행정기관 및 정부기관, 공공기관들이 아주 많다. 관광지라고 하면 꼭 먹고 놀고 즐기는 것만이 아니라는 것을 보여 주는 워싱턴! 워싱턴으로의 여행은 굉장히 유익하면서도 즐겁고 경이롭기까지하다.

인천 국제공항에서 워싱턴으로 가는 항공을 이용하여 대략 15~16시간 가면 워싱턴에 위치한 덜레스 국제공항과 레이건 국립 공항 중 한 곳에 도착하게 된다. 대부분의 사람들이 레이건 국립 공항을 더 많이 이용하곤 한다. 공항에서 리무진 버스나 택시 등을 타고 워싱턴 시내로 들어올 수 있다. 덜레스 국제공항에서 메트로 역까지는 30분 정도 소요되므로 여러 번 환승하기가 성가셔 바로 버스를 이용하는 관광객들이 더 많다. 반면, 레이건 국립 공항은 바로 메트로 역과도 연결되어 있어 더 편리하게 이동할 수 있다.

워싱턴은 대표적인 계획도시이다. 그래서인지 도시 자체가 깔끔하고 현대적이며, 도심 곳곳에 있는 공원 및 기념관, 공공기관들이 조성된 모습이 굉장히 멋스럽다. 워싱턴에는 관광객들을 위한 다양한 투어 프로그램이 있다. 대표적인 투어는 버스투어이다. 서울에서도 볼 수 있듯이 미국에서는 대부분의 도시에 이러한 버스투어 프로그램이 있다. 또 유명한 투어로는 캐피털 세그웨이 투어가 있다. 캐피털 세그웨이 투어는 두 개의 바퀴가 달린 세그웨이라는 기구를 타

이층버스와 세그웨이를 이용한 투어 프로그램을 이용하면 좀 더 색다른 여행을 즐길 수 있다.

며 빠른 속도로 워싱턴 곳곳을 관광하는 것인데, 정말 이색적이다. 다른 곳과는 차원이 다른 워싱턴만의 투어 프로그램을 이용하면 보다 재미있고 신나게 워싱턴 여행을 할 수 있다.

워싱턴 공공기관 투어

"뭔가 교양 있고 형식적인 느낌이야."
"아무래도 공공기관들이 많아서 그런 느낌이 드는 걸까?"
여행을 많이 하다 보니 확실히 도시마다 가지고 있는 느낌과 매력이 있다. 그런 점에서 워싱턴 여행의 기본은 바로 공공기관 투어가 아닐까 싶다. 워싱턴에는 백악관부터 시작하여 국회의사당, 국회도서관, 연방 대법원, 국립 문서 보관서 등 주요 핵심 공공기관들이 밀집해 있다. 공공기관이 많아서인지 확실히 밤보다는 낮에 돌아다니는 사람들이 더 많다.
워싱턴의 공공기관이라 하면 단연 백악관이다. 백악관은 2대 대통령이었던 존 애덤스 이후로

백악관은 생각보다 소박하게 생겼으며 백악관 앞의 정원이 참 싱그럽다.

미국 대통령들의 집무실이자 사택으로 이용되어 왔다. TV나 인터넷이 아닌 직접 눈으로 백악관을 볼 수 있다는 것 자체가 신기하고 영광스럽다. 일명 화이트 하우스라는 별칭이 붙은 것은 1812년으로 거슬러 올라간다. 그 당시 영국군의 공격으로 백악관이 불타게 되었고, 이때 건물을 흰색으로 칠했다고 한다. 과거에는 지금보다 더 많이 백악관을 자주 개방하곤 하였으나 911테러 이후에 투어 시간에 제한을 두었다고 한다. 백악관 투어를 신청하려면 아주 많이 미리 예약을 하지 않으면 힘들다고 한다.

백악관 다음에 자동으로 떠오르는 곳은 국회의사당이다. 미국의 국회의사당은 해마다 수백만 명이 방문하며, 건물 자체가 예술적으로 높은 가치로 인정받아 많은 관광객들을 사로잡는다. 건물의 모습을 자세히 잘 관찰해 보면 저 꼭대기 위에 무언가가 있는 것이 눈에 보인다. 그리스 복고양식을 바탕으로 설계된 이 건물의 꼭대기에는 자유의 신상이 서 있다. 주의 깊게 보지 않으면 그냥 보통의 건물처럼 보이나 이러한 점을 눈여겨보면 아주 구석구석 볼 것이 많은 건물이다. 내부

국회의사당의 모습으로 중앙에 돔, 꼭대기에 자유의 신상이 있다.

통로에는 여러 벽화들이 그려져 있는데 미국의 역사를 한눈에 알 수 있다. 유명 인사들의 초상화까지 걸려 있으니, 국회의사당이 미국에서 얼마나 중요한 곳인지 알 수 있다. 국회의사당을 방문하기 위해서는 사전에 꼭 예약을 해야 하니, 참고하여 고생하는 일이 없도록 하자.

워싱턴의 박물관, 기념관 투어

워싱턴에 오면 꼭 가고 싶었던 곳 중의 하나가 바로 셰익스피어 도서관이다. 어린 시절, 셰익스피어의 책에 빠져 밤잠을 설치던 시절을 회상하며 발걸음을 셰익스피어 도서관으로 옮겼다. 이름에서 알 수 있듯이 셰익스피어 관련 도서와 자료를 소장하고 있는 도서관이다. 그 규모가 무려 27만 5,000여 권에 달하며 셰익스피어의 도서류를 세계에서 가장 많이 소장하고 있는 곳이라고 한다. 셰익스피어 도서관은 연방 대법원 오른쪽에 위치하는데, 돌로 된 표지판에서부터 비장함이 느껴진다. 이제, 기다리고 기다리던 도서관 내부 구경 시간이다. 셰익스피어 도서관은 오후 4~5시경 일찍 문을 닫기 때문에 방문을 하고 싶으면 일찍 가는 것이 좋다. 도서관의 내부는 참 깔끔하면서도 앤티크한 느낌이다. 이곳에서 영원히 책과 함께하고 싶다는 생각이 간절해진다. 여유가 있었다면 좀 더 오랫동안 머물 수 있었는데, 다른 일정이 있어 발길을 돌려야 하는 아쉬움이 컸다. 또한, 셰익스피어라는 한 작가의 작품이 이렇게나 많다는 것이 참 놀라웠다. 예술가들을 높이 평가해 주고 그의 업적을 후대에 걸쳐 잘 보관한 미국이 부럽기까지 했다.

다음으로 향한 곳은 스미스소니언 박물관이다. 이름이 너무 어려워 외우기 힘들었던 박물관!

셰익스피어 도서관의 내부는 웅장하고 거대하다. 도서관 외부 곳곳에는 다양한 볼거리가 있다.

그런데 이 박물관이 굉장히 유명한 곳이라고 한다. 스미스소니언 박물관은 영국의 과학자인 제임스 스미슨이 기부금을 모아 설립한 종합 박물관이다. 1846년에 세워졌다고 하니 무려 170년도 더 지난 역사가 깃든 곳이다. 그런데, 여기서 궁금증이 생긴다. 영국인이 미국에 박물관을? 그렇다. 제임스 스미슨은 미국과 아무런 관련도 없었으며 미국에 여행을 와 보지도 못했다고 한다. 그는 "인류의 지식을 넓히기 위한 시설을 워싱턴에 세우고 싶다."라고 하며 55만 달러가 넘는 유산을 미국에 기증하며 생을 마감했다고 한다. 그때부터 이 기관이 설립되기 시작하였으며, 심지어 워싱턴 내에만 무려 13개의 박물관, 갤러리, 그리고 국립 동물원까지 운영하며 관리하고 있

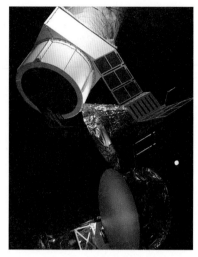

항공 우주 박물관에는 워낙 볼거리가 많아 하루를 투자해도 아깝지 않다.

다. 쉽게 말하면 스미스소니언 박물관은 스미스소니언협회 소속의 박물관들을 총칭한 것이다. 한두 개의 박물관을 보는 데도 하루 이상이 걸릴 것 같은데 규모가 어머어마하다니, 계획을 잘 세워 여행을 해야할 필요가 있다. 우리는 그중에서도 항공 우주 박물관과 자연사 박물관을 관람하기로 했다. 원래 우주에 관심이 많았던 나인지라 항공 우주 박물관에 간다고 생각하니 벌써부터 지구가 아닌 은하계 세상 속 어딘가로 향하는 것 같은 설렘이 느껴졌다. 곳곳에 보이는 우주선들과 실제로 우주에 온 듯하게 느껴지는 아이맥스관까지, 정말 볼거리가 가득하다. 한두 시간 볼 만한 정도가 아니다. 개인적으로 가장 인상 깊었던 전시 작품은 세계 최초로 달에 착륙했던 아폴로 11호의 사령선이다. 미국의 박물관은 정말 규모가 어머어마하며, 볼거리가 많다는 것을 다시 한 번 느낄 수 있게 한 곳이었다. 여행 일정 중 하루 이상을 투자해도 아깝지 않은 곳, 바로 항공 우주 박물관이다.

워싱턴의 거리 곳곳

'어랏, 저건 뭐지?' 저 멀리 뭔가 뾰족하게 생긴 탑이 보인다. 탑인 것 같기도 하고 우주선 같기도 하다. 신기한 것은 워싱턴 시내를 둘러보아도 저 탑이 계속 보인다는 것이다. 뚜렷하게 보이지는 않지만 얼핏얼핏 꼭대기 부분이 계속 눈에 띄는 걸 보니 반드시 무언가 있는 것이 틀림없다. 탑이 보이는 방향으로 따라 걷다 보니, 어느새 도착한 이 구조물은 바로 워싱턴 기념탑이다. 그렇다. 워싱턴 기념탑은 워싱턴을 상징하는 탑이다. 가자마자 탄성이 절로 나온다. 엄청 크다. 대한민국

워싱턴 시내 어디에서나 눈에 띄는 워싱턴 기념탑

의 수도 서울에 남산타워가 있다면 미국의 수도 워싱턴에는 워싱턴 기념탑이 있다. 똑같은 너비의 탑처럼 보이지만 위로 갈수록 좁아지는 형태인 오벨리스크 모양의 네모난 돌기둥이다. 워싱턴 국민들은 이 기념탑이 연필처럼 생겼다고 하여 '펜슬 타워'라고 부른다고 한다. 워싱턴 기념탑은 초대 대통령이었던 조지 워싱턴을 기념하기 위해 만들어졌는데, 1848년에 건설을 시작한 이후로 남북전쟁 등 어려움이 겹쳐 완성까지 무려 37년이나 걸렸다고 전해진다. 특히, 기념탑의 꼭대기에는 전망대가 있는데, 전망대에서 바라보는 워싱턴의 전경, 특히 야경이 정말 아름답다고 한다.

이번에는 조지타운으로 가 보았다. 조지타운은 조지 왕조풍의 오래된 거리를 말하는데 포토맥 강변을 따라 조성되어 있다. 단순히 길거리이지만 뭔가 풍기는 느낌이 현대의 미국보다는 과거의 미국에 와 있는 기분이 드는 곳이다. 특히, 빅토리아풍의 주택들이 길을 따라 늘어서 있는데, 1700년대 식민지 당시의 모습이 그대로 보존되어 있는 것 같다. 조지타운에서는 따뜻한 햇살, 여유로운 사람들, 동네 주민들의 일상을 엿볼 수 있다. 미국에 살 기회가 있다면 조지타운에 살고 싶다는 사람들이 많을 정도로 이색적인 동네이다. 조지타운 인근에는 조지타운 대학교가 있다. 조지타운 대학교는 세계적으로 정치, 외교와 관련된 과가 유명한 대학이다. 미국의 대학가를 거니는 기분은 정말 묘하다.

조지타운의 모습

조지타운 대학교

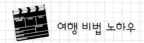 여행 비법 노하우

교통·숙박·음식

☞ 항공과 교통...인천 국제공항에서 워싱턴으로 가는 항공편은 노스웨스트, 델타, 대한항공 등 다양하다. 소요 시간은 약 16시간이다. 워싱턴의 주요 공항으로는 덜레스 국제공항과 레이건 국립 공항이 있다. 워싱턴의 시내 교통은 버스, 지하철이 시내와 외곽을 연결하는 구조로 되어 있어 편리하게 이동할 수 있다.

☞ 숙박...워싱턴은 미국의 수도답게 관광뿐만 아니라 비즈니스를 위한 여행객이 굉장히 많아 비즈니스 호텔, 고급 호텔, 호스텔 등 다양한 숙소가 즐비하다. 한두 달 전에 숙소 예약 대행 사이트에서 미리 예매를 해 두면 저렴한 가격에 시설 좋은 숙소를 구할 수 있다.

☞ 음식...세계 각국의 유명 인사들이 자주 모이는 곳인 만큼 이국적이며 다양한 나라의 음식점이 많다. 미국인 만큼 미국식 요리인 피자, 햄버거, 스테이크, 빵은 기본이며 매력적인 맛집들이 많은 편이다.

주요 체험 명소

1. 백악관: 미국 대통령의 집무실이자 관저로 국회의사당과 함께 세계의 정치, 경제, 외교 등 미국의 주요 업무가 처리되는 곳이다.
2. 스미스소니언 박물관: 인류의 지식 팽창을 위해 지어진 기관으로 국립 동물원, 13개의 박물관, 미술관 등 다양한 볼거리가 있다.
3. 워싱턴 기념탑: 워싱턴 시내 어디에서든 보이는 워싱턴의 상징으로 전망대에서 워싱턴의 전경을 감상할 수 있다.

주요 축제

대표적인 축제로는 워싱턴 벚꽃축제가 있다. 세계에서 가장 유명하며 규모가 큰 꽃 페스티벌로, 전 세계에서 이 축제를 위해 찾아오는 관광객 수가 무려 100만 명 이상이라고 한다. 워싱턴 관광 재정 수입의 3분의 1 이상이 이 벚꽃축제로 인한 것이라고 한다.

이곳도 함께 방문해 보세요

링컨 기념관
미국인은 당연하고 전 세계인들에게 많은 사랑을 받은 미국의 16대 대통령 링컨을 기리기 위해 만든 곳으로, 각종 영화에서 배경으로 등장하며 워싱턴을 방문한 방문객들의 관광지로도 유명하다. 건물은 흰색으로 아테네의 파르테논 신전이 떠오를 정도로 비슷하게 생겼다. 건물 내 중앙에 링컨 대통령 좌상이 있다.

 참고문헌

· 이주은·정철·강건우, 2012, 프렌즈 미국, 중앙books.

낮과 밤이 공존하는 도시

라스베이거스

세상에 아름답고 낭만적인 도시는 굉장히 많다. 하지만 가장 매혹적인 도시를 꼽는다면 많은 사람들이 라스베이거스를 떠올리지 않을까 싶다. 라스베이거스는 신기루 같은 도시로 불린다. 서부 개척을 시작으로 유럽의 백인들이 현대화를 이룬 나라인 미국에서 카지노의 도시로 알려진 라스베이거스는 네바다주 동남부 사막에 자리 잡고 있다. 참 신기하다. 드넓은 미국 사막 벌판을 달리다 어느 순간 나타나는 꿈 같은 도시인 라스베이거스, 사막인지 도시인지 헷갈릴 정도이다. 환락의 도시인 만큼 많은 관광객들이 이러한 환락과 낭만을 즐기러 라스베이거스로 몰려든다. 낮과 밤의 구분이 되지 않는 나라, 라스베이거스에 가서 고민과 시름을 잊고 재미를 즐겨 보는 것은 어떨까?

라스베이거스 호텔 투어

"우아, 진짜 최고다!"
라스베이거스에 도착하자마자 우리는 놀라움을 금치 못하였다. 상상했던 것 이상이다.
"여기에 있으면 지금이 몇 시인지도 모를 거 같아."
"맞아. 나도 그렇게 생각해."

❶ 이집트 파라오를 테마로 만들어진 룩소 호텔
❷ 분수 쇼, 실내정원 등 볼거리가 아주 많은 벨라지오 호텔

　여기 라스베이거스에는 특급 호텔들이 줄을 지어 서 있다. 하지만 보통 우리가 생각하는 평범한 호텔이 전부일 것이라고 생각하면 아주 큰 오산이다. 라스베이거스에 있는 특급 호텔들은 각각 색다른 개성과 테마를 가지고 있으며 아름답고 화려한 인테리어로 관광객들을 사로잡는다. 호텔 자체가 볼거리인 라스베이거스에서는 곳곳에서 화려한 쇼, 공연 등이 수시로 열린다. 미국에 가면 누구나 가고 싶어 하는 곳 라스베이거스 호텔에서 다양한 경험을 해 보자. 간단하게 몇 곳만 소개하자면 룩소 호텔의 이집트 테마관, 뉴욕뉴욕 호텔의 롤러코스터와 주매니티 공연, 플라밍고 호텔의 플라밍고 정원, MGM 그랜드 호텔의 사자 전시관과 KA 쇼, 시저스팰리스 호텔의 아틀란티스 공연 등이 유명한데, 일일이 나열하자면 정말 끝이 없다. 모두 다 둘러보면 좋겠지만 여행 일정상 그럴 수 없어 인기 있는 테마 호텔들 몇 군데를 선정하여 가 보고자 한다.

　공항에 도착해 버스를 타고 시내로 들어왔다. 라스베이거스 스트립은 길이 단순해 어렵지는 않으나 생각보다 스트립이 길고 호텔 규모가 커서 도보로만 다니기에는 무리가 있다. 전용 셔틀버스를 타고 원하는 호텔 부근에서 내려 여행을 하기로 하였다. 첫 번째로 가게 된 호텔은 바로 이집트 파라오를 테마로 설정한 룩소 호텔이다. 룩소 호텔은 라스베이거스 스트립 초입에 위치하여 찾기가 쉽다. 유명한 호텔 설계사인 벨든 심슨이 설계하였다고 하는데, 호텔의 규모가 상상을 초월한다. 어마어마한 피라미드와 정교하게 만든 스핑크스, 오벨리스크 등은 룩소 호텔을 방문해 본 사람이라면 단연 으뜸이라고 말할 것이다. 모습도 호감이 가지만 편안하고 넉넉한 객실에는 고속 인터넷, 텔레비전, 비디오 게임기, 무선 키보드 등 편의 시설이 잘 갖춰져 있다. 밤에는 피라미드 꼭대기에서 하늘을 향해 뻗어 올라가는 레이저 광선이 신비한 분위기를 연출하는데, 밤에 길을 잃었을 때 그 광선을 따라 가면 룩소 호텔이 나오니 참 신기하다. 심지어 실내의 엘리베이터는 39도로 움직이게 설계했다고 하니, 이것은 호텔이 아니라 예술이란 생각이 든다.

　룩소 호텔에서 하룻밤을 묵은 후, 본격적인 호텔 탐방을 시작하였다. 다음 날 가장 먼저 가게 된

호텔은 벨라지오 호텔이
다. 세계 4대 호텔 중의
하나로 손꼽힐 만큼 유명
한 벨라지오 호텔은 수많
은 영화 촬영 무대로 많
이 알려져 있다. 스티브
윈이란 사람이 이탈리아
의 벨라지오를 테마로 하
여 만든 고급 호텔로서,

황금사자가 방문객들을 반겨 주는 MGM 그랜드 호텔

분수 쇼와 실내정원이 굉장히 유명하다. 벨라지오 호텔 앞에서 펼쳐지는 분수 쇼는 30분 간격으로 열리는데, 낮에 보든 밤에 보든 색다른 느낌을 연출한다. 무려 3만 2,000m²의 인공 호수에 위치한 이 분수는 약 1,200여 개의 분수가 록, 오페라, 클래식 등 장르를 불문하고 다양한 음악에 맞춰 춤을 춘다. 벨라지오 호텔 로비에 들어서면 실내정원을 쉽게 찾을 수 있다. 실내정원은 생화, 과일, 채소 등 살아 있는 식물들을 이용하여 꾸민 작은 정원인데, 아기자기하고 특징 있게 꾸며 놓아 참 예쁘다. 꽃 축제에 온 것 같은 기분이 들게 하는 곳이다.

다음으로 가게 된 호텔은 뉴욕뉴욕 호텔이다. 뉴욕뉴욕 호텔은 이름에서 알 수 있듯이 뉴욕을

뉴욕에 온 것 같은 착각이 들게 하는 뉴욕뉴욕 호텔

테마로 꾸민 호텔이다. 뉴욕에 있는 유명한 것들을 한군데 모아 놓아 마치 뉴욕에 온 것 같은 착각을 불러일으킨다. 브루클린 다리, 브로드웨이, 타임스 스퀘어, 자유의 여신상 등을 정말 잘 꾸며 놓았다. 특히 뉴욕뉴욕 호텔에는 맨해튼 익스프레스라는 인기 있는 롤러코스터가 있다.

뉴욕뉴욕 호텔에서 바로 육교를 지나면 있는 곳이 MGM 그랜드 호텔이다. MGM 그랜드 호텔은 세계 2위의 규모라고 한다. 일단 면적, 시설 등이 최강이다. 호텔 입구에 있는 황금사자가 우리를 반긴다. 황금사자가 앞에 있는 걸 보니 사자랑 연관이 깊은가 생각이 들었는데, 역시나 이 호텔에는 사자 전시관이 있다. 예전에는 야생 사자 6마리가 살고 있었으나 몇 년 전부터 없어졌다고 한다. 또한 라스베이거스에 오면 꼭 봐야 할 공연인 KA 쇼까지 즐길 수 있는 곳이 바로 MGM 그랜드 호텔이다. KA 쇼는 전쟁으로 헤어진 쌍둥이 남매의 모험과 재회, 정을 모티브로 한 쇼인데, 스토리에 맞게 물, 하늘, 땅, 불 이렇게 4가지 테마로 쇼를 꾸몄다고 한다. 가장 라스베이거스적이라는 평을 받는 최고의 공연이다.

라스베이거스 공연 관람

라스베이거스를 방문하는 목적은 여러 가지가 있겠으나 그중의 하나로는 바로 쇼가 아닐까 싶다. 라스베이거스의 쇼는 규모 자체가 크고 화려하며 무대와 배우들 역시 각지에서 선발했을 정도로 수준이 높다고 한다. 원하는 공연과 좌석을 위해서는 사전 예약이 필수이다. 라스베이거스에서 인기 있는 쇼로는 MGM 그랜드 호텔에서 펼쳐지는 KA 쇼, 벨라지오 호텔에서 열리는 O 쇼, 미라지 호텔에서 열리는 비틀스 러브 쇼, 트레저 아일랜드 해적 쇼 등이 있다.

먼저, 벨라지오 호텔에서 펼쳐지는 O 쇼는 라스베이거스에서 가장 인기 있는 쇼라고 한다. 세계 최고의 수중 쇼로 공중 그네, 다이빙, 싱크로나이즈드 스위밍 등 물에서 할 수 있는 다양한 쇼들을 보여 준다. 정말 신기한 것은 약 550만 리터의 물이 몇 초 만에 빠졌다가 다시 채워지는 등 자유자재로 수심이 조절되어서 무대를 보는 내내 감탄이 절로 나온다.

수중에서 펼쳐지는 O 쇼　　　　　　　　　　　　　　　　미라지 호텔에서 펼쳐지는 화산 쇼

다음으로는 미라지 호텔에서 열리는 쇼인 화산 쇼와 비틀스 러브 쇼이다. 우선 화산 쇼는 무료 공연이라 더 많은 인파들이 모이는데, 낮에는 평범해 보이는 호텔 입구에 있는 연못에서 밤에 갑자기 연기가 뿜어져 나오며 화산으로 변한다. 당연히 실제 화산은 아니지만 화산과 최대한 흡사에게 표현하기 위해 각종 특수효과를 사용했다고 한다. 불이 뿜어져 나오는 것이 멀리서도 훤히 보일 정도로 멋지다. 비틀스 러브 쇼는 비틀스의 히트곡에 맞추어 서커스 공연이 펼쳐진다. 미라지 호텔 메인에 비틀스 가수들의 얼굴이 전시되어

라스베이거스 다운타운에서 펼쳐지는 전구 쇼

있는 만큼, 이 호텔에서 얼마나 비틀스를 사랑하는지를 알 수 있다. 화요일, 수요일을 제외한 모든 날 저녁 7시와 밤 10시 반에 열린다. 콘서트와 서커스의 만남이라고 생각하니, 정말 독특하고 설렌다. 공연 중간중간에 배우들이 관객들과 함께 하는 시간도 있어 지루할 틈이 없다.

다음으로는 다운타운 프리몬트 전구 쇼가 있다. 라스베이거스 다운타운에서 펼쳐지는 쇼로 전구를 이용해서 그림, 풍경 등 다양한 모양을 만들어 내는데 정말 장관이다. 저녁에 보면 전구가 더 빛이 나 운치있다. 이 밖에도 로마 시대를 테마로 하여 펼쳐지는 시저스 포럼숍 아틀란티스 쇼, 뉴욕뉴욕 호텔에서 펼쳐지는 서커스 공연인 주매니티 쇼 등이 라스베이거스를 찾은 사람들을 즐겁게 해 준다.

라스베이거스 투어 프로그램

라스베이거스에는 관광지답게 굉장히 많은 투어 프로그램이 운영되고 있다. 몇가지 인기 있는 투어 프로그램을 찾아보면, 첫 번째로 라스베이거스의 메인스트립을 둘러보는 메인스트립 투어가 있다. 스트립을 중심으로 하여 각종 테마 호텔들을 돌아다니며 쇼도 관람해 보는 투어로 가장 인기 있다. 라인별로 나누어져 있어 방문해 보고 싶은 호텔이 속해 있는 라인을 선택하여 투어 프로그램을 선택할 수 있다. 준비된 버스와 리무진을 타고 이동할 수 있어 편리하기도 하고 자유롭게 찾아 하는 여행보다는 가이드와 함께 준비된 여행을 하고 싶은 관광객들에게 안성맞춤이다.

라스베이거스의 헬기 투어

　또 특별한 투어 프로그램이 있으니 바로 스트립 헬기 투어이다. 헬기를 타고 스트립을 구경하는 것으로 20~30분 정도 걸린다. 가격이 비싸기는 하지만 라스베이거스에서 경험해 볼 수 있는 최고의 투어가 아닌가 싶다. 헬기를 타고 바라보는 라스베이거스의 전경은 정말 새롭다. 처음에는 사실 헬기를 탄다는 사실에 흥분되기도 하지만 이내 안정이 되면 높은 건물들이 줄지어진 모습, 화려한 불빛, 다양한 조각물 등을 바라보며 여유를 즐길 수 있다.

　다음 투어 프로그램으로는 라스베이거스 인근에 있는 국립 공원과 주립 공원 투어 프로그램이다. 라스베이거스의 화려한 조명, 높은 빌딩 등 현대 문화만 느끼는 게 지루한 관광객들은 자연의 풍경을 느끼러 잠시 투어를 신청하는 것도 좋다. 당일치기로 브라이스 캐니언, 자니언 캐니언, 데스밸리 등 국립 공원을 거닐다 보면 라스베이거스와는 또 다른 색다른 경험을 할 수 있을 것이다.

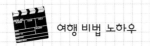 여행 비법 노하우

교통·숙박·음식

☞ 교통...라스베이거스는 생각보다 긴 스트립으로 이루어져 있고 호텔 규모가 워낙 커서 실제로 걸으면 먼 경우가 많아 교통수단을 이용하는 것이 좋다. 라스베이거스의 시내 교통은 버스, 모노레일, 트램, 택시 등 다양하다. 여행 당사자가 원하는 스타일로 적절한 대중교통을 이용해 관광을 즐기면 된다.

☞ 숙박...라스베이거스는 화려한 도시에 걸맞게 특급 호텔들이 굉장히 많다. 원하는 테마를 가진 호텔에서 하룻밤 묵어 보는 것도 평생에 남는 좋은 기억이 될 것이다.

☞ 음식...세계 각국의 관광객들이 많이 찾는 도시인 만큼 화려한 디자인의 음식, 술, 디저트 등이 굉장히 다양하다. 호텔 내 뷔페를 방문해서 인기 있는 음식, 음료, 주류 등을 맛보며 낭만적인 시간을 보내는 것도 좋다.

주요 체험 명소

1. 벨라지오 호텔: 수많은 영화 촬영 무대로 등장하였으며, 분수 쇼와 실내정원이 굉장히 유명하다.
2. 베네시안 호텔: 이탈리아 수상 도시인 베네치아를 테마로 한 호텔로 밀랍인형 박물관인 마담 투소 박물관이 인기이다.
3. 스트라토스피어 타워: 라스베이거스에서 가장 높은 350m 전망대가 있으며 야외 놀이기구 또한 즐길 수 있다.

주요 축제

라스베이거스는 매일매일이 축제라고 해도 과언이 아니다. 벨라지오 분수 쇼, 트레저 아일랜드 해적 쇼, 미라지 화산 쇼, 시저스 포럼숍 아틀란티스 등 다양한 쇼를 관람해 보면 좋다.

라스베이거스 근교에 위치한 협곡, 레드록 캐니언

레드록 캐니언은 미국 네바다주에 있는 협곡으로 모하비 사막에서 발견된 붉은 보석이라는 이름이란 뜻이다. 인위적인 느낌의 라스베이거스와는 다르게 자연의 신비함을 느껴 볼 수 있는 장소로 라스베이거스 여행 중에 다녀올 수 있는 근교 여행지이다. 라스베이거스가 인간이 만든 곳이라면 레드록 캐니언은 조물주가 만든 곳이라고 불린다. 흙 속에 포함된 철 성분이 산화되어 붉은 사암층을 이룬 모습이 아주 특별한 느낌을 선사한다.

어마어마한 규모의 관광지, 후버 댐

후버 댐은 라스베이거스에서 차로 1시간 거리에 있다. 미국의 애리조나주와 네바다주의 경계에 위치한 이곳은 어마어마한 규모를 자랑하고 그 경관 또한 탄성을 절로 일으킨다. 미국 대통령의 이름을 따 후버 댐이 되었으며, 수력 전기 발전과 홍수 방지에 도움을 주는 유용한 댐이라고 알려져 있다. 후버 댐 투어를 신청하면 댐 하부 발전기, 송수관 등 발전 시설을 직접 눈으로 확인할 수 있다.

 참고문헌

• 이주은·정철·강건우, 2012, 프렌즈 미국, 중앙books.

작지만 편안한 휴양지

괌, 사이판

괌과 사이판은 모두 휴양지로 잘 알려져 있다. 비슷한 듯 조금은 다른 두 섬을 여행하면 그 차이를 더 확연히 느낄 수 있다. 서태평양 마리아나 제도에 위치한 괌은 하갓냐를 중심으로 세계적인 명품관과 쇼핑센터, 잔잔한 해변, 역사적 소용돌이가 친 스페인 다리, 메리조 마을 등 작은 관광지들이 여기저기 흩어져 있는, 공기가 깨끗한 섬이다. 서태평양 북마리아나 제도 남부에 있는 화산섬인 사이판은 '트랜스포머'를 비롯한 많은 영화 촬영지로도 알려져 있다. 웅장하고 아름다운 바다 그리고 거대한 바위가 함께 어우러져 아름다운 하모니를 이루고 있는 곳, 제2차 세계대전 당시 미국과 일본의 역사가 담겨 있는 의미 있는 곳이 바로 사이판이다. 괌과 사이판 두 곳 모두 그리 멀지 않은 곳에 위치해 여행하기 좋으며, 특히 도시의 삶에서 벗어나 자연에서 휴식을 취하기에 안성맞춤인 곳이 아닐까 싶다.

작지만 부담 없는 휴양지, 괌

괌은 극동아시아 지역 어디서나 쉽게 방문할 수 있는 태평양 선상의 섬으로, 15개의 작은 섬들로 이루어져 있다. 남북으로 길쭉한 형태로 마리아나 제도의 최남단에 위치하며, 이 제도 중에서는 가장 큰 면적을 차지한다.

괌은 은모래 해변과 온화한 기후의 자연에 골프, 테니스, 윈드서핑, 제트스키, 다이빙 등의 스포츠와 쇼핑, 관광 등 많은 것을 즐길 수 있는 최적화된 휴양지로 각광받고 있다. 경제 부분에서도 역시 관광산업이 가장 큰 비중을 차지한다.

특히 괌은 미국령 중에서도 가장 서쪽에 위치한 섬으로 미국의 하루가 시작되는 곳이다. 우리 나라에서는 비행기로 4시간이면 다녀올 수 있어 최근 태교여행, 신혼여행, 가족여행 등 많은 관광객들이 찾고 있다. 괌은 전반적으로 날씨가 일정하여 휴양하기에 굉장히 좋다. 호텔, 리조트, 쇼핑센터가 투몬 해변을 중심으로 잘 정비되어 있다. 현대적인 문명과 동시에 괌만이 가지고 있는 고유한 특성이 있어 평범한 휴양지 같다는 느낌은 잊을 수 있다. 특히, 괌의 원주민인 차모로족의 문화가 곳곳에 남아 있어 여행을 할 때 이러한 측면을 참고해서 여행을 하면 보다 유익한 여행이 될 수 있다. 아직까지도 미국의 공식 언어인 영어 이외에 원주민 언어인 차모로 언어를 사용하는 국민들도 많고, 제2차 세계대전 기간 중 일본의 통치를 받아 일본어를 구사하는 국민도 있어 괌이 겪은 역변의 역사를 느낄 수 있다. 과거 333년간 스페인의 지배, 제2차 세계대전 때 일본의 지배 등 뺏고 빼앗기는 지역으로서 여러 나라의 문화가 원주민의 문화와 함께 혼재되어 있다고 볼 수 있다.

하파다이, 반가운 인사말이 들리는 투몬

괌에 가면 곳곳에서 '하파다이(Hafa Adai)'라는 말을 들을 수 있다. 하파다이는 괌 특유의 환영

TIP 제2차 세계대전의 주둔지였던 괌, 괌의 과거

제2차 세계대전은 1939년 9월 1일에 일어난 독일의 폴란드 침공, 그리고 영국과 프랑스의 독일에 대항하는 선전포고에서 시작되었다. 끝은 약 6년 후인 1945년 8월 15일 일본의 항복으로 종결된 것으로 알려져 있다. 이 기간 동안 1941년 독일의 소련 공격과 일본의 진주만 공격을 계기로 발발한 태평양전쟁 등의 과정을 거쳐 세계적 규모로 확대되었다. 이러한 전쟁 속에서 괌은 미군이 주둔하는 전쟁기지의 역할을 하던 곳으로 괌 곳곳에 전쟁 기록들이 남아 있는 것이 증거로 볼 수 있다.

제2차 세계대전의 결과는 참혹적이다. 이 전쟁으로 세계에서 수천만에 이르는 인명 피해가 나타난 것은 두말할 필요도 없다. 세계의 정치, 경제, 사회, 문화 등 모든 영역에도 커다란 변동이 나타났는데, 바로 미국 중심으로 세계의 경제, 정치, 문화가 발달된 것으로 볼 수 있다. 세계는 미국과 서유럽을 중심으로 한 자본주의 진영과 소련, 동유럽, 중국을 중심으로 한 공산주의 진영으로 재편되게 되었으며, 또한 1960년대까지 패전국의 지배 아래 식민지 상태에 있던 나라들도 상당수가 주권국가로 독립을 이루면서 국제 관계에도 큰 변화가 나타났다.

인사이다. 괌은 휴양지로 더 많이 알려져 있기도 하지만, 다른 큰 휴양지인 하와이, 사이판, 발리 등에 비하면 사실 관광지가 그리 많은 것은 아니다. 그러나 부담 없이 편안하게 둘러볼 수 있는 작은 관광지들이 몇 개 있다. 그런 곳들을 중심으로 탐방을 시작해 보려고 한다.

첫번째 관광지는 바로 '사랑의 절벽'이다. 투몬 해변에서 북부로 올라가다 보면 나오는 사랑의 절벽은 괌에 방문하는 여행객들에게는 거의 필수 코스이다. 이름에서부터 뭔가 아련하고 애잔한 사연이 있음을 짐작할 수 있는. 사랑의 절벽은 괌의 랜드마크이자 아름답고 따뜻한 풍경에 신혼부부들이 많이 찾는다. 사랑의 절벽에는 차모로족 연인의 이루지 못한 사랑에 관한 전설이 있다. 스페인이 괌을 통치하던 시절로 거슬러 올라간다. 차모로인이었던 남녀는 서로 매우 사랑하였는데, 스페인 장교가 그 여인과 결혼하고 싶어 했고 여자의 부모도 이를 허락했던 상황이다. 차모로 연인은 이러한 현실에 저항하며 도망치다 이곳까지 오게 되었고, 결국 서로의 머리를 묶어 까마득한 절벽 아래로 뛰어내렸다고 한다. 이곳이 바로 사랑의 절벽이다. 실제로 보면 절벽이 굉장히 높은데 이러한 높은 곳에서 뛰어내렸다고 하니, 생각만 해도 가슴이 아프다.

관광지에 도착하자마자 친구가 밝은 목소리로 이야기를 한다.

"어? 저길 봐. 자물쇠가 걸려 있어."

"남산타워랑 굉장히 비슷하다. 우리 가서 구경해 보자."

우리나라 남산타워에서 볼 수 있었던 사랑의 징표인 자물쇠가 여기저기 달려 있는 모습도 보인다. 사랑의 절벽은 많은 연인들, 가족들에게는 유명한 관광지가 된 것이 틀림없다.

여유를 즐길 수 있는 파세오 공원

　다음으로 향한 곳은 파세오 공원이다. 괌은 휴양지인 만큼 곳곳에 작지만 아기자기한 공원들이 많다. 파세오 공원은 일본 점령이 끝난 후, 인공적으로 조성된 공원인데 야구장과 같은 스포츠 시설과 푸른 잔디밭이 굉장히 인상적이다. 해변에서 풍기는 시원한 바람을 맞으며 스포츠를 즐기는 기분은 매우 상쾌하다. 한쪽에서는 바비큐를 구우며 한가로이 사랑하는 가족, 친구, 연인과 함께 시간을 보내는 모습이 굉장히 익숙해 보인다. 파세오 공원에는 유명한 것이 있으니 바로 자유의 여신상이다. 그런데 규모는 5m 정도로, 공원에서 재미있게 볼 수 있는 작은 동상이라 할 수 있다.

스페인이 괌을 통치하던 시절의 역사가
그대로 담겨 있는 스페인 광장의 모습

　다음으로 향한 곳은 스페인 광장이다. 괌은 운전하기에 수월할 정도로 길이 복잡하지 않아 차를 렌트하면 편안히 이곳저곳을 다닐 수 있다. 파세오 공원에서 가까운 거리에 있는 스페인 광장! 사실 다른 나라에도 스페인 광장이란 이름의 광장들이 굉장히 많은데, 역시나 괌에도 있다. 하지만 괌의 스페인 광장은 실제로 제2차 세계대전이 일어나기 전까지 스페인 총독이 거주했던 곳으로, 무려 300년 이상 스페인이 괌을 지배하였던 아픈 역사가 담겨 있는 곳이다. 옆에는 하갓냐 대성당이 함께 있어 성당을 둘러본 후에 스페인 광장을 둘러보면 더욱 좋다.

아름다운 해변과의 추억이 깃든 곳, 사이판

사이판은 한국에서 동남쪽으로 약 3,000km 떨어진 서태평양 한복판에 위치해 있는 북마리아나 제도의 주도이다. 사이판은 괌과 비슷한 지역에 있지만 괌처럼 미국령이 아니라 자치 독립국이다. 하지만 미국의 영향을 많이 받고 있으며, 언어나 화폐도 미국의 것을 그대로 써서 미국 문화와 굉장히 비슷하다. 세계에서 손꼽힐 만큼 투명한 바다와 산호초에 둘러싸여 있는 아름다운 섬인 사이판은 한국에서는 4시간 정도만 비행하면 쉽게 갈 수 있다. 섬 자체도 길이 약 20km, 폭 8km 정도밖에 되지 않아 부담 없이 휴양을 즐기기에 좋다. 특히 섬 중앙에는 섬의 최고봉이라 할 수 있는 타포차우산이 솟아 있는데 해발 약 473m 정도이다. 동서양의 문화가 혼합되어 있는 매력적이고 특이한 건축물들이 곳곳에 많으며, 해양 스포츠, 쇼핑 등 재미있고 값진 휴식을 경험할 수 있는 곳이 바로 사이판이다. 사이판의 날씨는 햇볕이 꽤 강한 편이지만 바람 역시 강하게 불고 습도가 높지 않아 즐길 수 있는 더위 정도이다. 사이판의 가장 큰 매력이 바다와 날씨라는 것으로 보아 태평양에서 가장 아름다운 섬이란 칭호는 괜히 나온 것이 아니라는 생각이 절로 든다.

사이판의 해변 그리고 투어

"우리 어디 먼저 갈까? 가고 싶은 곳이 매우 많아."

들뜬 친구의 목소리가 들린다. 덩달아 나도 신난다. 사이판은 뭐니 뭐니 해도 해변이 아닐까?

"나는 아무래도 해변을 걷고 싶어."

"그러자, 우리 먼저 한가로이 해변을 거닐고 쇼핑센터도 가 보고 맛있는 것도 먹자!"

친구와 나는 벌써 여러 번 여행을 같이 다녀 찰떡궁합이다.

"좋아. 해변 먼저 걷고 그다음 렌터카로 몇 군데 관광지에 가 보자! 신나는군."

사이판 서부로 향하면 여러 가지 관광지가 있다. 대표적인 관광지는 바로 만세절벽이다. 이름에서부터 뭔가 누군가의 애국심이 느껴지는 절벽이다. 만세절벽은 사이판 북쪽 끝에 있는 절벽으로

TIP 하파다이, 사이판

사이판에서도 "하파다이"라고 인사를 한다. 여기서 중요한 것은 손동작이다. 새끼손가락과 엄지손가락을 들고 나머지 손가락은 접은 채 인사를 하는 것이다. 사이판에 도착해서 반갑게 원주민들에게 "하파다이!"라고 인사해 보면 외국에 온 것이 더욱 실감이 날 것이다.

만세절벽에서 바라보는 에메랄드빛 바다　　　　　전쟁의 흔적이 고스란히 담겨 있는 일본군 최후사령부

제2차 세계대전 당시 일본이 패망하게 되면서 일본 천황이 항복 선언을 하게 되는 경위와 연관되어 있다. 사이판에서는 더 이상 일본군인들의 준거지가 될 수 없어 미국은 일본군인들에게 항복을 선언하라고 강요하게 되지만 몇몇 일본인들과 일본군들은 항복을 거부한다. 결국, 일본군들이 최후까지 몰리면서 '일본 천황 만세'를 외치며 뛰어내린 곳이 바로 만세절벽이다. 영화 '빠삐용'의 촬영지이기도 한데, 보기만 해도 아찔하고 겁이나는 절벽이다. 여기서 떨어지면 얼마나 무서울까 하는 생각이 절로 든다. 물살도 세고 파도 소리도 들리는 위엄이 느껴지는 곳이다. 가끔 이곳에서 큰 거북들이 올라오는 것을 볼 수 있다고 한다. 또한 사이판 바다가 적도 부근에 위치한 섬이라 일자로 보이지 않고 구 모양으로 바다가 보인다는 것이 참 재미있다.

만세절벽 다음으로 차로 조금만 가면 새섬이 나온다. 이름만 들었을 때는 새가 많이 있나? 하는 생각이 든다. 새섬은 파도가 치는 모습이 새의 날갯짓과 비슷하다 하여 붙여진 이름이라는 설도 있고 새가 살기에 아주 적합한 곳이라 새들이 사는 섬이라는 설도 있다. 이유가 어찌 됐건 석회암으로 만들어진 이 조그만 섬이 바다와 참 조화를 잘 이루고 있다.

마지막으로 간 곳은 일본군 최후사령부이다. 이곳은 제2차 세계대전의 흔적들을 볼 수 있는 곳이다. 여기저기서 전쟁의 참혹한 기록이 남겨져 있다. 당시 일본은 이곳을 굉장히 튼튼하게 지어서 미군의 엄청난 공습에도 많이 무너지지 않았고, 아직까지도 이렇게 그 당시 상황이 담긴 모습들이 전해지는 것이라고 한다. 일본인들에게는 가슴 아픈 곳인 만큼 사이판은 일본인들의 위문방문 코스 1위라고 한다. 사이판 곳곳에 전쟁과 관련된 흔적이 남겨져 있는데, 그중에서도 가장 잘 느낄 수 있는 곳이 바로 일본군 최후사령부이다. 직접 보니, 그 실상이 얼마나 끔찍했는지 느껴진다. 특히, 햄버거처럼 생겼다고 해서 붙여진 햄버거 바위가 있고 그 사이에 작은 동굴이 있는데, 그 동굴에서 일본 최고 사령관이 자살을 했다고 알려져 있다.

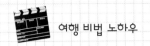 여행 비법 노하우

교통·숙박·음식

☞ 교통...괌과 사이판은 관광 도시인 만큼 교통수단이 잘 갖추어져 있으나 교통비가 비싼 편이다. 오히려 렌트를 해서 둘러보거나 시간이 오래 걸려도 도보를 이용하면 주요 관광지를 여행하는 데는 어려움이 없다. 단, 남부 및 북부 투어는 렌터카를 이용하면 한나절이면 둘러볼 수 있다.

☞ 숙박...괌과 사이판은 휴양지인 만큼 주요 관광지 근처에 호텔, 리조트 등이 다양하게 있다. 한두 달 전에 숙소 예약 대행 사이트에서 미리 예매를 해 두면 저렴한 가격에 시설 좋은 숙소를 구할 수 있다. 하지만 성수기에는 숙소를 구하기 어려운 경우도 많으니 성수기 여행 시에 꼭 미리 예약해야 한다.

☞ 음식...주요 호텔과 다양한 레스토랑에서 질 좋은 식사뿐만 아니라 이국적인 현지 요리를 즐길 수 있으며 신선한 해산물부터 과일, 패스트푸드 등을 맛볼 수 있다.

주요 축제

괌은 여러 문화가 한곳에 모인 복합적인 축제가 많이 펼쳐지는데, 대표적인 축제로는 아가나 마을의 카마린 성모 대축제, 성루데스 기념 축제 등이 있다. 사이판의 축제로는 플레임 트리 문화 축제, 타가맨 철인 3종 경기 등 각종 스포츠를 이용한 축제가 많다.

이곳도 함께 방문해 보세요

부드러운 백사장을 느낄 수 있는 마나가하섬

사이판의 마나가하섬은 부드러운 백사장과 에메랄드빛 바다, 그리고 새파란 하늘의 삼박자가 고루 어우러진 최고의 명소이다. 그림 같은 풍경이 펼쳐진 이곳에서 다이빙, 바나나보트, 비치발리볼 등 해변 스포츠를 즐겨 보자. 환경을 보호하기 위해 입장 시간이 제한되어 있으니 미리 일정을 세워 여행하는 것이 좋다.

 참고문헌

• 권주혁, 2002, 여기가 남태평양이다, 지식산업사.
• 성희수, 2015, 괌·사이판 100배 즐기기, 알에이치코리아.
• 세계를간다 편집부, 2009, 세계를 간다 괌·사이판, 랜덤하우스코리아.
• 시공사 편집부, 2013, 저스트고 괌, 시공사.
• 우지경, 2014, 괌 홀리데이, 꿈의지도.

원시와 문명이 공존하는 낯선 땅

페루

학창 시절 세계지리 시간에만 간혹 보고 듣던 나라, 페루는 한국에서 참 멀다. 그렇기에 페루를 여행하는 사람이 아직 많지는 않지만 죽기 전에 꼭 가 보아야 할 나라로 언급될 만큼 볼거리가 무궁무진한 나라이다. 현 수도인 리마를 시작으로 하여 과거 잉카 제국의 수도였던 쿠스코까지, 페루를 여행하고 있으면 세계의 모든 곳을 여행한 것 같은 착각을 불러일으킨다. 쉽게 갈 수 없는 먼 나라 페루에서 건조한 사막 기후부터 열대 우림 기후까지, 다양한 기후와 다양한 자연경관, 유적을 느껴 보자.

TIP 잉카 문명

잉카 문명은 13세기 초 페루의 한 고원에서 기원한 것으로 알려져 있다. 본격적으로 잉카 시대의 문을 연 것은 1438년경이다. 1438년부터 1533년까지 약 95년 동안 잉카는 무력 정복과 평화조약 등의 다양한 방법을 이용해서 현재의 에콰도르, 페루, 남서 중앙 볼리비아, 북서 아르헨티나, 북 칠레, 그리고 콜롬비아 남부 등의 안데스산맥을 중심으로 거대한 나라를 융합했다. 잉카인들은 토목, 건축 기술이 굉장히 뛰어났으며, 새로운 도시를 건설하기도 했다.

잉카 문명과 스페인의 문화를 동시에 느낄 수 있는 페루

페루는 남아메리카 중부 태평양 연안에 위치하며, 남아메리카에서 세 번째로 큰 나라이다. 수도는 리마이며, 우리나라 인구의 절반이 넘는 약 3,250만 명이 살고 있다. 인구는 절반이 좀 넘지만 페루의 면적은 무려 남한의 13배에 달한다고 한다. 넓은 땅덩이에 비해 그리 많지 않은 인구가 살고 있으니 뭔가 조용하고 고요한 느낌이 드는 건 당연하다.

페루의 역사를 이야기할 때 가장 중요한 시대는 바로 남아메리카 최대의 제국을 쌓았던 잉카 제국이다. 잉카 문명이라는 고대 문명을 꽃피운 페루는 어마어마한 전성기를 누린다. 하지만 이후 스페인의 통치와 지배를 받게 되면서 멸망하게 된다. 페루를 여행하다 보면 잉카 제국의 문화와 스페인의 문화가 동시에 혼재되어 있음을 느낄 수 있다. 페루의 공식 언어가 스페인어인 것을 보면 얼마나 지대한 통치를 받았는지 알 수 있다.

또한, 페루의 국기 속에도 페루의 역사가 담겨 있다. 페루 독립의 주역으로 꼽히는 영웅인 아르헨티나 장군 호세 산마르틴의 군대가 스페인에 맞서 싸우는 과정에서 피스코에 상륙하였는데, 이때 갑자기 붉은 날개, 흰 가슴을 가진 새가 날아올랐다고 한다. 국기의 빨간색과 하얀색은 이 새에서 유래한다고 전해진다.

페루의 주요 도시

페루에는 주요 관광 도시 몇 군데가 있다. 리마, 쿠스코, 마추픽추, 푸노 등 대표적인 관광 도시를 소개하면 다음과 같다. 첫 번째는 바로 페루의 수도인 리마이다. 어느 나라든 그 나라를 여행할 때는 수도를 꼭 가 보는 것이 좋다. 페루 역시 마찬가지인데, 페루의 수도인 리마는 과거의 역사와 현대의 문명을 모두 갖춘 도시로 남아메리카의 전통과 현대적 건축물의 조화를 느낄 수 있는 곳이다. 다음으로는 쿠스코이다. 페루 하면 떠오르는 잉카 문명, 잉카 제국의 중심이 바로 쿠스코라는 도시이다. 해발 3,300m에 위치한 고산 도시인 쿠스코에서는 스페인의 흔적과 더불어 잉카 문명의 흔적을 조목조목 느껴 볼 수 있다. 다음으로 꼭 가 보아야 할 도시는 뭐니 뭐니 해도 바로 마추픽추가 아닐

세계의 불가사의인 마추픽추

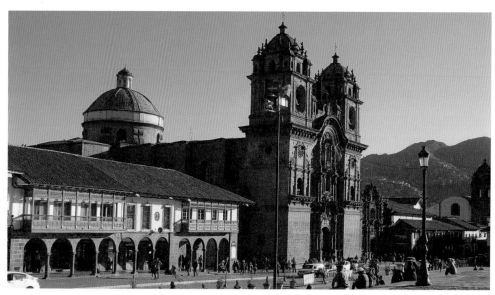
잉카 문명의 중심지인 쿠스코

까 싶다. 세계사, 세계지리를 공부하다 보면 꼭 언급되는 도시인 마추픽추. 세계의 불가사의로 일 컬어지며 남아메리카라는 어마어마한 대륙을 대표하는 관광지인 마추픽추는 만들어진 것 자체가 신비 그 자체이다.

페루의 주요 먹거리

페루는 수산물이 풍부한 나라로 어패류, 수산물로 만들어진 요리가 대표적이다. 또한 아르헨티나에서 소고기를 많이 수입하는 편이라 소고기 관련 요리가 많으며, 토마토, 시금치, 양파 등의 원산지로서 각종 채소들도 신선하고 맛있는 편이다. 페루의 먹거리로는 세비체, 안티쿠초, 쿠이, 로코토 레예노, 마사모라 모라다 등이 유명하다. 이름이 굉장히 어려운데 간단히 설명하면 다음과 같다.

세비체는 바다, 해양이 발달한 다른 나라에서도 맛볼 수 있지만 각종 생선, 조개류에 레몬즙, 양파, 야채 등을 곁들여 먹는 페루의 세비체가 가장 유명하다 할 수 있다. 그 맛은 신선하면서 향신료 덕분에 톡 쏘고 독특하다. 안티쿠초는 꼬치구이인데, 꼬치구이의 내용물이 소고기, 내장, 피 등으로 만들어져 있다. 크기도 크고 먹기 전에 완전 날것을 까맣게 태워 주는 것이라 먹는 재미, 보는 재미가 쏠쏠하다. 로코토 레예노는 양념된 고기와 채소를 피망이나 파프리카에 넣어 튀긴 요리인데 맛이 매콤하여 한국인들 입맛에 딱이다. 마지막으로 마사모라 모라다는 페루의 대표적인 디저트라고 할 수 있는데, 보라색의 옥수수를 쪄서 굳힌 후에 젤리로 모양을 만든 과자이다. 젤리 같기도 하고 과자 같기도 하고 주전부리로 먹기에 매우 좋다.

전통과 현재가 공존하는 도시, 리마

우리나라에서 페루를 가는 여정이 쉽지만은 않다. 현재까지도 인천 국제공항에서 리마에 도착하는 직항 비행기는 없다. 따라서 두세 곳 이상을 경유하여 여행해야 하는데, 환승 대기 시간, 이동 시간 등을 고려하면 총 소요 시간은 무려 30시간 이상이다. 많은 볼거

리마 센트로의 중심인 아르마스 광장

리와 독특한 문화를 체험하기에 안성맞춤임에도 불구하고, 장시간 이동을 해야 하고 비용도 많이 들어 우리나라의 사람들이 찾기에는 힘든 곳이다. 이렇게 오랜 시간을 지나 도착한 리마.

리마는 페루의 수도로 신시가지와 구시가지로 나눌 수 있다. 신시가지인 미라플로레스는 현대적인 문명의 영향을 많이 받아 높은 건물, 세련된 사람들의 모습을 많이 느낄 수 있는 전형적인 도심지이다. 반면에 구시가지인 리마 센트로는 페루의 옛 모습을 느낄 수 있는 곳이다. 잉카 제국의 수도였던 쿠스코에서 리마로 수도가 옮겨지면서 아르마스 광장 주변으로 대성당, 대통령궁 등 주요한 건물과 유적, 역사를 설계해 냈다. 이 모습에 과거의 잉카 제국의 그리움이 담겨 있으면서도 과거를 보존하고자 하는 페루의 절실한 마음을 느낄 수 있다. 한 도시에서 과거와 현재의 모습을 함께 느낄 수 있는 수도인 리마에서의 여행은 정말 감격 그 자체이다. 리마의 여행은 그리 오랜 시간을 할애할 정도로 복잡하지는 않아 이틀이면 리마의 주요 관광지를 둘러볼 수 있다. 대부분의 사람들이 낮엔 구시가지인 리마 센트로 지구, 저녁에는 신시가지인 미라플로레스 여행을 즐기곤 한다.

우리는 먼저 구시가지인 리마 센트로 지구 먼저 여행하기로 하였다. 리마 센트로 지구의 핵심은 뭐니 뭐니 해도 아르마스 광장이다. 아르마스 광장을 시작으로 하여 다양한 유적지를 손쉽게 만나볼 수 있다. 유럽풍 건축물로 둘러싸여 있는 아르마스 광장에서 많은 사람들이 만나고 쉬고 여유를 즐기는 등 잉카인들의 삶을 엿볼 수 있다. 아르마스 광장 일대는 세계문화유산으로 지정되

어 있다.

"여기가 페루 리마의 중심지인가 봐. 사람들이 곳
곳에 아주 많이 있네."

"그러게. 거대한 건물들도 많은 걸 보니 뭔가 중요
한 역할을 하는 곳인 것 같아."

여기저기 볼거리가 많아졌다는 생각에 우리의 마
음도 한층 분주해졌다.

아르마스 광장 바로 옆에는 식민지 시대를 대표하
는 건축물인 대성당이 있다. 페루에서 가장 오래된
성당이면서 당시 스페인에 대항하는 군대를 이끈 피
사로가 직접 주춧돌을 놓았다고 하여 유명세를 탄
곳이다. 피사로 시대에 건축된 대성당으로 피사로의

금박, 대리석 등으로 호화롭게 인테리어가 되어 있는
대통령궁 내부

무덤이 안치되어 있는데, 지진으로 파괴되어 1755년에 다시 복구하여 현재에 이르고 있다. 대성
당 내부에는 금, 은박, 조각 등의 제단, 종교화, 역대 잉카의 초상화 등이 가득하다. 수도 리마 건
설을 함께한 대성당은 리마에서 핵심적인 건물이라고 할 수 있다.

대성당을 관광한 후에 찾은 곳은 바로 옆에 있는 대통령궁이다. 아르마스 광장을 시작으로 하
여 대성당, 대통령궁, 산프란시스코 성당과 수도원 등 주요 건물들이 격자식으로 배치되어 있어
관광에 전혀 어려움이 없다. 대통령궁도 피사로라는 인물이 중요한 역할을 담당했는데, 페루에서
피사로라는 인물이 얼마나 영향이 컸는지를 알 수 있다. 피사로가 직접 설계를 한 대통령궁은 피

페루에서 가장 오래된 대성당

지하 무덤으로 유명한 산프란시스코 성당의 내부는
화려한 제단과 장식들로 꾸며져 있다.

사로궁이라는 별칭을 가지고 있다. 현재는 페루의 정부청사 역할을 하고 있는데, 그만큼 경호도 치밀하게 이루어져 있어 철장 사이로 경찰, 군인들이 지키고 있는 모습을 볼 수 있다.

다음으로 간 곳은 아르마스 광장에서 5~10분 정도 걸으면 도착할 수 있는 산프란시스코 성당과 수도원이다. 수도원이라는 곳을 처음 방문해 보는 우리에게는 참 색다른 경험을 제공해 준 곳이다. 산프란시스코 성당과 수도원은 장식이 화려하고 아름다우며 유물이 많아 붐비는 곳이다. 수도원 내부에는 방이 굉장히 많아 여기저기 왔다 갔다만 해도 시간이 잘 간다. 특히, 이곳에서 꼭 들러 봐야 할 곳은 지하 무덤인 카타콤이다. 지하 무덤으로 가는 곳곳에 해골과 뼈들이 놓여 있어 공포영화를 찍는 것처럼 스산한 느낌이 난다.

리마 센트로 지구의 여정을 대략 마치니 어느덧 저녁이 다가오고 있다. 이제는 신시가지인 미라플로레스 지구를 가기로 하였다. 리마의 현재의 모습은 어떨지, 어떻게 발전되어 왔는지 궁금하다. 아르마스 광장에서 택시를 이용하면 20~30분 안에 미라플로레스 지구에 도착한다. 택시를 타고 바라보는 페루의 전경도 볼만하다. 확연히 대한민국과는 다른 풍경에 진정 내가 여행 중이구나를 깨닫게 된다. 현지인들에게 물어보니 미라플로레스의 중심은 센트럴 공원과 케네디 공원이라고 한다. 이 공원들을 중심으로 번화가가 즐비해 있다. 언제나 익숙한 맥도날드부터 다양한 브랜드 가게들이 보인다.

케네디 공원은 숲과 건물이 아기자기하게 잘 정비되어 있다. 잠시 쉬었다가 가며 사람들 구경도 하고 한적하게 바람을 쐴 수 있는 공원이다. 케네디 공원은 머지않아 사랑의 공원과도 연결이 되는데, 사랑의 공원은 키스하는 연인 조각물을 보기 위해 많은 사람들이 몰린다. 공원 중앙에 놓인 키스하는 연인상을 보면 웃음도 절로 나고 사진 찍기에도 좋다는 생각이 든다.

미라플로레스에 도착하자마자 높은 건물들, 백인들을 많이 볼 수 있다. 특히 우리나라처럼 쇼핑몰과 멀티플렉스 등이 굉장히 많은 느낌이다. 리마 센트로 지구에서 페루의 역사를 느낄 수 있다면 미라플로레스 지구에서는 편안한 현대적인 삶을 느끼다 갈 수 있다. 우리가 간 곳은 라르코마르라는 쇼핑몰이다. 이곳에는 영화관, 쇼핑센터, 스포츠센터 등이 있어 우리나라에서 볼 수 있는 타임스퀘어나 명동 같은 느낌이 난다. 페루인들의 쇼핑 문화를 살펴보는 것만으로도 색다른 재미

키스하는 연인 동상이 있는 사랑의 공원

해안가에 위치한 복합 쇼핑몰 라르코마르

가 있다. 라르코마르는 바로 옆에 해안가가 위치해 있어 사람들이 레저를 즐기는 모습과 더불어 해안단구, 절벽 등을 볼 수 있다.

잉카 문명의 상징, 마추픽추

마추픽추는 지형이 굉장히 험난하다. 그래서 마추픽추를 향한 길 또한 쉽지 않다. 기차나 도보 말고는 마추픽추에 도달할 수 없으므로 힘들더라도 꾹 참고 여행을 계속해야 한다. 마추픽추를 가기 위해서는 쿠스코라는 도시를 거쳐야 한다. 이 도시로부터 시작해서 열차를 타고 여러 가지 역을 거쳐 아과스칼리엔테스까지 도달하면 이제 다 온 것이다.

구불구불한 산길을 올라가면 보이는 마추픽추. 갑자기 눈앞에 돌로 덮인 무언가가 보이는데, 주변은 풀들로 무성하다. 잉카인들의 흔적을 고스란히 느낄 수 있는 잉카 문명의 대표적인 유적지인 마추픽추는 옛날에는 1만 명이나 되는 사람들이 살던 곳이었다. 하지만 이후 1911년에 하이럼 빙엄에 의해 발견되었을 당시에는 산속에 묻혀 버린 폐허 상태였다. 그 모습을 다시 복원해 보니

TIP **고산 기후 알아보기**

말 그대로 높은 산 위의 평지에서 나타나는 기후가 바로 고산 기후이다. 고산 기후는 온대 쪽 고산 기후와 열대 쪽 고산 기후가 있는데, 같은 고산 기후라 하더라도 특징이 다르다. 페루는 열대 쪽 고산 기후로 연교차 가 별로 차이가 없다. 하지만 일교차는 굉장하다. 페루를 여행할 때는 고산 기후가 있는 지역이 많이 있는 편 이므로 이를 미리 알고 여행 준비를 한다면 도움이 많이 될 것이다. 특히, 유명한 관광지인 마추픽추 역시 고 산 기후가 나타나는 곳이니 유의해야 한다. 높은 곳으로 올라가면 올라갈수록 산소가 희박해지고 날씨가 추 웠다 더웠다를 반복하므로 이에 대비해서 긴팔 옷, 약 등을 구비해 고산병을 예방해야 한다.

다른 잉카 유적에 비해 파괴된 흔적이 거의 적어 많은 세계인을 놀라게 하였다. 이렇게 높고 첩첩 산중인 곳에 마을이 있다는 사실이 정말 기괴하고 놀랍다.

"이런 곳에 어떻게 마을을 만들 수가 있지? 잉카인들이 대단하다고 느껴져."

"지금까지 보존이 되어 있는 것도 참 대단해."

친구와 나는 마추픽추에 도달하자마자 감탄, 또 감탄했다.

세계적인 문화유산으로 손꼽히는 잉카 유적과 해발 2,400m에 위치한 마추픽추. 마추픽추는 늙은 봉우리라는 뜻이다. 산 아래에서는 잘 보이지도 않고 자외선은 강하고, 잉카인들이 사라졌다는 등 여러 설에 의해 잃어버린 도시, 공중도시, 태양의 도시 등으로 불린다. 마추픽추 입장권은 4가지가 있는데, 자신이 여행하고 싶은 방법대로 표를 끊으면 된다. 마추픽추 마을에 도달하면 여기저기에 볼 것들 천지이기 때문에 이곳저곳 가 볼 곳이 생각보다 많다. 마추픽추 입구에서 조금만 걸어 들어오면 보이는 장례용 바위와 묘지, 마추픽추와 와이나픽추를 조망할 수 있는 파수꾼 전망대, 잉카인들이 바위를 다듬은 방식을 직접 확인할 수 있는 채석장, 마추픽추에서 가장 높은 곳에 있는 유적인 해시계 인티와타나, 마추픽추 중앙에 위치한 대광장, 거대한 자연석 위에 탑의 형태로 설립되어 있는 마추픽추의 상징인 태양의 신전 등 …. 마추픽추 그리고 잉카인들의 흔적에 대해 가슴 깊이 느낄 수 있었다.

잉카 문명을 느낄 수 있는 마추픽추

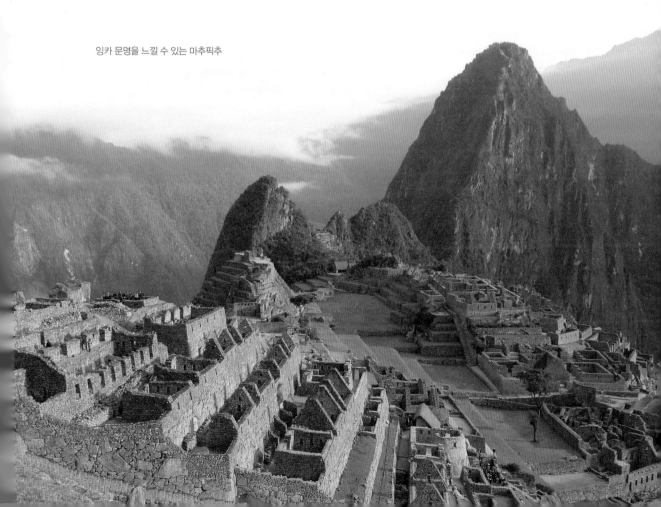

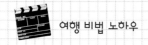 여행 비법 노하우

교통·숙박·음식

☞ 항공과 교통...항공은 직항이 없어 두세 곳 이상 경유해야 하므로 시간적 여유가 필요하다. 페루를 여행하기 위해서는 주요 도시 위주로 여행 계획을 짜는 것이 좋다. 타 도시로 이동하기 위해서는 장거리 버스나 열차를 이용해야 한다. 관광지를 확실히 정해 여행을 한다면 시간적, 육체적 에너지를 절약할 수 있다. 페루의 주요 교통수단은 버스, 열차, 택시이다. 주요 도시별로 이동 수단이 다른데 리마의 경우 구시가지는 도보를 이용하면 충분히 여행할 수 있다. 타 도시 간 여행을 하기 위해서는 버스, 열차 예약이 필수이다. 택시를 이용할 때는 바가지를 쓰지 않도록 주의해야 한다.

☞ 숙박...페루는 주요 관광지에 호텔, 게스트하우스, 유스호스텔 등이 다양하게 있다. 한두 달 전에 숙소 예약 대행 사이트에서 미리 예매를 해 두면 저렴한 가격에 시설 좋은 숙소를 구할 수 있다.

☞ 음식...페루는 수산물이 풍부하며 이와 관련된 요리가 많다. 또한 수입 소고기를 이용한 음식과 신선한 야채가 곁들여진 요리도 많다. 주요 음식으로는 세비체, 안티쿠초, 마사모라 모라다 등이 있다.

주요 체험 명소

1. 과거와 현대를 고루 갖춘 리마: 아르마스 광장, 대성당, 대통령궁, 산프란시스코 성당과 수도원, 라르코마르, 케네디 공원, 사랑의 공원 등
2. 잉카인들의 흔적을 느낄 수 있는 마추픽추: 마추픽추 마을(파수꾼 전망대, 정문, 와이나픽추, 태양의 신전 등)

주요 축제

페루의 대표적인 축제는 남아메리카의 최대 축제로도 알려진 페루 인티라이미이다. 태양신을 기리는 축제로 잉카시대의 역사와 문화를 현대까지 이어 주는 축제라 할 수 있다. 또한 가톨릭의 종교적 색채와 잉카의 전통이 더해진 독특한 축제인 쿠스코 축제가 있다.

사막의 도시, 이카

비가 내리지 않는 사막 도시 이카는 고대의 유적지가 대거 발견되어 최근 인기를 끌고 있는 곳이다. 이 때문에 이카를 대표하는 고대 박물관에서 잉카 시대의 유물들을 직접 볼 수 있다. 또한 이카에서는 다양한 레포츠와 투어를 즐길 수 있는데, 사륜 구동차를 타고 모래 사막을 누비는 레포츠인 버기 투어가 인기이다.

호수를 둘러싼 고산 도시, 푸노

해발 3,800m에 위치하고 있는 고산 도시인 푸노는 소박한 원주민들을 만날 수 있는 곳이다. 티티카카 호수로부터 조금 떨어진 곳에 있는 우로스섬에 가면 텔레비전에서나 볼 법한 장면이 눈앞에 펼쳐진다. 원주민들의 원시적이면서도 소박하고, 자연과 더불어 사는 모습을 보면 어느새 편안함과 친근감을 느낄 수 있다. 또한 티티카카 호수는 세계에서 가장 높은 곳에 위치한 호수로 보는 것만으로도 아름다운 경치를 느낄 수 있다.

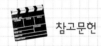 참고문헌

· 중앙M&B 편집부, 1999, 세계를 간다: 남미 7개국, 중앙M&B.
· 함병현·홍원경, 2015, ENJOY 남미, 넥서스BOOKS.

정열과 삼바의 나라

브라질

삼바와 함께 정열적인 축제가 펼쳐는 곳, 자연의 거대함과 두려움을 느껴볼 수 있는 아마존 탐험을 할 수 있는 곳, 뛰어난 기량을 가진 축구선수들의 본고장. 이 모든 곳을 지칭하는 나라는 바로 브라질이다. 브라질 하면 열정, 환호, 기쁨, 경의가 느껴지는 것은 브라질의 자연환경과 문화 때문이 아닐까? 예부터 다양한 인종들이 함께 어우러져 축구와 삼바, 축제로 하나의 문화를 만들어 나간 화합의 나라, 때론 과하게 때론 즐겁게 때론 편안하게 일상을 보낼 수 있는 곳이 바로 브라질이다. 브라질 여행은 상상 그 이상, 다른 어떤 곳의 여행보다 더 특별하다.

브라질의 기본 정보

브라질은 남아메리카에서 가장 큰 면적을 차지하는 아주 거대한 나라로 남아메리카 대륙의 절반 정도를 차지한다. 규모가 워낙 큰지라 브라질 안에서도 동서 지역에 따라 시차가 다양하다. 기후 역시 남부, 북부에 따라 다르다. 열대 기후부터 온대 기후까지 다양하므로 브라질에서는 독특한 자연환경을 볼 수 있다. 브라질은 적극적인 이민 정책에 의해 인종도 다양한 편이다. 백인, 흑인, 원주민, 혼혈 등 다양한 민족이 어우러져 살고 있다.

축구의 나라, 브라질

브라질이 우리 국민들에게 익숙해진 데는 축구의 영향이 클 것이다. 우리나라 국민들도 축구를 굉장히 사랑하고 즐기는데, 브라질도 축구에 대한 열정과 실력이 뛰어나다는 점에서 우리나라 국민들과 통하는 면이 있다. 브라질이 축구의 나라라는 것은 전 세계인들이 인정할 만큼 유명하다. 브라질에서는 과거 원주민들이 축구와 비슷한 스포츠를 즐겼다는 흔적이 많이 발견될 뿐만 아니라 현재까지도 많은 국민들이 축구를 즐긴다. 피파(FIFA) 가입은 물론이고 스웨덴 월드컵, 칠레 월드컵, 멕시코 월드컵에서 우승을 차지하여 월드컵 사상 최초 3회 우승이라는 타이틀을

브라질은 축구 강국으로 2014년 월드컵을 개최하였다.

얻었다. 이후에도 월드컵에서 꾸준한 상승세를 보이며 우승, 준우승 등 훌륭한 성적을 거두었다. 2014년에는 월드컵을 개최해 전 세계 많은 축구팬들이 브라질로 모였다.

브라질의 주요 도시

브라질은 넓은 국토만큼 다양한 도시가 설립되어 있고 도시마다 다양한 자연경관, 문화를 가지

화려한 도시 생활을 누릴 수 있는 상파울루

고 있다. 브라질의 대표 도시는 수도인 브라질리아, 포스두이구아수, 마나우스, 리우데자네이루, 상파울루 등이 있다. 먼저, 리우데자네이루는 브라질 제2의 도시로 화려한 리조트와 카니발, 아름다운 미항인 구아나바라만의 경관을 볼 수 있는 곳이다. 북반구에서는 볼 수 없는 남반구만의 파란 하늘과 자연환경을 느낄 수 있는 도시로 휴식을 위해 많은 사람들이 찾는다. 중심가에는 박물관, 식물원, 대성당 등도 밀집되어 있으므로 가지각색의 여행을 할 수 있다. 다음으로 남아메리카 최대의 근대 도시인 상파울루 역시 많은 관광객들이 찾는 브라질의 주요 도시이다. 상파울루에 다녀온 사람들은 모두 이 도시만의 독특한 매력에 빠져 있다. 우리가 생각하는 현대적 문화와는 또 다른 상파울루 도시 생활을 느낄 수 있는 곳임에는 틀림없다. 상파울루 중앙 사원, 대성당 등이 인기이다. 다음으로는 마나우스이다. 마나우스는 아마존이 시작되는 네그루강과 솔리몽이스강이 합류하는 지점에 위치한 항구로 아마존에 가기 위해 많은 사람들이 찾는 항구 도시이다. 지구의 허파인 아마존 여행은 평생 한 번 해 볼 수 있을까 할 정도로 굉장히 모험적이며 두려운 곳이다. 최근에는 아마존 투어 프로그램이 체계적으로 운영되면서 많은 관광객들이 찾고 있다.

거대한 관광 도시, 리우데자네이루

브라질까지는 다행히도 인천 국제공항에서 출발하는 직항이 있어 여행이 그리 힘들지는 않다. 하지만 대부분의 항공이 상파울루에 취항하므로 리우데자네이루까지 여행하기 위해서는 상파울루에서 다시 리우데자네이루로 이동해야 한다. 상파울루를 먼저 여행한 후에 목적지를 간다면 더 편리한 여행을 할 수 있다. 우리는 일정상 리우데자네이루에 가야 했기 때문에 상파울루에서 바로 버스를 타고 이동했다. 버스로만 무려 5~6시간 이동해서 피곤한 건 사실이지만 버스가 편리하고 쾌적하게 잘 정비되어 있어 생각만큼 지치지는 않았다. 리우데자네이루의 주요 볼거리들은 지하철, 버스를 이용하면 충분히 둘러볼 수 있다.

리우데자네이루의 중심 지구에는 고층 빌딩들이 줄지어 있어 한눈에 봐도 이곳이 브라질 경제, 문화의 중심임을 느낄 수 있다. 1960년에 브라질리아로 수도가 바뀌었지만 그전에 200년 동안 브라질의 수도 역할을 했던 곳이라 하니 역시 그 규모가 어마어마하다. 중심 지구에는 여러 가지 볼거리들이 가까운 거리에 몰려 있다. 그 시작은 바로 코르코바두 언덕이 아닐까 싶다. 케이블식 등산 열차를 타고 30분 정도 올라가다 보면 언덕에 도달한다. 올라가는 내내 리우데자네이루의 전경을 볼 수 있다.

"저기 봐 봐. 엄청나게 큰 예수상이 있어."

"우아, 감탄이 절로 나온다. 진짜 크네."

코르코바두 언덕에서 바라본 리우데자네이루의 전경

코르코바두 언덕의 예수상

눈앞에 엄청나게 큰 예수상이 보이자 마음이 들떴다. 코르코바두 언덕은 옛날부터 리우데자네이루의 중심이었다. 이 도시의 핵심은 뭐니 뭐니 해도 언덕 위에 있는 예수상이다. 예수상이 무려 높이 38m, 무게는 1,000톤 이상이라고 한다. 예수상은 양팔을 뻗어 리우데자네이루를 내려다보며 감싸고 있는 느낌이 든다. 예수상은 1931년에 브라질의 독립 100주년을 기념하기 위해 세워졌다고 한다. 지금은 코르코바두 언덕에 사람들을 오르게 하는 이유가 되었다.

다음으로 간 곳은 코파카바나 해안이다. 브라질의 해안은 매번 텔레비전에서나 보았었는데, 실제로 볼 수 있다고 생각하니 굉장히 설레는 기분이다. 여러 나라를 여행하면서 항상 그 나라만의 해안을 구경하는 것도 참 재미있다. 이는 나라마다 바다의 느낌과 색깔, 풍경이 다르기 때문이다.

"브라질의 해안은 어떤 모습일지 기대가 돼."

"수영복을 챙겨 왔으면 좋았을텐데. 해변을 가게 될 줄 몰랐어."

"나도 너무 아쉽다. 우리 카메라로 많이 담자."

도심 속 해변인 코파카바나 해안은 지하철을 타고 아르코베르데 역에서 내리면 금방 도착할 수 있다. 해안까지 가는 버스 노선도 많으니 여행을 하면서 휴식을 위해 잠시 들리는 것도 좋다. 이번에 간 코파카바나 해안은 여태까지 가 본 바다 중에 제일이라고 할 정도로 모래가 정말 곱고 하얗다. 날씨도 항상 따뜻해서 여기저기 서핑을 즐기는 사람들, 수영복을 입고 헤엄치는 사람들, 모래

성을 쌓으며 여유를 즐기는 아이들 등 해변의 풍경을 볼 수 있다. 우리는 미처 수영복을 준비하지 못해 바다 깊숙이는 못 들어갔지만 발을 담그는 것만으로도 좋았다.

이제 다시 브라질만의 여행지를 찾아 떠나 보자. 어디를 갈까 고민한 끝에 우리가 선택한 곳은 바로 마라카낭 경기장이다. 브라질 하면 떠오르는 것이 바로 축구 강대국이다. 세계에서 가장 큰 축

세계에서 가장 큰 축구장인 마라카낭 경기장 앞에는 1958년과 1962년 월드컵 우승을 기념하는 동상이 세워져 있다.

구 경기장이 있을 정도이니 축구에 대한 브라질의 사랑을 알 수 있다.

이처럼 세계에서 가장 큰 축구장인 마라카낭 경기장은 1950년에 열렸던 브라질 월드컵을 위해 만들어졌다고 한다. 지하철을 타고 마라카낭 역에서 내리면 바로 도착할 수 있다. 축구 경기가 없는 날에는 내부 구경을 할 수 있는데, 마침 경기가 없어서 경기장 안에 잠시 들어가서 내부를 살펴보았다. 10만 명 이상을 수용하는 경기장인 만큼 규모가 어마어마하게 크다. 여기에서 축구경기를 본다면 환희와 재미를 한 번에 느낄 수 있을 것 같다.

아마존 정글 탐험

브라질의 북쪽 지대 대부분은 아마존 유역이다. 아마존은 텔레비전이나 책, 신문 등에 자주 나오는 것처럼 열대림이 가득한 정글이다. 세계 제일의 하천인 아마존강을 중심으로 특이한 생물들이 서식하는, 인간이 범접할 수 없는 곳 아마존이 있는 브라질에 왔다는 것 자체로 참 기분이 묘하다. 아마존

마나우스 항구

의 한가운데 있는 도시인 마나우스는 우리가 생각하는 것 이상으로 굉장히 많은 인구가 살고 있다. 무려 100만 명 이상이다. 마나우스에 왔으니 마나우스 항구를 먼저 방문해 보고 그다음 아마존 투어를 신청하기로 하였다.

마나우스 항구는 아마존의 지류인 네그루강과 본류인 솔리몽이스강이 합류하는 지점에 있는

항구이다. 이 항구의 선착장은 모두 물 위에 떠 있는 것이 특징이다. 항구 바로 앞쪽에는 세관 건물이 있으며, 항구 뒤쪽으로 걷다 보면 시장이 나온다. 항구는 그리 복잡하지 않으며 고요한 느낌이 든다.

아마존을 둘러보기 위해서는 투어 상품을 이용해야 한다. 아무래도 오지인 데다가 워낙 거대해서 잘못 발을 들였다가는 위험한 상황에 빠질 염려가 많기 때문이다. 최근에는 아마존 관광에 대한 관심이 높아지면서 투어 프로그램도 안전한 커리큘럼으로 많이 등장하였다. 일일 투어부터 시작해서 일주일 투어까지 다양하다. 아마존 투어가 요새 인기가 많아 마나우스 항구 주변에 투어 프로그램 장사꾼들이 굉장히 많다. 겁이 많은 우리는 당연히 일일 투어를 선택했다. 우리

마나우스 항구를 시작으로 본격적인 아마존 투어가 시작된다.
아마존강을 거닐다 보면 수상 마을이 보인다.

가 선택한 일일 투어 프로그램 속에는 피라냐 낚시, 아마존강 전경 느끼기, 정글 트래킹 등이 있었다. 이 밖에 다른 프로그램에는 악어 사냥, 카누 산책, 원주민들과 거주하기 등이 있다고 한다. 투어 프로그램마다 이용하는 배도 큰 배, 작은 배 등 다양하다. 마나우스 항구를 시작으로 배가 출발하면 본격적으로 아마존강을 건너게 된다. 생각보다 유속이 매우 빨라서 보이지는 않지만 강에 악어, 피라냐 등 무시무시한 생물들이 살고 있다고 한다. 생각만 해도 무섭다. 배가 뒤집힐까 봐 걱정이 되기도 한다. 한참 동안 아마존강을 지나다 보면 저 멀리 강 위에 지어진 수상 마을이 보인다.

TIP 지구의 허파 아마존강

아마존강은 세계에서 가장 크고 긴 강이다. 그 길이가 무려 7,000km라고 한다. 아마존강은 안데스산맥이 발원지이며, 마라뇬강과 우카얄리강이 합류하면서 형성된다. 아마존 열대우림에는 우리가 상상하는 그 이상의 생태계가 펼쳐진다. 전 세계 3분의 1의 생물이 다양한 생물종을 이루고 있는 아마존강에는 꼬마돌고래, 악어, 박쥐, 검은카이만, 그리고 독이 있는 청개구리 등 들어도 보지도 못한 수천 가지의 생물들이 서식하고 있다. 매해 새로운 생물들이 발견되고 있으며 아직까지도 아마존 밀림 속에 무엇이 있는지, 어떤 환경인지 논의되지 않은 지역이 굉장히 많다. 최근에는 지구 온난화 및 오염, 아마존 관광화 등으로 인해 빠른 속도로 파괴되고 있다. 아마존을 지키기 위한 지구인들의 관심과 노력이 절실하다.

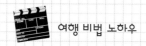 여행 비법 노하우

☞ 항공과 교통...브라질은 남아메리카 국가들 중에서 우리나라에서 직항편이 운행되는 유일한 나라이므로 여행하기에 그리 여정이 힘들지는 않다. 대부분의 항공들이 상파울루에 취항하므로 이를 염두에 두고 여행 계획을 짜야 한다. 브라질은 워낙 면적이 큰 만큼 모든 곳을 여행하기에는 어려우므로 가고 싶은 곳을 미리 선정하여 여행 계획을 짜는 것이 좋다. 브라질의 주요 교통수단은 버스, 지하철, 택시 등으로 우리나라와 비슷하다. 대중교통이 잘 발달되어 있는 편이라 여행하기에 수월하다.

☞ 숙박...브라질은 주요 관광지에 호텔, 게스트하우스, 유스호스텔 등이 다양하게 있다. 한두 달 전에 숙소 예약 대행 사이트에서 미리 예매를 해 두면 저렴한 가격에 시설 좋은 숙소를 구할 수 있다.

☞ 음식...브라질은 육류, 생선 요리가 많다. 대표적인 음식으로는 고기를 꼬챙이에 꽂아 놓은 슈하스쿠, 검정콩과 돼지를 삶아 만든 페이조아다, 고기를 튀겨 소스, 치즈를 곁들여 먹는 파르미지아나 등이 있다.

주요 체험 명소

1. 거대한 관광 도시, 리우데자네이루: 코파카바나 해안, 코르코바두 언덕, 마라카낭 경기장 등
2. 지구의 허파, 아마존: 아마존 마을

주요 축제

브라질의 대표적인 축제는 정열이 넘치는 삼바 축제이다. 삼바 축제는 여러 가지 형태로 여러 가지 지역에서 펼쳐지는데, 가장 유명한 것은 리우 카니발이다. 포르투갈에서 건너온 이주민들과 아프리카인들의 연주와 춤이 어우러져 브라질 국민들을 하나로 화합하게 하는 축제이다.

세계 최대의 폭포, 이구아수 폭포

이구아수 하류에 위치한 이구아수 폭포는 세계 3대 폭포로 뽑힌다. 이 폭포는 아르헨티나와 브라질 두 군데에서 모두 볼 수 있다. 아르헨티나 이구아수 국립 공원과 브라질 이구아수 국립 공원이 함께 폭포를 소유하고 있다. 두 나라에서 보는 위치, 각도에 따라서 폭포의 모습이 달라 두 국립 공원 모두 방문하는 관광객들이 많다. 실제로 보면 인간이 범접할 수 없는 자연만의 세계임을 느낄 수 있다.

천국에서 가장 가까운 토지, 파라티

파라티는 상파울루와 리우데자네이루의 중간 지점에 있는 해안 도시이다. 죽기 전에 가 봐야 할 관광지로 뽑힌 이곳은 굉장히 조용하고 아름다워 브라질을 잘 아는 여행객이라면 꼭 들르는 곳이다. 포르투갈 양식의 건물들, 우아하고 고풍스러운 자택들을 많이 볼 수 있어 색다른 마을 구경을 할 수 있다. 크루즈 여행도 즐길 수 있으며 파라티 주변의 해변에서 깨끗하고 맑은 자연환경을 관광할 수 있다.

 참고문헌

• 중앙M&B 편집부, 1999, 세계를 간다: 남미 7개국, 중앙M&B.
• 함병현·홍원경, 2015, ENJOY 남미, 넥서스BOOKS.

테마와 스토리가 있는

세계여행